U0226422

碳中和技术
决策优化与政策分析

张奇　王歌　刘江枫◎著

DECISION OPTIMIZATION AND
POLICY ANALYSIS OF
CARBON NEUTRAL TECHNOLOGIES

经济管理出版社
ECONOMY & MANAGEMENT PUBLISHING HOUSE

图书在版编目（CIP）数据

碳中和技术决策优化与政策分析/张奇，王歌，刘江枫著．—北京：经济管理出版社，2023.10

ISBN 978-7-5096-9417-6

Ⅰ.①碳… Ⅱ.①张… ②王… ③刘… Ⅲ.①二氧化碳—节能减排—关系—能源政策—研究—中国 Ⅳ.①X511 ②F426.2

中国国家版本馆 CIP 数据核字(2023)第 215344 号

组稿编辑：张巧梅
责任编辑：张巧梅
责任印制：许　艳
责任校对：陈　颖

出版发行：经济管理出版社
（北京市海淀区北蜂窝 8 号中雅大厦 A 座 11 层　100038）
网　　址：www. E-mp. com. cn
电　　话：（010）51915602
印　　刷：唐山昊达印刷有限公司
经　　销：新华书店
开　　本：720mm×1000mm/16
印　　张：18.75
字　　数：378 千字
版　　次：2024 年 5 月第 1 版　　2024 年 5 月第 1 次印刷
书　　号：ISBN 978-7-5096-9417-6
定　　价：88.00 元

序

碳中和是中国的重大战略选择，是提升产业竞争力、破解资源环境约束和实现高质量可持续发展的必由之路，而关键技术的创新发展与落地应用是实现碳中和目标的根本保障。

碳中和技术细分种类繁多，技术进步演进规律复杂多变，因此通过技术预见方法精准识别关键核心技术并预测未来成本演化趋势具有重要意义。同时，碳中和技术的落地应用要靠项目尺度的投资决策，然而跨学科技术特性复杂多变以及技术进步、价格波动、政策变化和自然条件等多维不确定性扰动严重限制其决策的科学性和准确性。此外，碳中和技术大多处于发展初期，目前技术的政策支持体系尚不完善，政策作用机制及实施路径尚不完全明确。因此，亟需高精度高灵活性的综合方法以优化多维因素不确定性下碳中和技术项目投资决策并模拟多政策组合效果。

张奇教授带领的研究团队在“国家社科基金重大招标项目”，“新疆自然科学基金杰出青年科学基金项目”和“国家自然科学基金面上项目”支持下，在梳理国内外相关文献的基础上，结合国内实际情况，针对碳中和技术创新预见、投资决策优化与政策作用机制等关键核心问题开展了具有创新性的卓有成效的研究工作。这些成果在考虑多维因素高度不确定性基础上构建了一套科学的碳中和技术投资决策优化方法体系，通过数值模拟和情景分析可为碳中和技术投资决策全流程优化提供决策参考和方法支撑。本书在这些研究工作基础上编写而成，以碳中和技术的创新管理、投资决策与政策分析为主线，并以光伏、风电、CCUS、地热等碳中和技术为例提供了细致丰富的建模和政策分析过程。本书从碳中和技术全产业链的创新预见入手，介绍了如何识别最具有前景和战略意义的关键核心技术选项并预测其成本演化趋势；在此之上，开展了碳中和技术投资决策优化建模与分析，通过将具体技术特性规律融入实物期权决策优化理论以提高决策精度，并展现了该方法在刻画多维不确定条件下生成高度灵活性投资策略的独特优势。同时，模拟多个相关政策及其组合作用效果，分析了多政策组合对碳中和技术的作用机制和路径。

本书既有系统的理论方法叙述，又有详细的实例应用分析，通过理论与实践相结合，生动展现了碳中和技术决策优化与政策分析，相信本书的出版对进一步深入开展碳中和技术投资决策和政策制定的相关工作具有重要的参考价值。

杨勇平

中国工程院院士

前 言

碳中和是中国的重大战略选择，是提升产业竞争力、破解资源环境约束和实现高质量可持续发展的必由之路，也是构建人类命运共同体、促进人与自然和谐共生以及实现生态文明和美丽中国的必然选择。中国承诺从 2030 年碳达峰年开始用 30 年实现碳中和，远短于发达国家承诺的 50~70 年。同时，中国能源消费总量仍呈现增长趋势且一次能源结构中化石能源占比较高，而更核心的问题是中国整体技术水平落后于发达国家，能源效率和碳排放强度与世界先进水平还有较大差距，这使得中国在实现碳中和目标进程中面临着更大挑战。因此，技术创新与落地应用是引领绿色发展变革的核心力量，是实现碳中和目标的根本保障。

然而，碳中和技术发展涉及自然条件、社会经济、技术进步和行为模式等多系统交织耦合和多重反馈的复杂系统，面临跨区域和行业异质性、成本动态性、投资行为演变非线性、经济政策不确定性、长期短期以及局部总体的协调性等诸多挑战。由于技术细分种类繁多，技术进步演进规律复杂多变，既包括代际演进也包括技术跨越演进，因此通过技术预见精准识别碳中和关键核心技术并预测未来成本曲线对后续的投资决策优化具有重要意义。同时，碳中和技术的落地应用要靠投资行为决策，然而价格波动、技术进步、市场政策、环境规制和自然条件等因素的高度不确定性带来巨大挑战。这就需要在多维因素不确定性下识别技术创新规律、优化项目投资决策才能真正促进其创新发展和落地应用。因此，本书在考虑上述多维因素高度不确定性的基础上，构建一套科学的碳中和技术投资决策优化方法体系，通过数值模拟和情景分析为碳中和技术投资决策全流程优化提供理论方法支撑和政策支持。

本书以碳中和技术的创新管理、投资决策与政策分析为主线，把管理学、经济学相关理论贯穿到碳中和技术整个产业链中，并以光伏、风电、碳捕集、利用与封存（Carbon Capture Utilization and Storage，以下简称 CCUS）、地热和户用光伏等碳中和技术为例提供丰富的建模过程和政策分析。本书分为四个部分：一是碳中和技术发展概述；二是碳中和技术预见与分析；三是碳中和技术投资决策优化建模与应用；四是碳中和技术政策模拟与分析。首先，从碳中和技术全产业链的技术创新预见入手，介绍如何通过系统扫描和分析，识别最具有前景和战略意义以及可能出现的对经济和社会可能产生最大利益的技术选项。其次，在此之上，讲解基于碳中和技术特性的投资决策优化建模与分析，并对比传统的净现值（Net Present Value，NPV）决策方法和实物期权（Real Option，RO）方法，尤其重点突出后者在刻画不确定条件下的生成柔性技术投资策略的独特优势。再次，进一步介绍了技术投资决策建模与分析，旨在综合考虑环境效益、经济效益和可持续发展目标下，通过科学系统优化计算以求解最佳的投资价值和投资时机。最后，阐述了碳中和技术的政策模拟与分析，基于国内外相关政策梳理，模拟多政策及其组合作用效果，并重点讲解多政策组合对碳中和技术产业链发展作用机制和路径。

本书包含四篇十七章内容，张奇教授负责统领全部撰写工作，王歌博士和刘江枫博士负责部分章节的编写，陈思源博士、李彦博士、刘伯瑜博士、滕飞博士、杨珂欣、焦婕和倪睿延负责了图表绘制和文字校验工作。本书的出版也是中国石油大学（北京）中国能源战略研究院全体智慧的结晶，在此对全体师生表示感谢！在写作过程中参考了大量资料文献，并尽可能地在参考文献中详细列出引文作者，在此，特别感谢引文中的所有作者！

本书在研究和编写过程中得到了国家社科基金重大项目（21ZDA030）、新疆自然科学基金杰出青年科学基金项目（2022D01E56）、天山研究院开放基金重点项目（TSKF20220010）的支持。先后得到了李根生院士、张来斌院士、刘宇教授、廖华教授、张跃军教授、朱磊教授等领导和专家的指导、鼓励支持和无私帮助。国内外同行专家日本京都大学 BENJAMIN-CRAIG MCLELLAN 教授、瑞典梅拉达伦大学李海龙教授、韩国高丽大学的 Chulung Lee 教授、英国伦敦国王学院的 Lenos Trigeorgis 教授和日本九州大学的 Hooman Farzaneh 教授等应邀访问中国石油大学（北京）中国能源战略研究院并做学术交流，他们以不同形式给予我们支持和帮助。值此，向他们表示衷心的感谢和崇高的敬意。

限于知识修养和学术水平，本书中难免存在缺陷和不足，恳请各位同仁和读者批评指正。

目 录

第一篇 碳中和技术发展概述

第二篇 碳中和技术预见与分析

第三篇 碳中和技术投资决策优化建模与应用

第四篇　碳中和技术政策模拟与分析

第一篇
碳中和技术发展概述

为应对全球变暖导致的气候变化问题，全球已经有超过150个国家和地区通过立法、承诺等方式提出碳中和目标。2020年9月，中国政府在第七十五届联合国大会上提出：“中国二氧化碳排放力争于2030年前达到峰值，努力争取2060年前实现碳中和。”能源系统深度脱碳是实现双碳目标的关键，这就亟须关键碳中和技术的快速创新与大规模落地推广。

本篇旨在对碳中和及其关键技术发展进行概述，共分为三章：第一章梳理了碳中和的概念和内涵，介绍了中国推进碳中和目标的总进程，并进一步基于气候目标、全球减排模式、能源发展战略、能源技术进展等不同维度对碳中和情景设定与技术发展路径进行了综述。第二章在参考已有研究的基础上根据技术特性及应用场景总结梳理出主要的碳中和技术，并分为低碳、零碳以及负碳三类技术进行介绍。第三章从技术投资现状、发展现状以及未来趋势三方面介绍各类关键碳中和技术。本篇为后续篇章的碳中和技术预见、投资决策和政策分析等内容提供了背景知识与方法基础。

第一章　碳中和内涵与发展路径梳理

一、本章简介

气候变化是全世界共同面临的挑战，应对气候变化已成为全球共识。为了应对气候变化，实现地球生态系统的可持续发展，碳中和的概念应运而生。截至2023年9月，已有151个国家和地区承诺实现与碳中和相关发展目标，且碳中和目标得到多国广泛关注及积极响应。

全球85%左右的二氧化碳排放来源于能源系统，因此要实现碳中和就要加快推进能源系统的低碳转型，这需要绿色低碳转型技术以及碳汇技术的支撑。2014年6月，习近平主席提出推动能源消费革命、能源供给革命、能源技术革命、能源体制革命和全方位加强国际合作的能源安全新战略思想。其中，能源技术是最根本的支撑和基础，中国积极推进分布式能源、储能、氢能等新能源技术创新，加快提升光伏发电、风电、动力电池等技术经济性，页岩油气、新能源汽车、"互联网+"智慧能源等能源新业态快速成长（金之钧等，2020），能源产业转型升级取得明显成效，但"双碳"目标的实现依然任重道远。2020年9月，中国政府在第七十五届联合国大会上提出，"中国二氧化碳排放力争于2030年前达到峰值，努力争取2060年前实现碳中和"，是国家制定的重大战略，而技术创新与落地应用作为引领绿色发展变革的核心力量，是实现碳中和目标的根本保障。中国碳中和技术的创新能力还有待加强，由于存在技术水平较低、技术成本较高等问题，部分关键核心技术始终面临着投资难题，而碳中和目标的提出对这些能源关键核心技术的创新研发和项目投资提出了更迫切和更精准的要求（杜祥琬等，2021）。在此背景下，中国就亟须推进碳中和技术的快速创新发展与大规模落地应用。

为更好地理解碳中和技术投资决策优化及技术政策分析提出的背景，本章作为整书的开篇，首先对碳中和的定义和内涵进行了梳理，介绍了全球各国设定的碳中和相关发展目标。接下来，针对碳中和系统分析的情景设定进行了总结分类，分别介绍了以“不同气候目标”、“全球减排模式”、“能源发展战略”、“关键碳中和技术进展”、“不同类型减排政策”和“社会经济发展不确定性”为依据设定的碳中和发展情景、技术发展路径及相关启示。

二、碳中和的概念与内涵

为应对气候变化这一重大挑战，实现地球生态系统的可持续发展目标，2015年12月，全世界178个缔约方在巴黎气候大会上共同签署了《巴黎协定》，并提出“在本世纪下半叶实现温室气体人为排放源与吸收汇之间的平衡”，这是气候大会法律文件中首次出现类似“碳中和”的“温室气体平衡”概念（Ding，2021）。“碳中和”概念最早在2018年10月由IPCC发布的《全球温升1.5℃特别报告》中正式提出，是指一段时间内全球人为二氧化碳排放量与人为二氧化碳移除量相平衡，又称为“净零二氧化碳排放”。而“净零排放”在净零二氧化碳排放之外还包括了非二氧化碳温室气体排放，不同气体需要通过全球增温潜势、全球温变潜势或其他气候因子折算。2021年8月，IPCC发布第六次评估报告（AR6）第一工作组（WGI）报告，给出了更加细化的“碳中和”定义，“碳中和是指一定时期内特定实施主体（国家、组织、地区、商品或活动等）人为二氧化碳排放量与人为二氧化碳移除量之间达到平衡、进行碳抵消”（陈迎，2022；邹才能等，2021）。

根据Net Zero Tracker网站统计，截至2023年9月，已有151个国家承诺实现与碳中和有关目标，其中，6个国家已经实现净零目标，27个国家和地区以立法形式确立了碳中和目标，包括德国、欧盟等欧洲国家和地区，日本、韩国等亚洲国家，51个国家通过政策文件的形式确立了碳中和目标，8个国家以声明或承诺的方式实现碳中和，59个国家提议、讨论确立碳中和目标。由此可见，碳中和目标已经得到各国广泛关注及积极响应。

根据国际机构测算，2021年，中国二氧化碳排放总量达114.7亿吨，已超过美国与欧盟总和，且人均二氧化碳排放达8吨，高于世界平均水平的4.7吨。这也意味着碳达峰与碳中和是整体性、系统性、全局性的工作，将同时推动中国经济增长由规模速度型向质量效益型转变。为确保“双碳”目标实现，中共中央、国务院印发《关于完整准确全面贯彻新发展理念做好碳达峰碳中和工作的意见》；国务院印发《2030年前碳达峰行动方案》，构建起目标明确、分工合理、措施有力、衔接有序的碳达峰碳中和“1+N”政策体系。习近平总书记在多个重大场合、会议中提及“双碳目标”，并且一方面强调实现碳达峰碳中和是党和国家经过深思熟虑的重大战略，另一方面也强调不可能毕其功于一役，应当先立后破、稳扎稳打，在推进新能源可靠替代过程中逐步有序减少传统能源，确保能源安全与经济社会平稳发展，把能源饭碗稳稳端在自己手里。

由此可见，实现“双碳”，必须坚持全国统筹、节约优先、双轮驱动、内外畅通，防范风险的原则，更好发挥中国制度优势、资源条件、技术潜力、市场活力，加快形成节约资源和保护环境的产业结构、生产方式、生活方式、空间格局。具体而言：

第一，切实加强统筹协调。把“双碳”工作纳入生态文明建设整体布局和经济社会发展全局，立足中国能源资源禀赋，坚持先立后破，有计划分步骤实施碳达峰行动。加快制定出台相关规划、实施方案和保障措施，组织实施好“碳达峰十大行动”，科学把握碳达峰节奏，明确责任主体、工作任务、完成时间，稳妥有序推进。

第二，深入推进能源革命。从中国富煤贫油少气的现实出发，加强煤炭清洁高效利用，推进煤炭消费转型升级。加大油气资源勘探开发和增储上产力度，夯实国内能源生产基础，提升能源自主供给能力。加快规划建设新型能源体系，统筹水电开发和生态保护，积极安全有序发展核电，加强能源产供储销体系建设，确保能源安全。

第三，推进生产生活方式绿色转型。紧紧抓住新一轮科技革命和产业变革的机遇，推动互联网、大数据、人工智能、第五代移动通信（5G）等新兴技术与绿色低碳产业深度融合，大力建设绿色制造体系和服务体系。推进工业、建筑、交通等领域清洁低碳转型。倡导简约适度、绿色低碳、文明健康的生活方式，增强全民节约意识和生态环保意识，探索建立碳标识制度，引导绿色低碳消费，形成全民参与的良好格局。

第四，完善绿色低碳政策体系。完善能源消耗总量和强度调控，重点控制化石能源消费，逐步转向碳排放总量和强度“双控”制度。健全“双碳”标准，完善碳排放统计核算制度。健全碳排放权市场交易制度，完善碳定价机制。推进山水林田湖草沙一体化保护和系统治理，提升生态系统碳汇能力。

第五，积极参与应对气候变化全球治理。以更加积极姿态参与全球气候谈判议程和国际规则制定，推动构建公平合理、合作共赢的全球气候治理体系。统筹合作和斗争，坚持中国发展中国家定位，坚持共同但有区别的责任原则、公平原则和各自能力原则，坚决维护中国发展权益，坚决抵制不合理的“碳干涉”诉求。

三、碳中和能源情景与技术发展路径

（一）基于不同气候目标的碳中和情景设定与技术发展路径

1. 现实背景

气候变化为全球各国人口、社会、经济发展带来众多负面影响，为防止全球气候变化进一步加剧，世界各国先后制定气候变化应对目标。2015 年，由全球 178 个缔约方签署的《巴黎协定》在巴黎气候大会上通过，在协定细则的不断补充和发展中，各国先后设定了不同的气候目标。在此背景下，本书团队根据不同气候目标设定碳中和发展路径研究的不同情景，具体包括 NDC 国家自主贡献目标情景、1.5℃气候目标情景、2℃气候目标情景，以探究中国在不同气候目标下碳中和目标的实现及相应的技术发展路径。

2. 情景设定

本书根据不同的气候目标设定了三种碳中和情景。首先，在 NDC 国家自主贡献目标情景下，为实现自 2020 年起减少碳排放及适应气候变化的目标，中国做出明确减排承诺，减碳力度处于中等水平。其次，在 2℃目标情景下，全球平均气温较前工业化时期上升幅度限制在 2℃以内，中国减碳力度处于较高水平。最后，在 1.5℃目标情景下，全球平均气温上升幅度将控制在 1.5℃内，中国减碳力度处于最高水平。

如图 1-1 和图 1-2 所示，本书对未来中国 GDP 增长率、人口规模及城镇化水平做出假设。中国 GDP 年增长率从“十三五”期间的 6.5%逐渐下降到 2045~2050 年的 2.9%；到 2030 年，中国人口将达到峰值，增至 14.28 亿人，并到 2050 年降至 13.31 亿人；到 2030 年，中国的城镇化率将提高到 69.9%，并到 2050 年进一步提高到 77.6%。

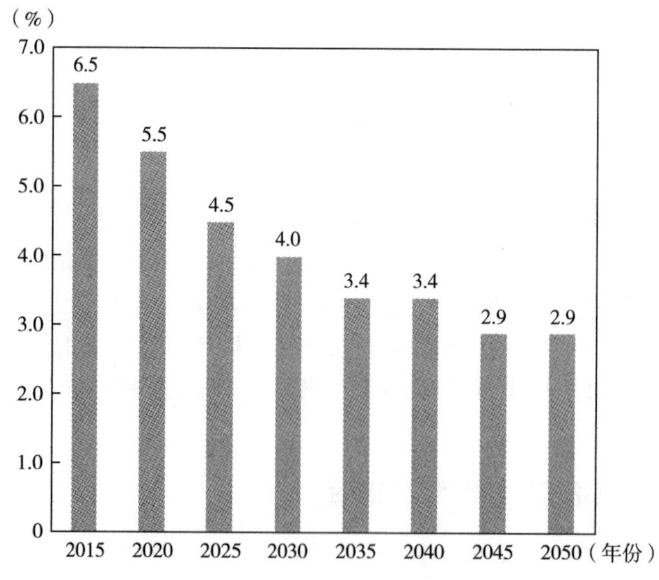

图 1-1 情景设定——GDP 增长率

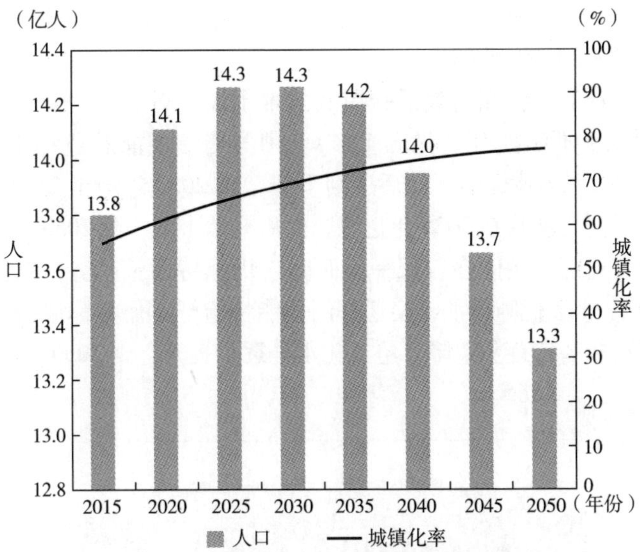

图 1-2 情景设定——人口规模及城镇化率

3. 技术发展路径

基于上述情景设定和研究假设，本书基于 GCAM 模型分析得到了中国 2015~2050 年碳中和技术发展路径，分析结果如下：

在 1.5℃情景下，到 21 世纪中叶，低碳节能和清洁能源技术快速发展，中国一次能源消费逐步放缓，非化石能源在能源系统中占比不断上升，能源系统向绿色低碳方向转型（见图 1-3）。到 2050 年，中国一次能源消费总量将达到 43 亿吨标油左右；化石能源消费逐步减少，煤炭消费占比降至 9%；石油消费将降至

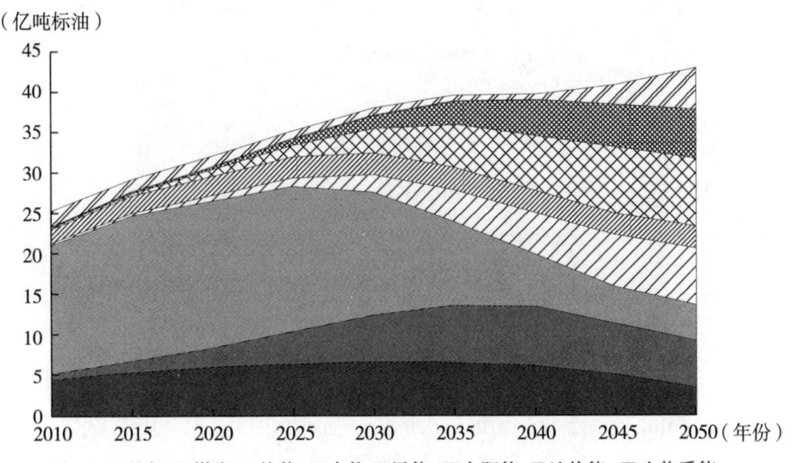

图 1-3 中国一次能源需求总量及结构

3.7 亿吨标油，占比降至 9%；天然气消费占比降至 14%；非化石能源消费占比快速增长，到 2060 年达到 68%。

在 1.5℃情景下，终端高效低碳用能技术不断提升，推进终端部门用能先增后降，电气化水平不断提升（见图 1-4）。中国终端用能总量将于 2030 年达峰，峰值水平约为 27.1 亿吨标油，而后逐渐下降，到 2050 年降至 25.3 亿吨标油。分部门看，工业部门用能将在 2025 年达峰，而后开始下降，到 2050 年降至 10.4 亿吨标油；建筑和交通部门用能在较长一段时间内仍保持增长趋势，到 2050 年，建筑部门用能将增至 11.2 亿吨标油，交通部门用能将增至 4 亿吨标油。分能源类型看，终端化石能源消费占比逐步下降，电气化水平逐步提升，到 2050 年将达到 74.4%。

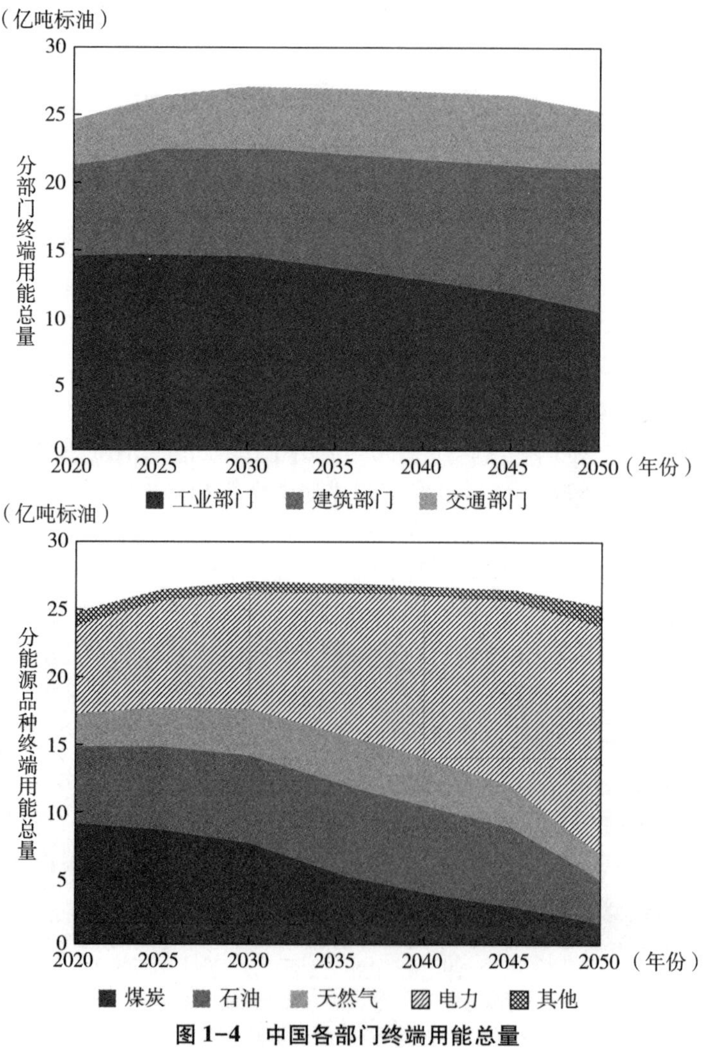

图 1-4　中国各部门终端用能总量

在 1.5℃情景下，低碳、零碳及负碳技术加速攻关及应用，促进中国碳排放总量将于 2030 年达峰，而后快速下降（见图 1-5）。相比 NDC 和 2℃情景，1.5℃情景下中国二氧化碳排放总量下降速度更快，中国碳排放总量在 2030 年达到 104 亿吨峰值，并在 2050 年逐渐降至 10 亿吨以下。

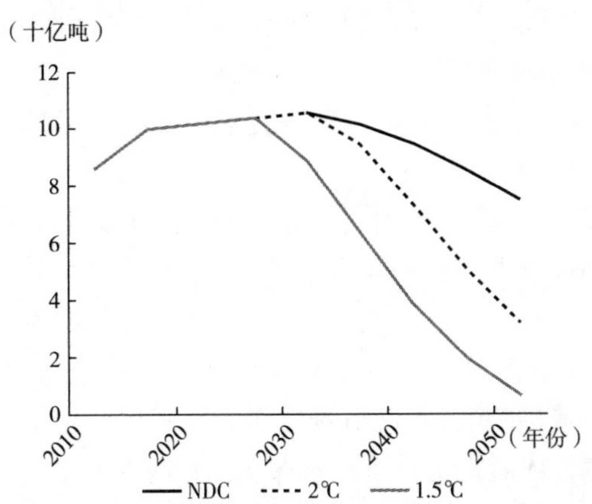

图 1-5　三种情景下中国二氧化碳排放总量变化趋势

4. 发展启示

基于上述研究结果发现，化石能源低碳高效开发利用技术、可再生能源零碳技术的快速进步是中国实现碳中和的重要支撑和推动力。因此，在未来碳中和目标的推进道路上，中国应继续加强推进关键碳中和技术进步，具体措施如下：

首先，应该加快油气绿色高质量勘探开发核心技术，保障油气供应安全。为了全面缓解系统风险，确保国家能源安全，一方面应改善国内油气消费模式，规范高耗能行业，提高能源效率（如燃料经济性标准、行业能效指南）；另一方面应提高战略石油储备管理水平，加大油气市场改革投资，加强与共建“一带一路”各国间的国际油气合作，加快技术创新扩散，构建共建“一带一路”低碳发展经济带。

其次，应该加强能效提升技术突破及应用，不断提升重点部门用能效率。一方面，未来中国应继续完善能效提升相关政策及规范，如增加针对交通、工业等行业生产能效的相关规定，明确规定生产设备、产品能效水平；提升低碳能源替代技术，加速实现清洁能源替代。另一方面，为尽快实现碳中和目标，仅依靠化石能源的能效提高是远远不够的，同时还要加快低碳零碳能源的替代使用，包括清洁氢能、生物燃料、安全核能等；加快负碳技术的研发和大规模使用，通过调查石油和天然气储层的储存能力，以探明碳储存设施潜力。

（二）基于不同全球减排模式的碳中和情景设定与技术发展路径

1. 现实背景

近年来，伴随逆全球化趋势，全球能源供应链受到重大冲击，能源市场产生剧烈波动，全球能源供需格局、贸易格局、价格体系等均面临深度调整。面对全球能源格局的巨大变革，保障能源安全成为各国首要能源战略。世界各国如何处理与他国的能源贸易关系、采取何种对抗或合作的能源转型及减排模式，都将影响全球能源格局演变及碳中和目标的实现进程。因此，已有研究根据全球各国减排模式的不同选择，设定三种碳中和发展情景，分别是世界各国深度博弈情景、各国按照承诺减排情景和全球深度合作减排情景，以探究不同减排模式下的全球碳中和技术发展路径（中国石油集团经济技术研究院，2021）。

2. 情景设定

三种情景设定如图 1-6 所示。在世界各国深度博弈情景下，阵营化、集团化、逆全球化的发展趋势逐步显现，国际合作受限，使得各能源行业企业转型步伐逐渐减慢，全社会难以形成统一的绿色低碳发展理念。在世界各国按照承诺减排情景下，世界各国按照正在或承诺实施的能源气候政策推进减排进程（不考虑各国已宣布但没有具体部署的减排政策），该情景也作为与其他两个情景对比分析的参考情景。在全球各国深度合作减排情景下，全球各国将应对气候变化作为共同的发展目标，加强各领域国际合作，携手共建更加安全、更可持续的能源发展和安全共同体，各国不断加快新能源领域的投资和应用，以最优路径实现低碳发展目标。

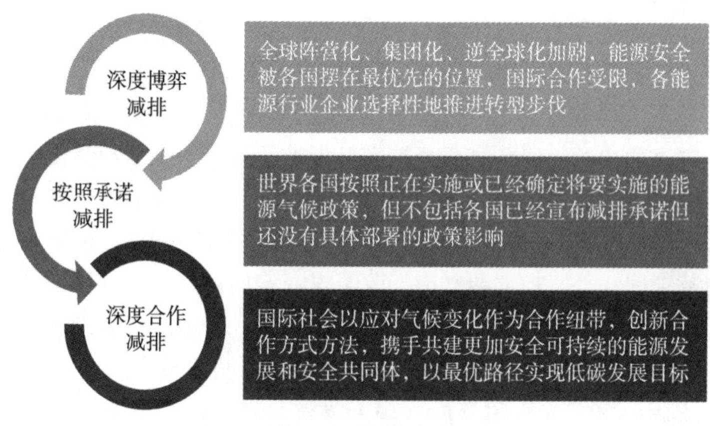

图 1-6　情景设定

资料来源：中国石油集团经济技术研究院，2021。

3. 技术发展路径

基于以上情景设定，已有研究分析了全球碳中和技术发展路径，分析结果如下：

在深度合作减排情景下，相比参考情景，全球能效技术实现更快进步，推动全球一次能源需求增速逐步放缓，能源消费强度加速下降（见图 1-7）。到 2060 年，世界一次能源需求达 168 亿吨标油，2015~2060 年年均增长 0.5%；能源强度达 0.71 吨标油/万美元，年均下降 2.0%。

在深度合作减排情景下，全球可再生能源及其他清洁能源利用技术快速发展，促进一次能源结构由化石能源主导逐步转向由可再生能源主导（见图 1-8）。化石能源需求将于 2021~2025 年达峰，之后快速下降；2040~2045 年非化石能源占比超过化石能源；到 2060 年，非水可再生能源消费量达 98.6 亿吨标油，在一次能源中的占比达 58.6%；非化石能源消费量达 125 亿吨标油，占比约 74.3%。

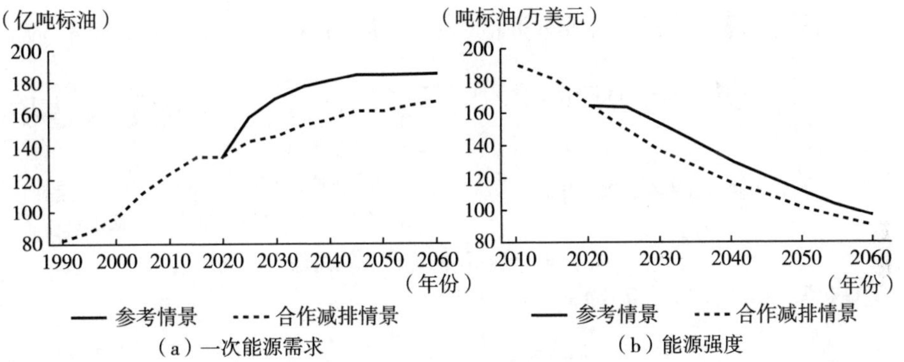

图 1-7　全球一次能源需求

资料来源：中国石油集团经济技术研究院，2021。

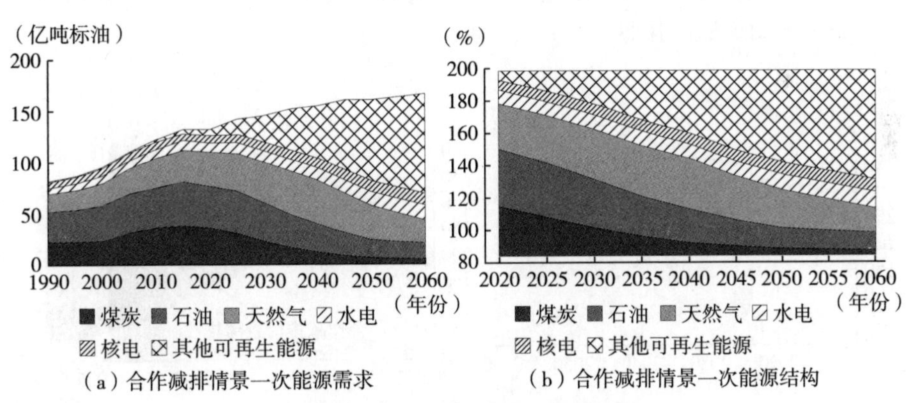

图 1-8　全球一次能源需求及结构

资料来源：中国石油集团经济技术研究院，2021。

在深度合作减排情景下，相比参考情景，全球各部门用能技术实现更快提升，帮助终端用能部门于 2030 年前后进入峰值平台期，并持续提升终端用能电气化水平（见图 1-9）。其中，工业部门用能将于 2025 年前达峰，交通部门用能需求将在 2025 年达峰，建筑部门用能将持续增长；到 2060 年，终端部门用能电气化率达 62%。

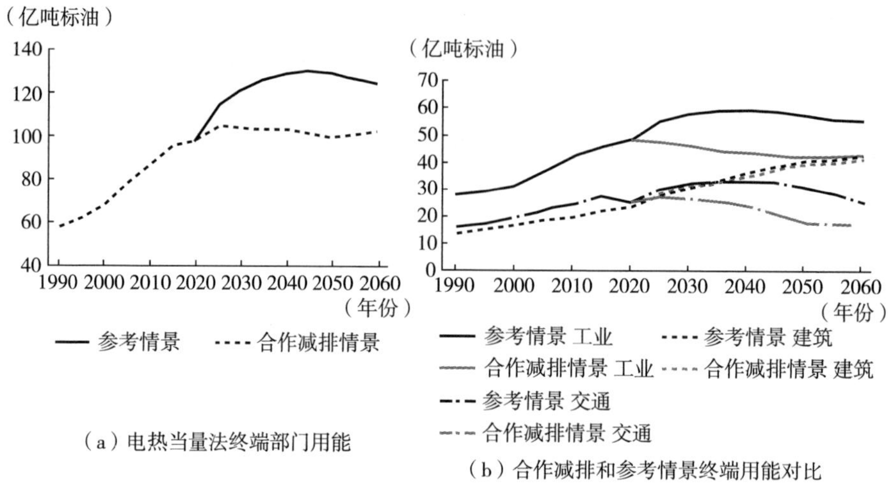

图 1-9　全球不同部门终端用能

资料来源：中国石油集团经济技术研究院，2021。

在深度合作减排情景下，全球低碳、零碳、负碳技术水平加快提升，一次能源消费增速减缓，非化石能源转型加快，加速碳减排进程（见图 1-10）。到 2060 年，全球碳排放量降至 30.7 亿吨，其中，低碳、零碳和负碳技术将分别带来约 15%、65%和 21%的减排量。

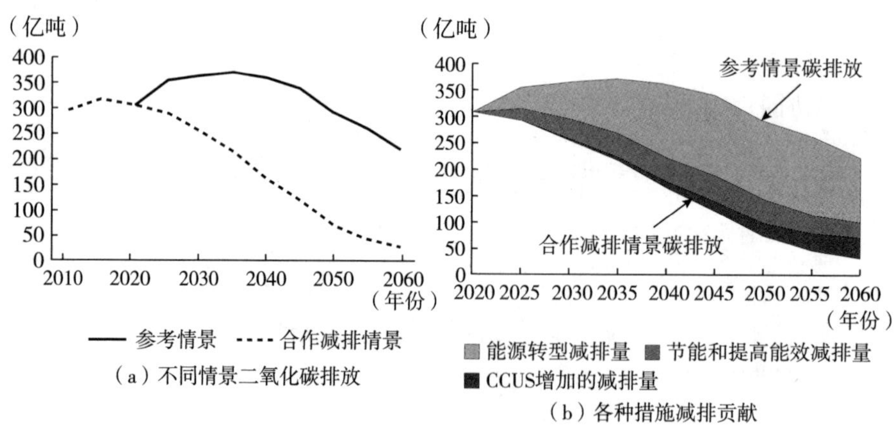

图 1-10　全球二氧化碳排放量

资料来源：中国石油集团经济技术研究院，2021。

4. 发展启示

基于上述研究结果发现，在全球减排深度合作下，各国间的深度经验分享和

交流中使得低碳技术充分发展，进而推进了全球碳中和进程。因此，未来全球各国应加强减碳深度合作，特别是碳中和技术的国际合作，具体措施如下：

首先，各国应继续推广先进低碳技术发展经验，加快能源利用效率快速提升。其次，需要加强全球可再生能源等零碳技术合作，加快全球能源结构绿色转型，尤其加大各国光伏、风电、水力发电等可再生能源合作规模及技术研发深度，不断提升可再生能源利用水平，加快能源结构绿色转型。最后，碳中和目标的实现不仅依靠能源系统的减排，还离不开碳汇技术的广泛应用，各国应加强CCUS等相关负碳技术研发合作，加快关键核心技术突破攻关，提升全球各国碳汇利用能力，最终加速碳排放与碳吸收实现平衡。

（三）基于不同能源发展战略的碳中和情景设定与技术发展路径

1. 现实背景

在全球能源供应链受到巨大冲击、能源安全成为首要问题的背景下，面对全球能源格局的变化，中国如何选择能源发展战略，将对碳中和目标的实现和发展路径产生显著影响。因此，已有研究根据中国能源发展战略的不同，设定以下三种碳中和情景，分别是能源独立情景、可持续转型情景和新能源加速情景，以探究不同情景下中国碳中和目标的实现和技术发展路径（中国石油集团经济技术研究院，2022）。

2. 情景设定

三种情景设定如图1-11所示。在能源独立情景下，中国将进一步提升国内能源资源清洁化、低碳化的开发、利用技术水平，使能源独立水平不断提升。而在可持续转型情景下，中国将持续推进各领域能源技术进步，推动化石能源与非化石能源协同，形成绿色低碳循环发展经济体系和安全高效清洁低碳的新型能源体系。最后，在新能源加速情景下，中国将在大规模储能、氢能、风能、太阳能等新能源技术方面取得突破性进展，加速建设现代能源电力市场体系，更早地构建起新型能源体系。

图1-11　情景设定

资料来源：中国石油集团经济技术研究院，2022。

3. 技术发展路径

基于以上情景设定，已有研究针对中国碳中和技术发展路径展开分析，分析结果如下：

在可持续转型情景下，能效技术快速进步推动中国一次能源需求总量增长放缓（见图 1-12）。中国一次能源需求将于 2035 年前后进入峰值平台期，峰值水平约为 43. 3 亿吨标油，到 2060 年，一次能源需求将稳定在 40 亿吨标油左右。

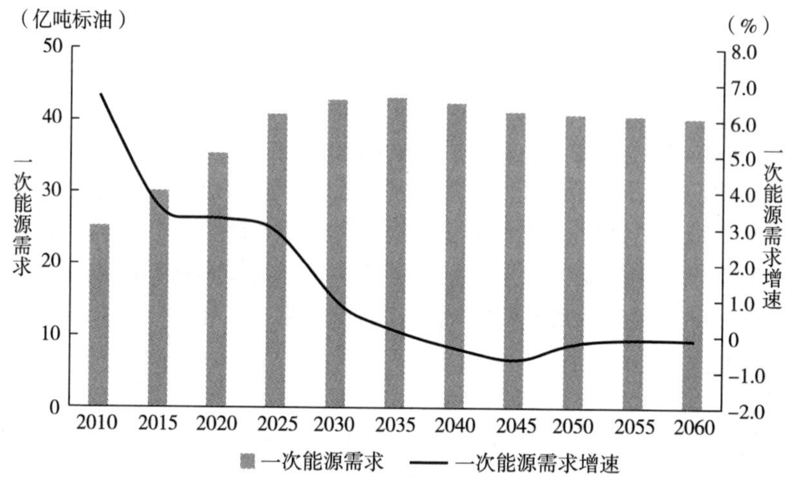

图 1-12　中国一次能源需求及增速

资料来源：中国石油集团经济技术研究院，2022。

在可持续转型情景下，可再生能源及其他清洁能源利用技术加快发展，促进非化石能源占比稳步上升（见图 1-13）。到 2030 年，非化石能源消费占比升至 25%，到 2060 年达到 80%，年均增速达 4. 5%。同时，煤炭消费占比持续减少并到 2060 年降至 5. 8%；油气消费占比到 2060 年降至 14. 2%。

在可持续转型情景下，各部门用能技术不断进步，帮助中国终端用能增速逐步放缓（见图 1-14）。中国终端用能总量将于 2030 年前后达峰。其中，工业用能将于 2025~2030 年达峰，到 2060 年用能需求将降至 11. 7 亿吨标油；交通用能将于 2030 年左右达峰，到 2060 年降至 3. 4 亿吨标油；建筑用能在较长一段时间内仍将保持较高水平，到 2040 年前后达峰，到 2060 年降至 6. 1 亿吨标油。终端用能电气化率快速增长，到 2060 年提升至 60%。

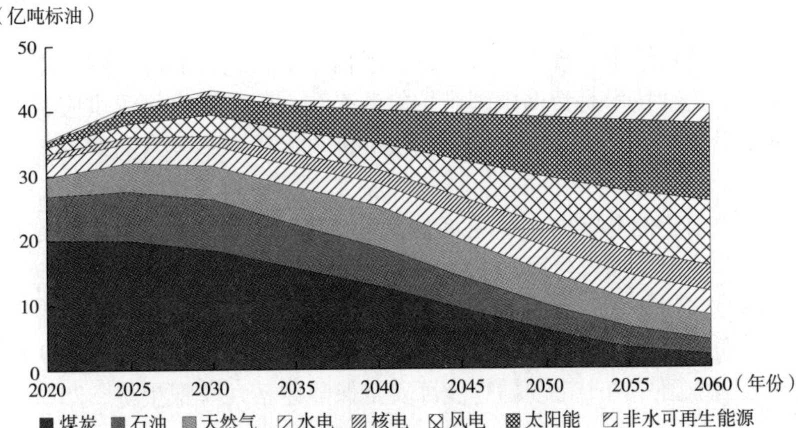

图 1-13　分能源种类中国一次能源需求

资料来源：中国石油集团经济技术研究院，2022。

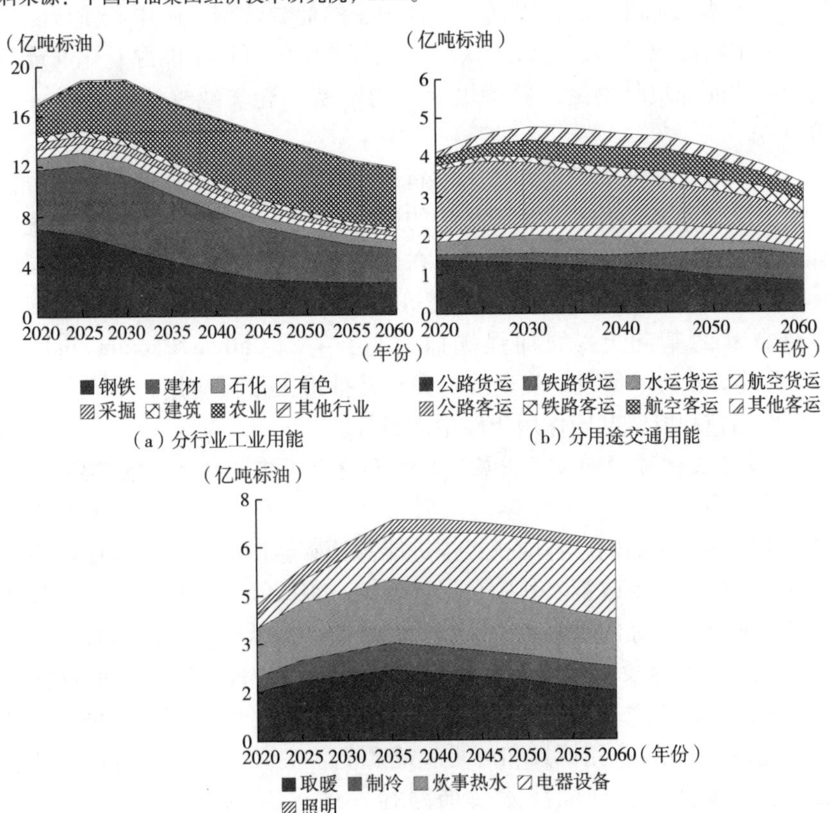

图 1-14　中国不同部门终端用能

资料来源：中国石油集团经济技术研究院，2022。

4. 发展启示

基于上述分析结果发现，在可持续转型情景下，化石能源低碳利用及可再生能源开发利用关键技术是帮助中国维护能源安全、保障国内能源供应及低碳绿色转型的重要手段。因此，未来中国应加快推进关键碳中和技术的发展，具体措施如下：

首先，中国应提升国内化石能源低碳高效勘探开发技术，构建能源安全保障体系。在全球能源格局发生巨大变化的背景下，应始终将保障能源供应安全作为首要能源战略，一方面，加大国内油气勘探开发支持，保持石油天然气产量稳定；另一方面，继续维持油气进口规模在3亿~5亿吨和2000亿~3000亿立方米高位，立足国内国外两个市场构建能源安全保障体系（李根生等，2022；王利宁等，2021）。

其次，中国应加快可再生能源及其他清洁能源利用技术发展，正确把握能源转型节奏。碳达峰阶段，加快以增量替代为主的能源转型；碳中和阶段，加快以存量调整为主的能源转型，通过加快风、光等非水等可再生能源对化石能源的替代，提升清洁能源贡献增量，保持煤炭平稳消费，逐步减少油气消费（邹才能等，2023）。

最后，中国应加强关键负碳技术创新研发和广泛应用，加速碳中和目标实现进程。除了低碳和零碳技术，负碳技术的研发和大规模应用也是能源系统低碳转型、实现碳中和目标的重要手段，未来在加快推进可再生能源、新型低碳电力系统等低碳技术（汤广福等，2023；黄震等，2022），大规模储能、氢能、安全核能等零碳技术的基础上，需加强碳捕集与封存（Carbon Capture and Storage，CCS）等关键负碳技术研发，实现技术突破并推进大规模应用，推动低碳、零碳和负碳技术相辅相成，共同作用于碳中和目标。

（四）基于关键碳中和技术进展的碳中和情景设定与技术发展路径

1. 现实背景

在全球气候变化加剧，各国积极推进能源低碳转型的背景下，中国也针对能源绿色转型出台了多项政策。其中，促进低碳、零碳及负碳技术发展是加快能源转型、实现碳中和目标的重要手段。然而，目前多数低碳、零碳及负碳技术仍处于研发和试点应用阶段，其发展存在较多不确定性，将影响碳中和目标实现进程。鉴于此，已有研究基于不同碳中和技术进展设定了参考情景、可持续转型情景、CCUS技术大规模应用情景和可再生能源更快突破情景，探讨不同技术进展下中国的碳中和目标实现和技术发展路径（中国石油集团经济技术研究院，2021）。

2. 情景设定

三种情景设定如图1-15所示。在参考情景下，中国将延续现有能源发展轨迹，能源相关技术按照当前趋势不断进步，无额外的能源气候政策约束；在可持续转型情景下，中国坚持绿色低碳循环经济发展模式，在各领域全面推广绿色生产生活方式，低碳、零碳及负碳生产技术、绿色产业体系建设、低碳转型基础设施建设等均取得显著成效；在 CCUS 技术更大规模应用情景下，中国加速实现可持续转型的过程中，CCUS 技术取得重大突破，化石能源得以在实现碳中和的同时得到更多保留；在可再生能源更快突破情景下，中国在加速实现可持续转型的过程中，可再生能源发电技术取得重大突破，其经济性显著增强，装机容量与发电量更快增长，为中国实现碳中和目标做出更大贡献。

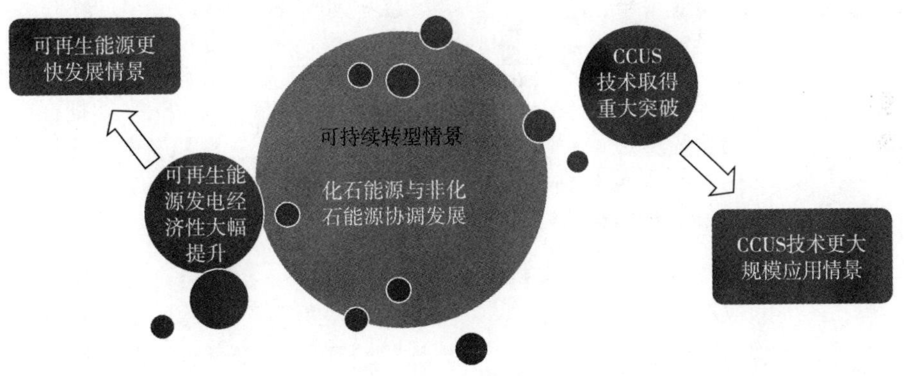

图 1-15　情景设定

资料来源：中国石油集团经济技术研究院，2021。

3. 技术发展路径

基于以上情景设定，已有研究针对中国碳中和技术发展路径展开分析，结果如下：

在可持续转型情景下，能效技术不断进步，推进中国一次能源消费总量增长逐步趋于平稳（见图 1-16）。中国一次能源需求将于 2030 年前后进入峰值平台期，峰值水平将达到 42 亿吨标油，而后出现小幅下降，到 2060 年，一次能源需求将降至 40 亿吨标油。

在可持续转型情景下，可再生能源及其他清洁能源利用技术加快发展，推进中国能源结构快速转型（见图 1-17）。非化石能源消费占比不断提升，到 2030 年升至 26.9%，到 2060 年达到 80%。煤炭消费占比将持续下降，到 2030 年降至 42.8%，到 2060 年则降至 5%；2040 年前，油气占比将稳定在 30%左右，到 2060 年降至 15%。

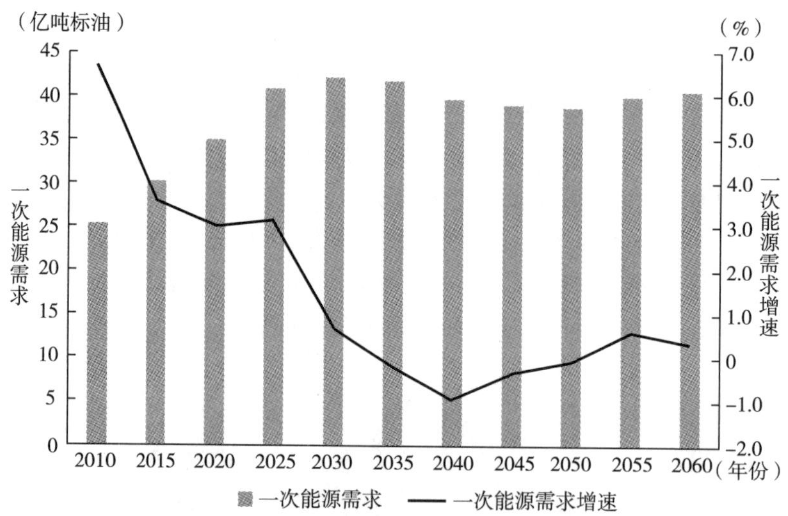

图 1-16　中国一次能源需求及增速

资料来源：中国石油集团经济技术研究院，2021。

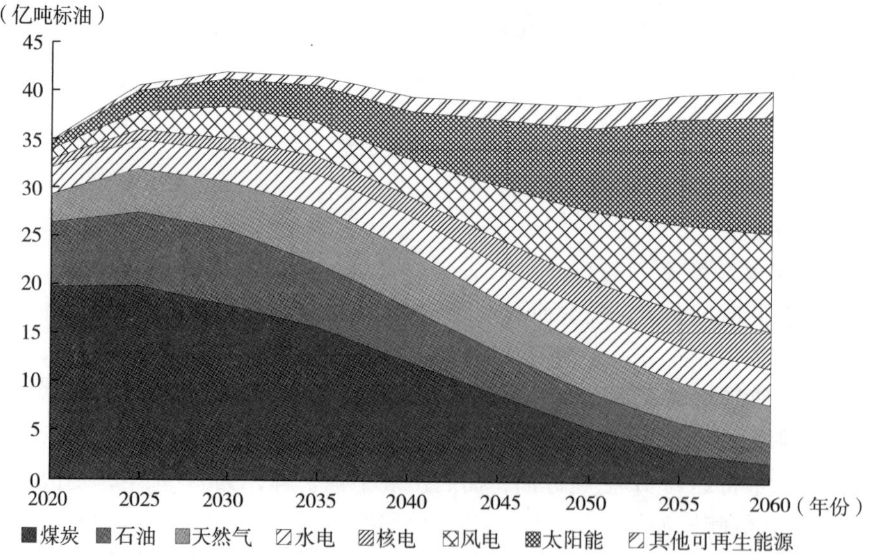

图 1-17　中国一次能源消费结构

资料来源：中国石油集团经济技术研究院，2021。

在可持续转型情景下，终端用能技术不断进步，帮助部门终端用能实现达峰（见图 1-18）。中国部门终端用能总量将于 2030 年前后达峰，峰值水平约为 29. 5

亿吨标油。首先，随着工业生产高效节能用能技术水平的提升，工业用能将于2025~2030年进入峰值平台期；其次，在新能源汽车加速发展、绿色交通工具广泛普及的趋势下，交通部门客运与货运用能需求将分别于2030年、2040年进入峰值平台期；最后，建筑用能需求将在一段时间内持续增长，并将在2035年前后达峰。到2060年，终端用能电气化率将达60%。

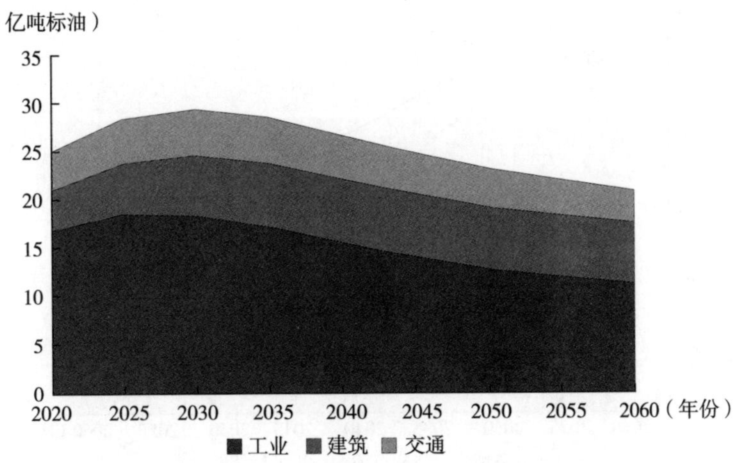

图 1-18　中国分部门终端用能

资料来源：中国石油集团经济技术研究院，2021。

在可持续转型情景下，中国低碳、零碳和负碳技术水平快速进步，推动能源相关碳排放增速逐步放缓（见图1-19）。相比于参考情景，可持续转型情景下中国能源相关碳排放量有显著下降。能源相关二氧化碳排放量将于2030年达峰，峰值水平约为106亿吨，到2060年实现零排放。其中，能源强度带来45%的减排贡献量，能源结构低碳化转型带来55%的减排贡献量。

4. 发展启示

通过梳理上述研究结果发现，为实现碳中和目标，中国应进一步加强对关键碳中和技术发展的支持，具体措施如下：

首先，中国应进一步提升低碳技术应用水平，坚持低碳循环经济发展模式。积极转变经济发展动能、优化产业结构、建立绿色循环经济体（何建坤等，2018）、鼓励宣传绿色低碳生产及生活模式是促进能效提升、加快能源转型进而实现碳中和目标的重要手段。

其次，中国应加快可再生能源前沿性开发利用技术攻关，施行因地制宜发展模式。可再生能源对煤炭和石油等化石能源形成的直接或间接替代，是推进能源结构绿色低碳转型的重要途径。考虑到中国可再生能源禀赋分布不均衡问题，在未来可再生能源开发中，东北及部分南方地区可作为短期资源开发地，西部和北部地区将仍是资源长期重点开发地区，据此制定因地制宜的可再生能源发展战略。

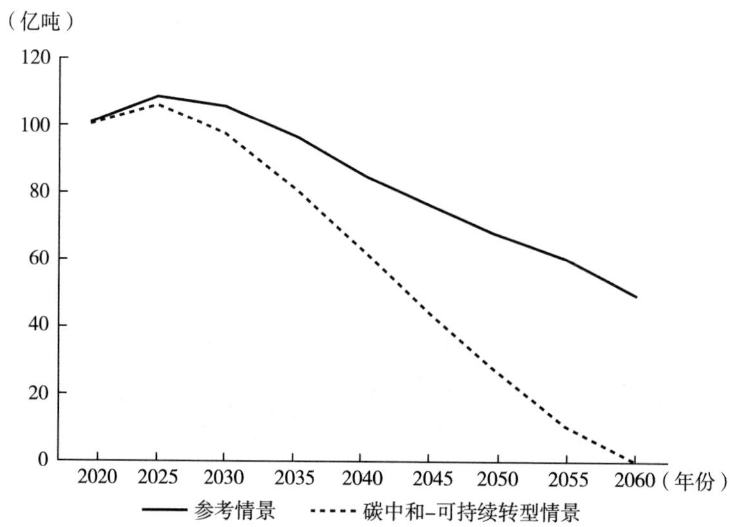

图 1-19　中国二氧化碳排放量

资料来源：中国石油集团经济技术研究院，2021。

最后，中国应继续推进 CCS/CCUS 核心技术创新及应用，加大负碳技术减排贡献。CCS/CCUS 技术是实现碳中和的重要技术（Li 等，2022；张希良等，2022；前瞻产业研究院，2021），基于上述研究结果，到 2060 年，CCUS 技术能够带来 14 亿~24.4 亿吨的减排贡献。因此，未来应该进一步加快 CCS/CCUS 技术研发及大规模应用，协助能源系统逐步脱碳，加快碳中和目标实现进程。

（五）基于不同类型减排政策的碳中和情景设定与技术发展路径

1. 现实背景

为引导绿色低碳循环发展经济体系的构建、推进碳排放的减少、最终实现气候变化目标，中国积极出台了各项减排政策。减排政策的类型、实施强度及实施时间会对国家整体碳减排进程产生较大影响。因此，已有研究基于中国提出的不同类型减排政策设定了减排政策情景，以探究在不同政策组合下的中国碳中和目标的实现及技术发展路径（刘宇等，2022）。

2. 情景设定

根据减排政策类型、强度和实施时间，已有研究设定了实现碳中和的不同政策情景（见表 1-1）。减排政策主要分为碳定价政策、可再生能源政策、能效改进和电能替代 4 类；在此基础上，对每类政策分别设置 5 种实施强度和 2 段实施时间（分别是 2021～2029 年和 2030～2060 年），最终共设定 1295 个政策情景。

表 1-1　情景设定

政策类型	实施强度	实施时间（年）	
		2021～2029	2030～2060
碳定价政策	低强度	开始实施	开始实施
	中强度		
	高强度		
能效改进政策	低强度	未实施	开始实施
	中强度		
	高强度		
可再生能源政策	低强度	未实施	开始实施
	中强度		
	高强度		
电能替代政策	低强度	未实施	开始实施
	中强度		
	高强度		

资料来源：刘宇等，2022。

3. 技术发展路径

基于上述情景设定，已有研究针对中国碳中和技术发展路径展开分析，分析结果如下：

在不同的减排政策情景下，能效技术实现快速提升，推进中国一次能源消费总量呈现先快速下降、后小幅上升的趋势（见图 1-20）。从 2030 年到 2050 年，中国一次能源消费总量将快速下降并降至 30.7 亿吨标油，到 2060 年，中国一次能源消费量将在 31.3 亿～43.3 亿吨标油之间。

在不同的减排政策情景下，可再生能源及其他清洁能源利用技术快速进步，促进能源结构向低碳绿色加速转型，非化石能源占比快速提升（见图 1-21）。到 2060 年，中国非化石能源消费占比将超过 81%，其中煤炭消费总量降至 3.8 亿吨标油，消费占比低于 10%；石油消费总量将下降至 2.4 亿吨标油，占比将下降到 5%左右；天然气消费量维持在 1.5 亿吨标油左右，消费占比降至 4%。

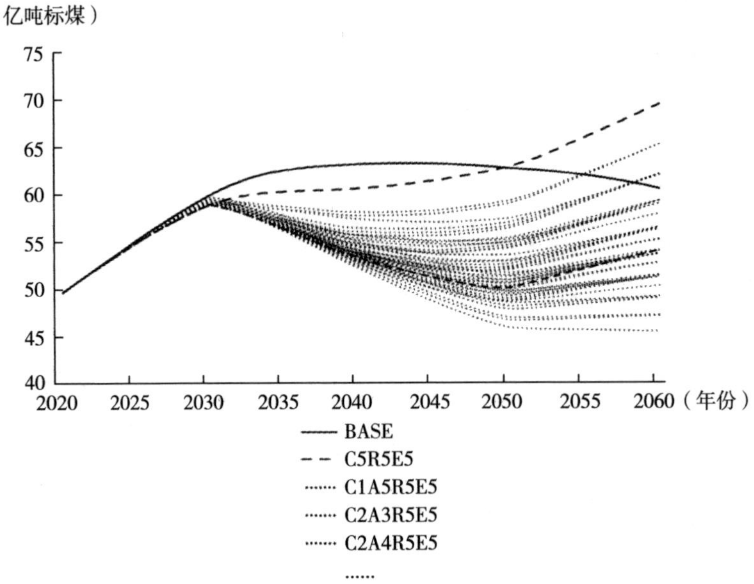

图 1-20　不同情景下中国一次能源消费总量

资料来源：刘宇等，2022。

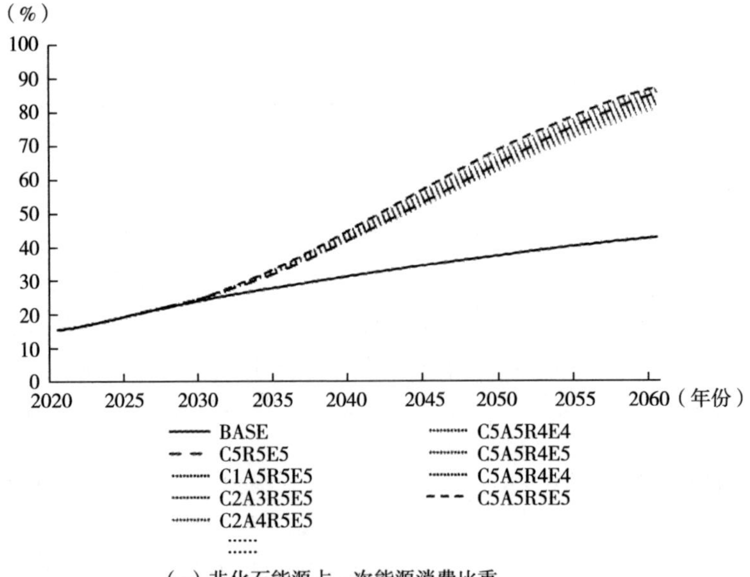

（a）非化石能源占一次能源消费比重

图 1-21　不同情景下中国一次能源消费结构及非化石能源消费占比

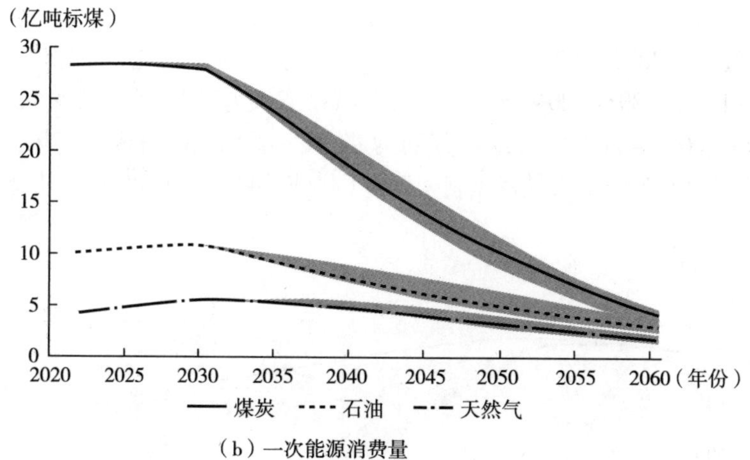

（b）一次能源消费量

图 1-21　不同情景下中国一次能源消费结构及非化石能源消费占比（续图）

资料来源：刘宇等，2022。

在不同的减排政策情景下，终端可再生能源发电、电能替代等核心技术水平不断提升，促进可再生能源电力替代化石能源电力，加快提升终端用能电气化水平（见图 1-22）。到 2060 年，中国终端用能电气化水平将达 75%~79%，年均增长率达 1.2%；其中，风力发电占比升至 24%~29%，光伏发电占比升至 32%~45%，煤电占比降至 4%~10%，气电占比降至 2%~4%。

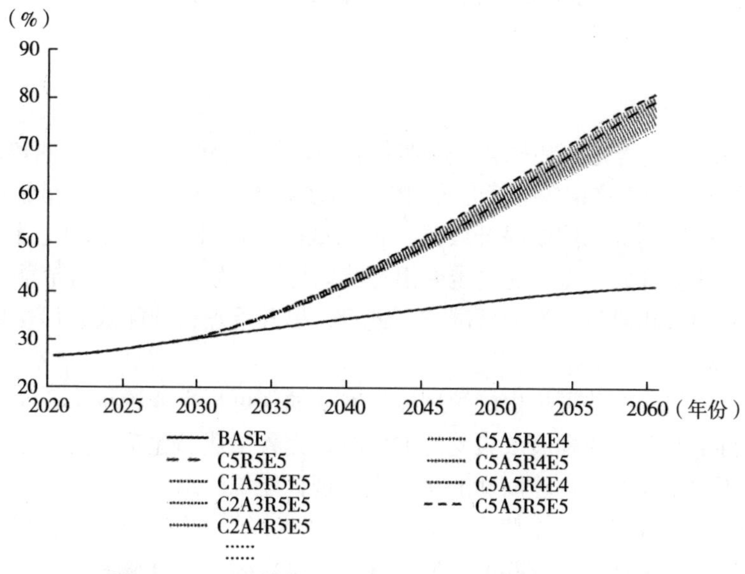

图 1-22　不同情景下中国电力占终端能源消费比重

资料来源：刘宇等，2022。

在不同的减排政策情景下，低碳、零碳、负碳技术快速进步，中国能源燃烧排放二氧化碳将在2027~2029年达到峰值（102.6亿~104.2亿吨）（见图1-23）。为实现碳中和目标，2031~2040年中国的年均减排速将达到2.6%~4.8%，2041~2050年和2051~2060年的年均减排速分别为4.9%~6.2%和6.1%~8.2%；2030年、2050年和2060年的总排放量将控制在104.1亿吨、44.8亿吨和20亿吨以下。

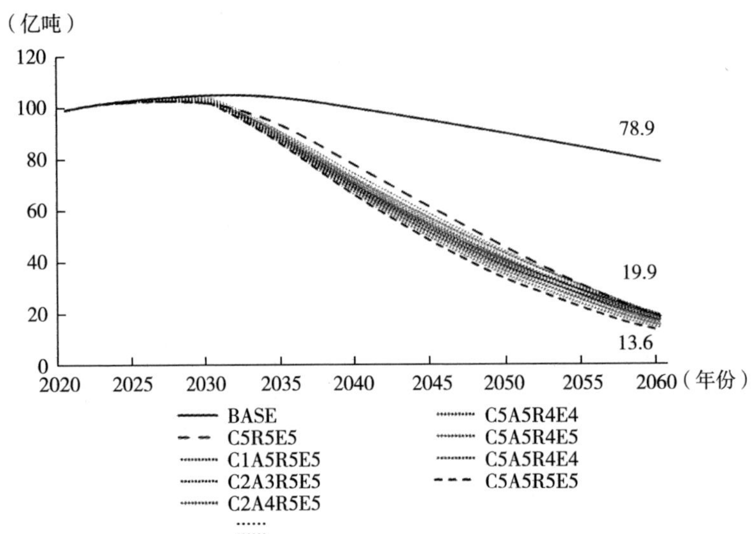

图1-23 不同情景下中国二氧化碳排放量

资料来源：刘宇等，2022。

4. *发展启示*

通过梳理上述研究结果发现，多种减排政策的组合将加快中国碳中和目标的实现进程，因此，未来中国应继续完善国内减排政策体系的构建，具体措施如下：

首先，中国应补充能效提升政策，推动低碳节能技术广泛应用。针对工业、交通、建筑等碳排放重点行业制定并出台能效标准，鼓励企业针对节能提效的关键技术展开创新和研发，推动低碳技术进步，提升重点行业能效、加快用能低碳转型。

其次，中国应构建可再生能源用能标准，加强可再生能源技术应用规范。在加大对可再生能源规模发展政策支持的同时，完善工业、建筑、交通等重点行业可再生能源用能标准，构建以新能源为主的现代能源体系。

最后，中国应健全电能替代政策，扩大电能替代关键技术应用范围。例如，在交通领域，加快补充建设陆上交通电气化基础设施，提升交通电气化水平；在建筑领域，引导以高效电热泵作为替代热源承担供热供暖，实现供能电气化。

（六）基于社会经济发展不确定性的碳中和情景设定与技术发展路径

1. 现实背景

碳中和目标的实现是一项复杂的系统工程，涉及自然、经济、社会、行为、技术及能源等多个系统之间的协同与耦合，社会经济发展过程中各部门行业面临的较多不确定性，使得未来各行业产品服务需求存在不确定性。同时，在碳汇技术较长的发展期内，未来碳汇可使用量也存在较大不确定性，这些都将影响能源系统转型的速率和效果（余碧莹等，2021）。因此，已有研究在碳中和目标和发展路径的分析中，以碳排放源头产品服务需求和碳排放末端碳汇可用量两个方面为依据设定碳中和发展情景，探究中国碳中和目标的实现和技术发展路径（魏一鸣等，2022）。

2. 情景设定

以未来中国各行业产品服务需求规模、能源系统转型速率为依据，设定了9种情景。首先，将未来经济增长、城镇化发展、人口增长以及产业结构演变等过程中的不确定性考虑在内，预测出各行业未来产品服务需求，并依据需求大小分别设定低需求、中需求和高需求情景。其次，根据各行业低碳技术发展的速率和促进转型措施的力度，分别设定能源系统高速、中速和低速转型情景。已有研究在展开分析前对未来中国GDP年均增速、人口规模及城镇化水平、产业结构占比做出假设（见图1-24~图1-26）。

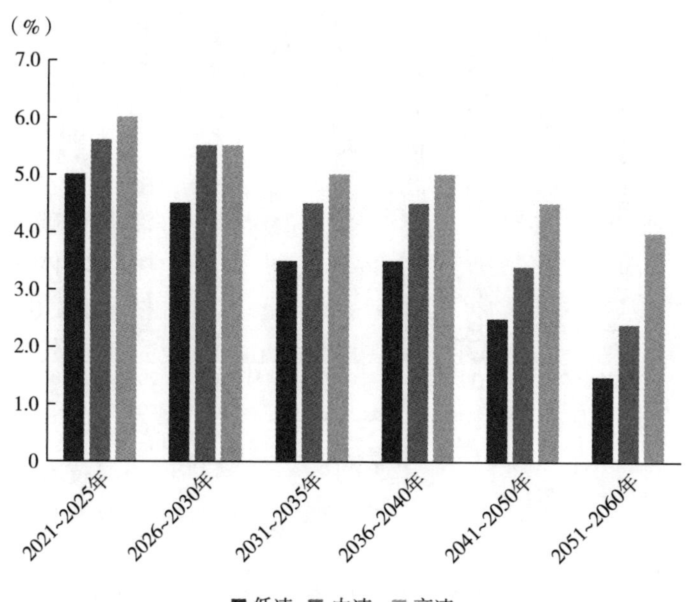

图1-24 情景设定——GDP年均增速

资料来源：魏一鸣等，2022。

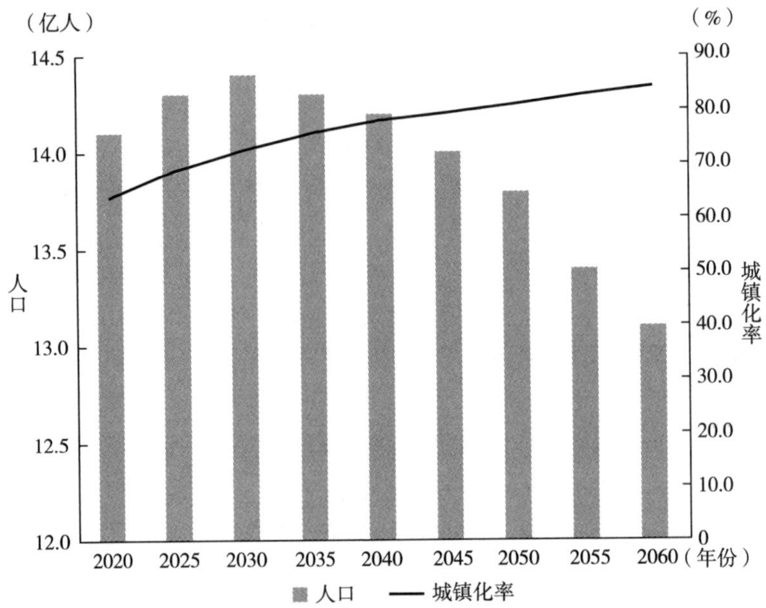

图 1-25　情景设定——人口及城镇化率

资料来源：魏一鸣等，2022。

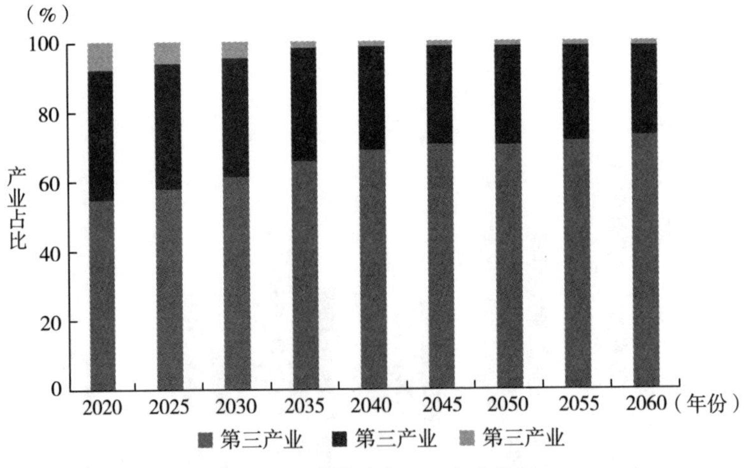

图 1-26　情景设定——产业结构

资料来源：魏一鸣等，2022。

3. 技术发展路径

基于以上情景设定，中国碳中和的技术发展路径分析结果如下：

在中需求、高速增长及长平台期情景下，非化石能源高效开发利用技术的快速发展，加快中国能源转型进程（见图 1-27）。到 2060 年，中国一次能源消费

结构逐步向非化石能源主导型转变，非化石能源消费占比不断提升并超过 80%，煤炭占比下降至 10%以下，天然气消费占比降至 7%左右，石油占比低于 5%。

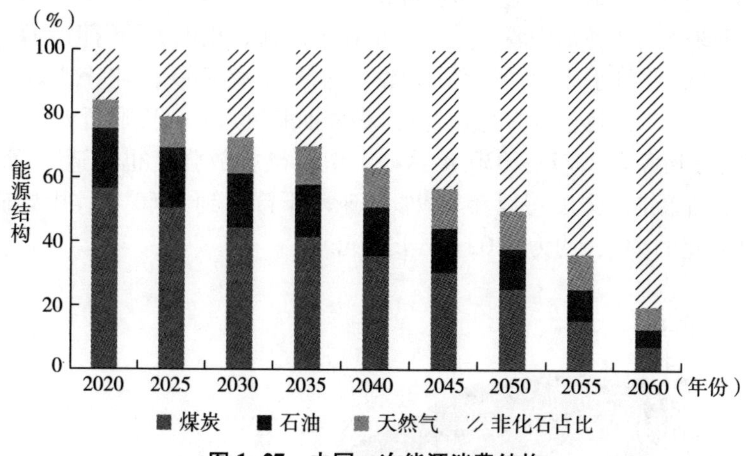

图 1-27　中国一次能源消费结构

资料来源：魏一鸣等，2022。

在中需求、高速增长及长平台期情景下，终端用能电气化关键技术加速进步，推动重点用能部门电气化水平提升（见图 1-28）。到 2060 年，全国终端用能电气化水平超过 77%，其中，建筑部门电气化率将达到 90%，工业部门电气化率将达到 73%以上，交通部门电气化进程相对较慢，但到 2060 年仍将提升至 84%。

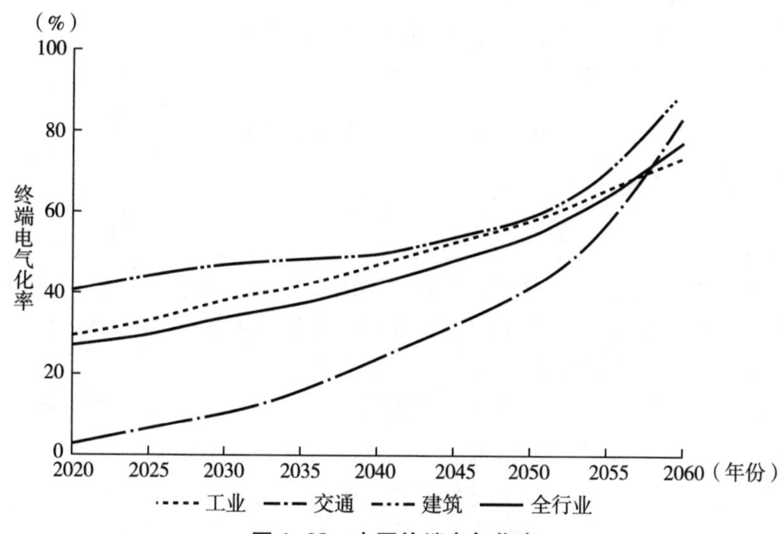

图 1-28　中国终端电气化率

资料来源：魏一鸣等，2022。

在中需求、高速增长及长平台期情景下，碳中和技术快速进步，促进中国碳排放总量逐步下降（见图 1-29）。在中需求—高速转型情景下，全国碳排放将在 2026~2029 年达峰，能源系统碳排放峰值达 117 亿~127 亿吨。到 2060 年，全国减排将超过 80%。从各部门看，电力、钢铁、交通、化工等部门仍是碳排放的主要来源，工业行业将于 2025 年前后达峰，峰值 80 亿~86 亿吨，到 2060 年碳排放将降至 6 亿~22 亿吨；电力行业将在 2029 年前后达峰；交通行业将于 2035 年达峰；建筑行业将于 2027~2030 年达峰。中国碳排放强度也加速下降。2020~2060 年，中国碳排放强度将以年均 9%的速率下降，到 2060 年，中国碳排放强度降至 2020 年的 2%，约为 0.02 吨/千美元。

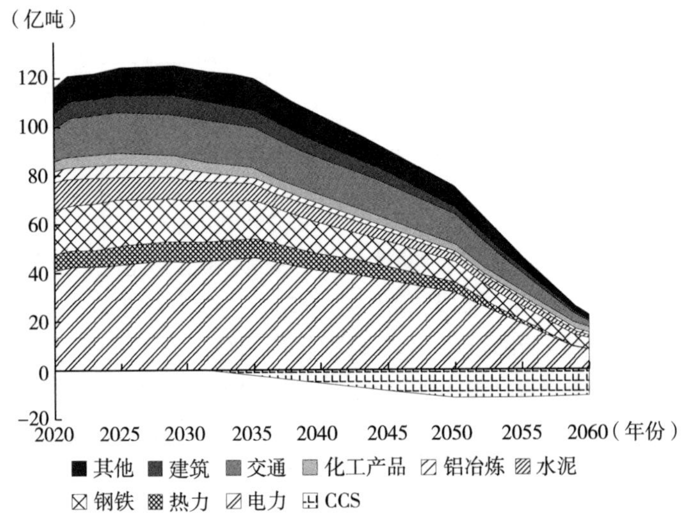

图 1-29　中国二氧化碳排放量

资料来源：魏一鸣等，2022。

4. 发展启示

通过梳理上述研究结果发现，低碳、零碳及负碳技术进步是加速碳中和目标实现的重要手段，因此，未来中国应确立起关键碳中和技术的战略地位，并鼓励碳中和技术在各行业内的推广应用，具体措施如下：

首先，中国应完善低碳关键技术法规政策体系。低碳技术是实现碳中和目标的重要手段，未来应通过制定国家法律法规的方式，确立起低碳发展在国家重大决策部署中的地位，推进与数字化技术结合的智能电网（陈晓红等，2021）、先进发电、低碳建筑等低碳技术的广泛应用，加快光伏、风电、新型储能及氢能技术进步及应用，加快 CCUS 等负碳技术的突破攻关。基于各地区资源禀赋，推行因地制宜能源发展模式。

其次，中国应在重点用能行业推广应用低碳、零碳、负碳关键技术。在电力行业，进一步扩大风电、光伏发电的应用规模，结合 CCS 技术实现火力发电低碳转型；在钢铁行业，一方面加快推进低碳烧结技术、高炉喷煤技术等关键生产技术的低碳升级，另一方面加快氢能炼钢结合 CCS 技术的研发和规模应用，加快新型储能、电氢协同利用等先进技术突破攻关（周孝信等，2018；舒印彪等，2021）；在建筑行业，基于区域可再生能源资源禀赋，因地制宜发展分布式能源，扩大电能替代技术应用范围，提高采暖制冷效率，大幅提升电气化水平；在交通行业，加快氢燃料电池汽车、电动客车及货运汽车、生物燃料飞机和船舶等先进技术的研发及应用（Ouyang 等，2018）。

四、本章小结

（一）碳中和的概念与内涵

碳中和目标对中国碳中和技术投资决策提出了新的挑战和要求。为帮助理解碳中和技术投资决策提出的背景，本章梳理了“碳中和”的概念、提出背景及发展历程，阐释了“碳达峰”和“碳中和”在中国的提出背景、内涵以及中国为实现双碳目标所坚持的方针政策。

（二）碳中和能源情景与技术发展路径

本章梳理了用于碳中和能源系统分析的情景设定、现实背景和对应情景下的碳中和能源系统技术发展路径及其带来的发展启示。首先，通过梳理关于碳中和发展路径的已有研究发现，其情景的设定依据主要包括不同气候目标、全球减排模式、能源发展战略、关键碳中和技术进展、不同减排政策类型、社会经济发展不确定性。其次，梳理了在不同情景下全球和中国的碳中和实现路径，包括未来一次能源需求、一次能源结构、各部门用能达峰情况、终端用能电气化水平及碳排放等的发展趋势。最后，基于不同情景下的发展路径总结出相应的发展启示，为进一步针对碳中和技术研究提供了背景及方法支持。

本章参考文献：

[1] Ding Z. Realization of the Paris Agreement depends on adherence to the original spirit [J]. National Science Review, 2021, 8 (12): nwab215.

[2] Li G, Sun J, Chen Z, et al. Editorial for the Special Issue on Unconventional and Intelligent Oil and Gas Engineering [J]. Engineering, 2022, 18 (11): 1-2.

[3] 陈迎 . 碳中和“碳中和”概念再辨析 [J]. 中国人口 · 资源与环境,

2022，32（4）：1-12.

［4］陈晓红，胡东滨，曹文治，等．数字技术助推我国能源行业碳中和目标实现的路径探析［J］．中国科学院院刊，2021，36（9）：1019-1029.

［5］党的二十大报告学习辅导百问［J］．共产党员，2023（13）：28-29.

［6］杜祥琬，刘晓龙，崔磊磊等．碳中和目标下中国能源高质量发展路径研究［J］．北京理工大学学报（社会科学版），2021，23（3）：1-8.

［7］何建坤，卢兰兰，王海林．经济增长与二氧化碳减排的双赢路径分析［J］．中国人口·资源与环境，2018，28（10）：9-17.

［8］黄震，谢晓敏，张庭婷．“双碳”背景下我国中长期能源需求预测与转型路径研究［J］．中国工程科学，2022，24（6）：8-18.

［9］金之钧，白振瑞，杨雷．能源发展趋势与能源科技发展方向的几点思考［J］．中国科学院院刊，2020，35（5）：576-582.

［10］刘宇，羊凌玉，李欣蓓，等．碳中和目标实现下中国转型发展路径研究［J］．北京理工大学学报（社会科学版），2022，24（4）：27-36.

［11］舒印彪，张丽英，张运洲，等．我国电力碳达峰、碳中和路径研究［J］．中国工程科学，2021，23（6）：1-14.

［12］汤广福，周静，庞辉，等．能源安全格局下新型电力系统发展战略框架［J］．中国工程科学，2023，25（2）：79-88.

［13］碳中和背景下的清洁能源科技创新机遇［R］．前瞻产业研究院，2021.

［14］王利宁，彭天铎，向征艰，等．碳中和目标下中国能源转型路径分析［J］．国际石油经济，2021，29（1）：2-8.

［15］魏一鸣，余碧莹，唐葆君，等．中国碳达峰碳中和时间表与路线图研究［J］．北京理工大学学报（社会科学版），2022a，24（4）：13-26.

［16］魏一鸣，余碧莹，唐葆君，等．中国碳达峰碳中和路径优化方法［J］．北京理工大学学报（社会科学版），2022b，24（4）：3-12.

［17］余碧莹，赵光普，安润颖，等．碳中和目标下中国碳排放路径研究［J］．北京理工大学学报（社会科学版），2021，23（2）：17-24.

［18］邹才能，陈艳鹏，熊波，等．碳中和目标下中国新能源使命［J］．中国科学院院刊，2023，38（1）：48-58.

［19］邹才能，薛华庆，熊波，等．“碳中和”的内涵、创新与愿景［J］．天然气工业，2021，41（8）：46-57.

［20］张希良，黄晓丹，张达，等．碳中和目标下的能源经济转型路径与政策研究［J］．管理世界，2022，38（1）：35-66.

［21］周孝信，陈树勇，鲁宗相，等．能源转型中我国新一代电力系统的技术特征［J］. 中国电机工程学报，2018，38（7）：1893-1904+2205.

［22］中国石油集团经济技术研究院．2060 年世界与中国能源展望［R］. 2021.

［23］中国石油集团经济技术研究院．2060 年世界与中国能源展望［R］. 2022.

第二章 碳中和技术分类

一、本章简介

碳中和是国家制定的重大战略目标，而其技术快速创新与落地应用是引领绿色发展变革的核心力量，也是实现碳中和目标的根本保障。2020 年 10 月，党的十九届五中全会提出，“坚持创新在中国现代化建设全局中的核心地位，把科技自立自强作为国家发展的战略支撑，要强化国家战略科技力量，提升企业技术创新能力，激发人才创新活力，完善科技创新体制机制”。2022 年 10 月，党的二十大提出，“以国家战略需求为导向，集聚力量进行原创性引领性科技攻关，坚决打赢关键核心技术攻坚战”。因此，推进技术革命已经成为实现碳中和的关键路径。

推进碳中和技术的快速创新发展与大规模落地应用亟须求解技术创新发展规律和投资决策优化方案，其基础就是技术的基本体系和分类。因此，本章将介绍关键碳中和技术识别及其体系构建。首先基于技术特性、应用场景并参考已有研究，本书总结梳理出主要碳中和关键技术清单，并将其分为低碳技术、零碳技术和负碳技术介绍，最后构建得到碳中和关键技术体系以及碳中和关键技术数据库。

二、关键技术识别的技术分类结果

本书基于数据爬虫技术和检索式检索收集碳中和技术相关的学术论文、技术专利等数据，进而应用主题聚类分析方法识别出碳中和关键技术清单，并将其进行分类。教育部制定的《高等学校碳中和科技创新行动计划》指出，要“加快碳减排关键技术攻关，加快碳零排关键技术攻关，加快碳负排关键技术攻关”。因此本书将低碳技术清单进一步分为低碳技术、零碳技术（零碳电力技术和零碳非电技术）、负碳技术（CCUS 和碳汇技术）三类介绍。

现阶段，中国二氧化碳排放近 90% 来自能源生产和工业利用（白春礼，

2023)，因此低碳技术对减排发挥着基础性作用，对于各行业节能提效和低碳转型至关重要；零碳技术在碳中和进程中发挥着中流砥柱作用，是实现各行业深度减排的重中之重；然而，在低碳和零碳技术充分发展的情形下，至 2060 年将仍有 15 亿吨左右二氧化碳无法被消除（黄晶等，2021），为此，亟须部署以 CCUS 为代表的负碳技术，从而抵消难以通过低碳和零碳技术消除的碳排放。为了对碳中和技术做出针对性的分析，进一步将识别出的关键技术分为生产端和消费端技术，识别结果如表 2-1 所示。考虑到技术推广、应用规模，本书主要以供给端技术为主，选取代表性碳中和技术展开介绍。

表 2-1 代表性关键能源技术分类结果

技术	生产端技术	消费端技术
低碳技术	智能电网技术 先进发电技术 工业/建筑/农业/交通电气化技术 有色金属工业低碳技术 低碳原料替代技术 工业流程再造技术 能量/物质回收利用技术 数字化技术 产业链协同技术 多能互补/协同技术 管理优化技术	电动汽车（乘用车） 低碳家具产品 低碳家用电器产品
零碳技术	光伏发电技术 风力发电技术 新型储能技术 核能发电技术 氢能技术 非氢零碳燃料技术 零碳供暖技术 地热能技术	户用光伏技术 户用风力发电技术 户用生物质炉具 户用储能技术
负碳技术	碳捕集利用与封存（CCUS）技术、 生物质能—碳捕集与封存（BECCS）技术 直接空气碳捕集与封存（DACCS）技术 生物碳汇技术 强化碳转化技术	林业碳汇（个人） 二氧化碳富集温室大棚技术

三、主要低碳技术举例

本书中低碳技术是指可以减少或替代传统的高碳能源和工艺的技术。代表性碳中和低碳技术包括智能电网技术、先进发电技术、低碳建筑技术和有色金属工业低碳技术等。

（一）智能电网技术

智能电网是指一个完全自动化的供电网络，其中的每一个用户和节点都得到实时监控，并保证从发电厂到用户端电器之间的每一点上的电流和信息的双向流动（余贻鑫等，2009）。智能电网包含了网络拓扑、通信系统、高级计量体系、智能调度技术等多项关键技术，通过智能化控制减少供给侧能源消耗和实现需求侧精确供能，将能源利用效率提高到全新的水平，从而在满足用户成本和投资效益的前提下实现减排目的（余贻鑫等，2015）。

具体而言，由于分布式电源的接入，电网的每条支路的电力潮流都可能是双向和时变的，可能会影响电压稳定性、功率平衡、输电线路的负荷及电网安全性，而先进的网络拓扑技术可以优化电网布局，提高电网的稳定性和灵活性，减少输电损耗。通信系统和智能调度技术可以实时监视和分析电网目前状态，实时做出决策指挥，预防故障的发生。在电力需求侧，智能电网通信系统和高级计量体系可以更灵活有效地调配电力供需，还通过利用先进电子电表所提供的实时用电信息来改变用户的用电行为模式，引导用户节约用电，另外也通过差异电价，进一步降低尖峰用电。综上，智能电网技术通过对电网的优化管理来促进供需两侧的节能减碳。

（二）先进发电技术

先进发电技术通常是指采用先进的设备和工艺改进传统发电方式，通过提高发电效率、降低运营成本并减少碳排放的技术。先进发电技术主要包括先进超超临界发电技术、IGCC（整体煤气化联合循环发电）技术和 IGFC（煤气化燃料电池联合循环发电）技术等。

具体而言，先进超超临界发电技术包括二次再热超超临界机组技术和超超临界循环流化床机组技术。二次再热机组技术提升了蒸汽整个做工过程的平均吸热温度，工质温度越高，其发电效率更高（王哮江等，2022）；循环流化床机组技术能够充分利用低热值煤资源、高硫无烟煤、煤矸石等劣质燃料，并且机组的主蒸汽流量、温度和压力均较高，发电效率也较高。超超临界发电机组发电能利用最少的煤发出最多的电，具有能耗低、环境友好、成本小的特点。IGCC 技术将煤粉经气化系统气化，再通过净化系统除去主要污染物，变成清洁的气体燃料，以此实现煤的完全清洁利用，并有效提高了联合循环效率。IGFC 技术采用高温燃料电池发电，通过全系统的热量平衡与统筹利用，综合效率更高（王琦等，2022）。综上，先进发电技术通过提高能源利用效率，从而实现低碳发电过程。

（三）低碳建筑技术

低碳建筑技术是指在建筑全生命周期范围内，能够降低化石能源消耗、提高能效、降低二氧化碳排放量的技术（唐晓霞等，2023）。低碳建筑技术主要包括ETICS（外部保温系统）技术、低碳混凝土技术等。

具体而言，ETICS技术通过在建筑物外墙表面加装保温材料，形成连续的保温层，有效隔离室内外温度差异，这样可以大幅降低室内供暖和空调的能量消耗，达到节能降碳的目的。低碳混凝土技术是指在混凝土的生产、使用过程中，能够直接或间接地降低二氧化碳排放的相关混凝土技术，如CarbonCure公司在新鲜混凝土搅拌过程中注入捕集的二氧化碳，二氧化碳遇水生成碳酸盐与水泥中钙离子发生反应，形成纳米大小的矿物碳酸钙，并经过固化过程后将二氧化碳永久封存，这项技术能够在锁定二氧化碳的同时，增加混凝土的压缩强度，减少水泥的使用量。

（四）有色金属工业低碳技术

有色金属工业低碳技术是指在有色金属工业整个环节中减少碳排放的技术。代表性技术包括非常规介质高效转化技术、过程强化技术、资源材料一体化技术等。

具体而言，非常规介质高效转化技术通过开发物化特性优异的非常规介质，突破传统常规介质对现有金属矿物资源转化过程的热力学、动力学制约，形成非常规介质活化M-O、M-S键强化转化的关键共性技术。比较现有过程，非常规介质高效转化技术可以大幅度提高资源利用率，并显著降低反应温度降低能耗，从而实现低碳生产的目的（郑诗礼等，2022）。过程强化技术包括生产工艺过程强化和设备强化。其中工艺过程强化是指强化新工艺条件、操作等，例如利用氧化物直接电解法、离子液体电化学沉积法等前瞻性电化学技术提取金属；设备强化是将各类物理场/化学场应用于有色金属冶炼过程中，通过其热、电、磁、力等效应，采取针对性措施强化冶金反应工艺过程、实施过程控制以及制备新材料等。生产工艺过程强化和设备强化都直接关系到工艺过程的碳排放量。资源材料一体化技术是指通过物理和化学加工将矿物直接制成材料，并实现材料的组织结构与性能的精确控制，提高材料的使用性能，改善难加工材料的加工性能，最终实现过程制造与功能产品制造过程无缝衔接的技术。如高附加值材料火法冶金技术、湿法化学冶金直接生产高附加值功能材料技术、湿法冶金生产金属化合物和元素硫耦合技术等都能够大幅缩短流程并减少碳排放量。

四、主要零碳技术举例

零碳技术是指在使用和运营过程中完全不产生二氧化碳排放的技术。这些技术通常与可再生能源相关，如太阳能（光伏，太阳热）、风能、氢能和地热能。

（一）光伏发电技术

光伏发电技术是指利用半导体界面的光生伏特效应而将光能直接转变为电能

的技术（Li 等，2023）。光伏发电技术的关键元件是太阳能电池，太阳能电池经过串联后进行封装保护可形成大面积的太阳能电池组件，再配合上功率控制器等部件就形成了光伏发电装置。光伏发电装置具有安全可靠、无噪声、低污染、建设要求低及建设周期短的优点。

光伏发电技术可分为集中式和分布式两种。集中式光伏建在沙漠、戈壁等地区，可以充分利用荒漠地区土地资源丰富和太阳能资源供应充足的优势建设大型光伏电站。分布式光伏一般建在楼顶、屋顶、厂房顶等位置，较多覆盖在建筑物表面，就近解决用户的用电问题，通过并网实现供电差额的补偿与外送。分布式光伏也多应用于户用场景，户用光伏技术是指利用太阳能光伏发电系统为家庭提供电力的技术，其主要组成部分包括光伏电池组件、支架系统、逆变器、电网连接和监控系统等。在一些电网覆盖不到的农村等偏远地区，也可通过建设户用光伏微网发电系统（唐昀烽，2023）。

光伏发电关键技术主要包括晶体硅光伏、薄膜太阳能电池技术和新型太阳能电池技术等。具体而言，晶体硅光伏分为单晶硅和多晶硅，具有工艺成熟、原料储量丰富等优点；薄膜太阳能电池技术采用非晶硅、微晶硅、铜铟镓硒（CIGS）、有机聚合物等材料制成光伏电池，与晶体硅光伏发电技术相比具有更高的光电转换效率、更低的制造成本和更好的灵活性；新型太阳能电池技术主要包括利用有机聚合物和小分子材料作为光敏材料，可以制造出非常薄且轻巧的太阳能电池的有机太阳能电池技术、使用钙钛矿材料代替传统的硅材料作为光敏材料，具有更高的光电转换效率和更低的制造成本的钙钛矿太阳能电池技术、将染料分子吸附在钙钛矿表面，利用染料分子吸收光线并将其转化为电能的染料敏化太阳能电池技术、使用量子点作为光敏材料，具有更高的光电转换效率和更长的使用寿命的量子点太阳能电池技术等。

（二）风力发电技术

风力发电是指主要通过风力涡轮机（也称风力发电机或风力涡轮发电机）将风的动力转化为机械能，然后再通过发电机将机械能转化为电能的技术（牛自强等，2022）。风力发电是一种零碳技术，不会产生二氧化碳等温室气体的排放，对环境的影响更小，有助于减少气候变化和空气污染。

风力发电关键技术包括风电功率预测技术、风电机组功率调控技术和无功电压自动化控制技术。风电功率预测技术可以对未来一段时间内风电场所能输出的功率大小进行预测，以便安排调度计划，提高风力发电效率。常见的功率调控技术有定桨距失速调控技术、变桨距调控技术和风轮控制技术，通过在系统运行中合理运用功率调控技术可以显著提高发电效率。无功电压自动化控制技术按应用类型可分为自动化控制技术和附属监控系统技术两种，应用无功电压自动化控制技术可以有效维持电压平稳状态，以此来保障风力发电效率的稳定性。

（三）新型储能技术

新型储能主要指除抽水蓄能外、以输出电力为主要形式并对外提供服务的储能技术。新型储能技术具有建设周期短、选址灵活、调节能力强，与新能源开发消纳更加匹配等诸多优势。

新型储能在技术发展路线方面具有多种技术并进的特征。2023 年 1 月，国家能源局综合司发布的《新型电力系统发展蓝皮书（征求意见稿）》提出主要包括压缩空气储能、钠离子电池储能、液流电池储能、飞轮储能、重力储能五种新型储能技术发展路线。具体而言，压缩空气储能技术将电能转化为压缩空气，并通过释放压缩空气实现发电，具有储能容量大、储能周期长、系统效率高、运行寿命长、比投资小等优点；钠离子电池是最接近锂离子电池的化学储能技术，虽然目前在储能密度、技术成熟度等方面与锂离子电池还有差距，但其资源丰富、低温性能好、充放电速度快；液流电池技术是指将电能转化为化学能并将其储存在液体中用于再次释放电能的技术，具有安全性高、寿命长、规模大等优点；飞轮储能是利用飞轮的高速旋转，将电能转换为机械能形式进行存储。相比于其他储能方式，飞轮储能具备储能密度大、放能密度深、响应快等性能优势，同时具有安全性、可靠性、低维护和无污染等技术优势。飞轮储能也具有相对能量密度低、静态损失较大的明显局限；重力储能是一种机械式储能，通过电力将重物提升至高处，以增加其重力势能实现储能。重力储能具有能量转换效率高、建站选址灵活、安全性和稳定性较高的应用优势，可应用于发电侧、用户侧和电网侧等多种场景。

此外，消费端储能技术主要是指户用储能技术，是指将电能储存起来，在需要时释放供家庭使用的技术。常见户用储能技术包括锂离子电池储能技术、铅酸电池储能技术、储水式储能技术、超级电容器储能技术、氢能储能技术。户用储能技术的应用可以提高能源利用效率、降低能源消耗，并为家庭提供备用电源。

（四）氢能技术

氢能是一种具有高热值、可持续、储量丰富、零污染的零碳技术，发展氢能源能够实现严格意义上的绿色、清洁、可持续发展。

氢能技术包括制氢技术、储氢技术和用氢技术三个主要类别。先进制氢技术包括可再生能源发电耦合电解水制氢技术、生物能制氢技术等：可再生能源发电耦合电解水制氢技术的电解水装置可以直接与电网相连，利用可再生能源的弃电进行规模化产氢，可避免能源浪费；生物能制氢技术是以生物活性酶催化为主要机理来分解有机物和生物质制氢，反应环境是常温常压，生产费用低，完全颠覆了传统的能源的生产过程，其主要优势是来源广且没有污染。目前常用的生物制氢方法可归纳为四种：直接生物光解技术、间接生物光解技术、光发酵技术、暗发酵技术与混合发酵技术（伍赛特，2019）。

储氢技术可分为物理储氢和化学储氢两个方向：物理储氢包括常温高压储氢、低温液化储氢、低温高压储氢和多孔材料吸附储氢；而化学储氢则主要有金属氢化物储氢和有机液体储氢。近年来有机液体储氢技术的不饱和烃类有机溶液被视为具有前景的氢载体。不饱和烃类有机溶液可通过加氢反应储存氢气，通过脱氢反应释放氢气，储氢密度高，且可以借助现有的液体燃料运输基础设施实现氢运输。

用氢技术已长期、大量存在各行业（孟翔宇等，2022）。在能源行业，氢燃料电池被广泛应用于汽车、船舶、飞机等交通工具，具有高效、环保、静音等优点，未来有望成为主流的清洁能源之一（凌文，2022）；在化工行业，氢气可以被用来制取氨、合成甲醇、合成烃类等，广泛应用于化工生产过程中的氢气氧化反应中；在冶金行业，氢气可以用来烘干金属制品、焊接金属材料、热处理等；除此之外，氢气还可以被用来净化空气中的有害物质，同时还可以用来净化工业废水中的重金属等。

（五）地热能技术

地热能是蕴藏于地球深处的热能，地热能技术指利用地热能发电、工业加工、采暖、医疗、农业等各个方面的技术。地热资源还有其独到的优势，它可以持续稳定产生电能，避免了风能和光伏发电间歇性的问题，能够起到基荷电源作用。

按照用途，地热能技术主要包括地热发电技术、地热供暖技术和地热热泵技术三类。地热发电技术是指利用地下热水和蒸汽为动力源的发电技术，主要包括干蒸汽发电技术、闪蒸循环技术，双循环发电技术；地热供暖技术利用地下的稳定温度来传递热能，向建筑物供给热量，实现高效、环保的供暖系统；地热热泵技术是一种利用地下热能进行空调供暖和制冷的技术，结合了热泵和地热能源的特点，通过循环工质在地下和建筑物之间传递热能，形成高效能源利用和环境友好的空调系统。

五、主要负碳技术举例

负碳技术是指能够从大气中移除二氧化碳并将其长期存储从而降低大气二氧化碳浓度的技术。负碳技术包括碳捕集与封存（CCUS，BECCS，DACCS）技术和生物碳汇技术等。

（一）CCUS 技术

CCUS（碳捕集利用与封存）技术是指将二氧化碳从能源利用、工业过程或

大气中分离出来，输送到适宜场地加以利用或封存，以实现减排的技术（张贤等，2021b）。CCUS 技术涉及从高排放源和空气中捕集二氧化碳、将二氧化碳从源运输到汇、再利用或永久封存二氧化碳。

二氧化碳捕集技术包括燃烧前捕集、富氧燃烧和燃烧后捕集三方面技术。燃烧前捕集技术具有效率高、经济成本低的特点，此方法将化石燃料气化成合成气（主要成分为氢气和一氧化碳），然后通过变换反应将一氧化碳转化为二氧化碳，再通过溶剂吸收等方法分离氢气和二氧化碳，从而实现二氧化碳捕集，其主要应用于整体煤气化联合循环（IGCC）电厂发电；富氧燃烧技术使用高浓度（体积分数）的氧气与二氧化碳的混合气体代替空气在锅炉内与煤粉进行燃烧反应，通过不断的二氧化碳循环和富集使得烟气中的二氧化碳浓度不断升高，再进行二氧化碳的压缩与分离（刘建华，2020）；燃烧后捕集技术具有较高的选择性和捕集率，常用的方法如化学吸收法、膜分离法、物理吸附法等。将上述捕集的二氧化碳进行地质利用与封存或生产具有商业价值的产品，最终实现碳减排。具体来说，二氧化碳的常见利用方式为被分散在水的光敏半导体光/电催化还原形成一氧化碳、甲酸、甲醛、甲醇、甲烷和其他碳水化合物。常见的封存方式为二氧化碳与地质层中矿物质和有机物反应形成固态矿物、残余气体封存、二氧化碳溶解封存、二氧化碳以气态或超临界态封存在低渗透性密封岩石下（Lin 等，2022）。

（二）BECCS 技术

BECCS（生物质能—碳捕集与封存）技术是结合生物质能和 CCS（碳捕集与封存）技术以实现二氧化碳负排放的技术（李晋等，2022）。生物质技术本身通常被认为是零碳排放的，即其燃烧或转化产生的二氧化碳与其在生长过程吸收的二氧化碳相当，因此 BECCS 封存的二氧化碳在考虑额外捕集量后就成为负碳技术。

由于 BECCS 技术是一种结合生物质能源利用和 CCS 的技术，因此除了 CCS 技术特征之外，还需要考虑生物质转化技术。生物质转化技术包括热转化技术、生物化学转化技术和生物质发电技术。热转化技术主要通过生物质的气化、热解和液化转化为能源产品或化学品。生物化学转化技术是在微生物的作用下，对生物质原料进行加工处理，使其转化成气体燃料和液体燃料等工业所需的能源的技术。中国常见的生物质发电技术有生物质直燃发电、燃煤耦合生物质发电、生物质气化发电和生物质沼气发电。

（三）DACCS 技术

DACCS（直接空气碳捕集与封存）技术指直接从大气中捕集二氧化碳后进行运输和封存的技术（张贤等，2021）。DACCS 的主要流程为：当空气经过装有液体溶剂或固体吸附剂（均为常见的化学品）的装置时，二氧化碳会留在溶剂或吸附剂中，而其他成分则离开装置回到空气中，然后对充满二氧化碳的溶剂或吸附剂进行加热脱碳，脱出的二氧化碳被注入封存地层或者被直接利用。

由于 DACCS 技术是一种结合 DAC（直接空气捕集）和 CCS 的技术，因此除了 CCS 技术特征之外，还需要考虑 DAC 技术。目前发展最成熟的 DAC 技术主要包括通过高温再生的溶液吸收法和变温吸附法，这两类技术均已实现中试规模验证，并有望实现商业化推广（王珺瑶等，2023）。溶液吸收法以强碱性溶液（如 NaOH、KOH 溶液）为吸收剂，通过强碱性溶液吸收空气中的低浓度二氧化碳并生成稳定的碳酸盐，随后碳酸盐在高温下煅烧释放二氧化碳，从而实现从空气中分离二氧化碳。变温吸附法通过调整温度来实现二氧化碳的吸附和解吸，从而实现二氧化碳的分离。

（四）生物碳汇技术

生物体所产生和持有的碳称为生物碳，而生物碳汇技术是指通过生物碳的产生和传递过程来降低大气中二氧化碳浓度，并缓解全球变暖过程的技术（孙军，2011）。生物碳汇可以分为陆地碳汇和海洋碳汇。其中，陆地碳汇包括林业碳汇、草地碳汇、湿地碳汇等。

具体而言，林业碳汇技术主要通过森林植被管理、森林种植和再造、生态恢复和保护、森林管理和监测等技术提高森林的生长和吸收二氧化碳的能力。草地碳汇技术是指通过草地管理、草地建设和修复、土壤碳储存、畜牧业管理、科学监测和评估等技术增强草地生态系统的固碳能力。海洋碳汇技术主要通过海洋植物生物固碳、海洋生态系统保护和恢复、海洋酸化调节、海洋生物多样性保护、海洋碳汇监测和评估等技术促进海洋生态系统吸收和储存二氧化碳，以减少大气中二氧化碳浓度。

六、关键碳中和技术体系

基于上述对关键能源技术的识别和分类，本章针对每项关键能源技术收集整理其技术特征数据，包括技术成本、运行参数、碳排放量、技术产品价格、相关政策支持数据等，最终构建碳中和关键能源技术数据库，如图 2-1 所示，为后续技术预见和技术发展路径优化提供数据基础。

七、本章小结

（一）关键能源技术识别

本章首先基于数据爬虫技术和检索式检索收集碳中和技术相关的学术论文、技术专利等数据，进而应用主题聚类分析方法识别出当前碳中和领域亟须攻克的关键技术清单，从而构建关键技术体系。本章识别关键技术主要包括低碳技术、

碳中和关键能源技术数据库

目录

低碳技术

1 工业电气化技术
- 工业电锅炉技术
- 冶金电炉技术
- 建材电窑炉技术
- 矿山采选供电技术
- 油气生产电气化技术

2 建筑电气化技术
- 燃气灶电能替代技术
- 储能电热水器技术
- 户用高效电热泵供暖技术
- 高效直流建筑配电技术
- 建筑柔性用电技术

3 农业电气化技术
- 农业电气化应用技术

4 交通电气化技术
- 电动汽车技术（乘用车+公交车+轻型物流车）
- 电动汽车技术（长途重中型物流车）
- 轨道交通电气化技术
- 港口岸电技术
- 机场桥载APU技术
- 电动化船舶（内河湖泊）技术
- 施工、作业机械电气化技术

5 生物质燃料替代技术
- 高炉生物质炭应用技术
- 垃圾衍生燃料水泥熟料煅烧技术
- 农业废物水泥熟料煅烧技术

6 绿氢燃料替代技术
- 钢铁氢基竖炉技术
- 氢能水泥熟料煅烧技术

7 生物质原料替代技术
- 生物质高分子材料技术
- 生物质制备化学品技术
- 生物质制备化学合成建筑材料技术
- 高性能生物质基碳材料及生物炭技术

8 绿氢原料替代技术
- 富氢直接还原炼铁技术
- 氢加CO_2合成化学品技术

9 低碳建材/冶金/化工技术
- 硫酸盐替代技术
- 低碳水泥体系

10 工业流程再造技术
- 钢铁流程再造技术
- 有色流程再造技术
- 化工流程再造技术
- 建材流程再造技术

11 能源回收利用技术
- 低品位余热深度利用技术
- 可燃气体回收与循环利用技术
- 含能固态介质回收与循环利用技术

12 物质回收利用技术
- 零温室气体排放污水循环利用技术
- 工业固废回收与循环利用技术
- 废旧金属低碳循环利用技术

13 全产业链低碳技术耦合
- 高碳型工业产品全生命周期评价与系统优化技术
- 重大基础设施建设运维全过程低碳技术集成
- 农产品加工-物流-消费全产业链低碳技术集成

创建人：张奇

零碳技术

1 太阳能发电技术
- 光热热力循环发电技术
- 光热化学燃料发电技术
- 高效硅基光伏电池技术
- 薄膜太阳能电池技术
- 钙钛矿电池技术
- 叠层光伏电池技术
- 热载流子太阳能电池技术

2 风力发电技术
- 漂浮式风电机组
- 15MW及以上固定式海上风电机组
- 百米级以上高空风电机组
- 超导风电机组

3 地热发电技术
- 中低温地热发电技术
- 高温地热发电技术
- 干热岩地热发电技术

4 水力发电技术
- 坝式水电站
- 引水式水电站

5 核能发电技术
- 高温气冷堆发电技术
- 大型先进压水堆发电技术
- 模块化小型堆发电技术
- 热核聚变发电技术

6 生物质发电技术
- 农林废弃直接燃烧发电技术
- 农林废弃物热解/气化发电技术
- 垃圾焚烧发电技术
- 垃圾填埋气化发电技术
- 微藻固碳制油发电技术

7 电化学储能技术
- 铅酸电池储能技术
- 锂离子电池储能技术
- 钠离子电池储能技术
- 全钒液流电池储能技术
- 非钒系液流电池储能技术

8 机械能储能技术
- 抽水储能技术
- 梯级电站储能技术
- 压缩空气储能技术
- 飞轮储能技术

9 热化学储能技术
- 化学储能技术

10 高比例可再生能源发电并网技术
- 可再生能源发电功率预测技术
- 可再生能源并网主动支撑技术
- 含高比例可再生能源的源网荷储协同运行技术

11 电解水制氢技术
- 碱性电解水制氢技术
- PEM电解水制氢技术
- SOEC电解水制氢技术
- AEM电解水制氢技术

12 非氢零碳燃料技术
- 生物质制备燃料技术
- CO_2制备燃料技术

13 零碳供暖技术
- 低品位余热利用技术
- 水热同产技术

负碳技术

1 CCUS
- 燃烧前化学溶液吸收技术
- 燃烧前物理溶液吸收技术
- 燃烧前固体吸附技术
- 燃烧前膜分离技术
- 燃烧前低温分馏技术
- 燃烧后化学吸收技术
- 燃烧后物理吸附技术
- 燃烧后膜分离技术
- 燃烧后化学吸附技术
- 化学链燃烧技术
- 常压富养燃烧技术
- 加压富养燃烧技术
- 超临界CO_2循环技术
- 甲烷膜分离技术
- 甲烷物理吸附技术
- 反刍动物甲烷罐体采储技术
- 氧化亚氮物理吸附技术
- 氧化亚氮膜分离技术
- 压缩与运输技术
- 注入技术
- 陆地咸水层封存技术
- 陆上枯竭油气田技术
- 海上枯竭油气田技术
- CO_2原位矿化封存技术
- 陆上盐穴封存技术
- 海底咸水层封存技术
- 海底（水体中）CO_2封存技术
- CO_2驱煤层气技术
- CO_2强化天然气开采技术
- CO_2强化页岩气开采技术
- CO_2驱油提高采收率（EOR）
- CO_2置换天然气水合物中的甲烷（CH_4）技术

2 碳移除技术
- 直接空气碳捕集与封存技术（DACCS）
- 生物能源碳捕集与封存技术（BECCS）

3 强化碳转化技术
- 增强风化技术
- 人工光合技术

4 森林碳汇技术
- 造林/再造林技术
- 森林经营管理技术

5 草地碳汇
- 可持续草地经营管理技术

6 湿地碳汇
- 湿地保护管理技术

7 海洋碳汇
- 海洋（铁）施肥技术
- 海洋碱性技术
- 增强沿海红树林固碳技术
- 盐藻/蓝藻固碳技术
- 增强海草床固碳技术
- 滨海盐沼生态修复固碳技术
- 海洋上升流技术

图 2–1　碳中和关键能源技术数据库目录页

零碳技术（零碳电力技术和零碳非电技术）、负碳技术（CCUS 和碳汇技术）。

（二）技术分类与介绍

由于二氧化碳排放近 90%来自能源生产和工业利用，基于技术特性及应用场景并参考已有研究，本章将碳中和技术细分为三大类：低碳技术、零碳技术和负碳技术。本章选取三大类技术中的关键技术按照技术介绍以及分类依据进行了梳理。低碳技术领域中的关键技术包括智能电网技术、先进发电技术、低碳建筑技术、有色金属工业低碳技术等。零碳技术领域中的关键技术包括光伏发电技术、风力发电技术、新型储能技术、氢能技术、地热能技术等。负碳技术领域中的关键技术包括 CCUS 技术、BECCS 技术、DACCS 技术、碳汇技术等。

（三）关键碳中和技术体系

基于对各种低碳、零碳、负碳技术的梳理，本章收集每种关键能源技术并整理其技术特征数据，最终构建碳中和关键能源技术数据库，为接下来进一步分析碳中和技术发展现状及趋势技术提供了基础知识和数据支持。

本章参考文献：

［1］ Li Z. Prospects of Photovoltaic Technology ［J］. Engineering, 2023, 21 (2): 28-31.

［2］ Lin Q, Zhang X, Wang T, et al. Technical perspective of carbon capture, utilization, and storage ［J］. Engineering, 2022, 14: 27-32.

［3］ 白春礼．碳中和背景下的能源科技发展态势［J］．上海质量，2023 (2)：17-21.

［4］ 黄晶，孙新章，张贤．中国碳中和技术体系的构建与展望［J］．中国人口·资源与环境，2021，31（9）：24-28.

［5］ 李晋，蔡闻佳，王灿，等．碳中和愿景下中国电力部门的生物质能源技术部署战略研究［J］．中国环境管理，2021，13（1）：59-64.

［6］ 凌文，李全生，张凯．我国氢能产业发展战略研究［J］．中国工程科学，2022，24（3）：80-88.

［7］ 刘建华．国内燃煤锅炉富氧燃烧技术进展［J］．热力发电，2020，49 (7)：48-54.

［8］ 孟翔宇，陈铭韵，顾阿伦，等．“双碳”目标下中国氢能发展战略［J］．天然气工业，2022，42（4）：156-179.

［9］ 牛自强，尚益章．新时期新能源风力发电相关技术分析［J］．科技创新与应用，2022，12（30）：185-188.

［10］ 孙军．海洋浮游植物与生物碳汇［J］．生态学报，2011，31（18）：

5372-5378.

[11] 唐晓霞，雷杨，宋映雪，等. 双碳背景下低碳建筑研究进展及前沿分析［J］. 建筑经济，2023，44（S1）：359-363.

[12] 唐昀烽. 户用光伏微网发电系统的设计技术分析及应用［J］. 自动化应用，2023，64（2）：19-21.

[13] 陶璐璐. 混凝土减排技术路径［N］. 中国建材报，2022-03-21（003）.

[14] 王哮江，刘鹏，李荣春，等. "双碳"目标下先进发电技术研究进展及展望［J］. 热力发电，2022，51（1）：52-59.

[15] 王琦，杨志宾，李初福，等. 整体煤气化燃料电池联合发电（IGFC）技术研究进展［J］. 洁净煤技术，2022，28（1）：77-83.

[16] 王珺瑶，何松，严家辉，等. 直接空气碳捕集技术生命周期评价的研究进展及挑战［J］. 煤炭学报，2023，48（7）：2748-2759.

[17] 伍赛特. 生物制氢技术的未来前景展望［J］. 能源与环境，2019（3）：83-84+87.

[18] 余贻鑫，栾文鹏. 智能电网［J］. 电网与清洁能源，2009，25（1）：7-11.

[19] 余贻鑫，刘艳丽，秦超. 智能电网基本理念阐释［J］. Engineering，2015，1（4）：14-21.

[20] 郑诗礼，叶树峰，王倩，等. 有色金属工业低碳技术分析与思考［J］. 过程工程学报，2022，22（10）：1333-1348.

[21] 张贤，李凯，马乔，等. 碳中和目标下 CCUS 技术发展定位与展望［J］. 中国人口·资源与环境，2021，31（9）：29-33.

第三章　关键碳中和技术发展现状与趋势

一、本章简介

碳中和过程的关键是碳中和技术革命，也是一场涉及广泛领域的大变革，中国对于碳中和技术投入巨大。根据彭博新能源财经（BNEF）统计，2020 年中国在双碳领域共投资约 1660 亿美元，排名全球第一；2021 年，中国双碳投资赛道更加火爆，投资金额达到 2660 亿美元，是第二名美国的 2.3 倍，比欧洲总投资额多 470 亿美元。这也显示出碳中和技术投资决策研究具有十分重要的现实意义。

为了使读者对碳中和技术投资决策分析的产业基础知识有进一步了解，本章首先对碳中和技术成熟度概念的起源、体系进行介绍，并相应地对代表性碳中和技术的技术成熟度进行简介；接下来，依照前文构建得到的碳中和关键技术体系及碳中和关键技术清单，本章对清单中代表性技术的投资现状、建设现状和发展趋势展开详细介绍。

二、碳中和技术成熟度现状

技术成熟度（Technological Readiness Level，TRL）这一概念用于衡量技术的发展水平、工艺流程、配套资源以及技术生命周期等方面所具有的产业化实用程度（Linden & Fenn，2003）。如表 3-1 所示，技术成熟度共分为九个等级，从基本原理（TRL=1）到实际系统完成使用验证（TRL=9）。本章基于技术研发特征，将九级技术成熟度合并为五阶段：概念阶段（TRL1－3）、基础研究（TRL4）、中试阶段（TRL5－6）、工业示范（TRL7－8）和商业应用（TRL9）（Mankins，1995）。

表 3-1　技术成熟度等级定义

分类	TRL	定义（参考美国国防部）	定义（参考欧盟委员会）
概念阶段	1	发现或报告基本原理	发现或报告基本原理
	2	阐明技术概念或用途	制定技术概念
	3	关键功能或特性的概念验证	概念的试验证明
基础研究	4	实验室环境下的部件或试验模型验证	实验室环境下的技术验证
中试阶段	5	相关环境下的部件或试验模型验证	相关环境下的技术验证
	6	相关环境下系统或子系统的模型或样机验证	相关环境下的技术示范
工业示范	7	模拟使用环境下的系统样机验证	使用环境中的系统原型示范
	8	实际系统完成试验验证	系统完整且合格
商业应用	9	实际系统完成使用验证	使用环境中经验证的实际系统

本章基于第二章中识别出的低碳、零碳和负碳技术清单，对代表性碳中和关键技术进行技术成熟度分析，结果如表 3-2 所示。

表 3-2　关键核心碳中和技术成熟度列表

技术		概念阶段	基础研究	中试阶段	工业示范	商业应用
低碳技术	智能电网技术					▶
	先进发电技术					▶
	建筑电气化应用技术		▶	▶	▶	▶
	工业电气化应用技术			▶	▶	
	交通电气化应用技术			▶	▶	
	农业电气化应用技术					▶
	氢燃料替代技术	▶				
	建材流程再造技术			▶	▶	
	化工流程再造技术			▶	▶	
	有色流程再造技术					
	钢铁流程再造技术			▶	▶	
	低碳建材 / 冶金技术				▶	▶
	全产业链低碳技术耦合		▶			
零碳技术	光伏发电技术					▶
	风力发电技术					▶
	地热发电技术				▶	

续表

技术		概念阶段	基础研究	中试阶段	工业示范	商业应用
零碳技术	水力发电技术					▶
	核能发电技术					▶
	生物质发电技术				▶	
	电化学储能技术				▶	
	机械能储能技术				▶	
	热化学储能技术		▶			
	高比例可再生能源并网				▶	
	电解水制氢技术				▶	
	氢燃料利用技术			▶		
负碳技术	CCUS技术			▶	▶	▶
	BECCS技术			▶		
	DACCS技术		▶			
	海洋碳汇技术		▶			
	陆地碳汇技术			▶	▶	▶
	强化碳转化技术		▶			

（一）低碳技术

本书选取的代表性低碳技术主要包括电气化应用技术、燃料替代技术和流程再造技术三类。电气化应用技术涉及工业、建筑业、交通运输业以及农业等多个领域，且不同领域电气化应用技术的成熟度差异较大。其中，农业电气化应用技术以及工业电气化应用技术中的工业电锅炉、冶金电炉技术已发展至商业应用阶段。而工业电气化应用技术中的工业电窨炉等技术依然处于基础研究阶段。建筑电气化应用技术大部分尚处于中试或工业示范阶段，大部分交通电气化应用技术也同样尚处于中试或工业示范阶段，需要经过 5 ~ 10 年的研发可实现商业化应用。

燃料替代技术是电气化应用技术的补充技术，当前主流替代燃料包括氢、液化天然气、甲醇、氨等。其中，氢燃料替代技术的成熟度较低，预计需要 10 ~ 15 年研发才可实现商业化应用。液化天然气属于短期内的过渡燃料，可作为中长期备用燃料。绿色甲醇由于改造成本低，常温呈液态，易于储运和使用，是中长期的可选方案之一。氨是未来真正的零碳燃料，但氨燃料动力装置尚不成熟，迄今未投入商用。

流程再造技术主要涉及建材、钢铁、化工、有色等行业。大部分行业的流程再造技术均处于中试阶段或工业示范阶段，其中提质增效类技术较为成熟，预计经过 5 年研发可实现商业化应用。过程重构类尚不成熟，预计需要经过 15 ~ 20 年

可实现商业化应用。

除上述三类技术外，还包括低碳建材/冶金技术和全产业链低碳技术耦合。其中低碳建材/冶金技术的成熟度较高，全产业链低碳技术集成与耦合尚处于基础研究阶段，预计需要 15~20 年可实现商业化应用。

（二）零碳技术

本书的零碳技术主要包括可再生能源发电技术和储能技术两大类。可再生能源发电包括光伏发电、风力发电、地热发电、核能发电、水力发电和生物质发电技术，其中，水力发电技术已经较为成熟并很早实现了商业化应用。光伏发电和风力发电技术在近些年快速发展，也已实现商业化应用。地热发电技术尚不成熟，随着干热岩发电技术的突破，地热发电有望实现更大规模发展。核电的既有技术路线也已实现商业化应用。

储能技术是保障可再生能源高比例接入并网的关键技术，其中抽水蓄能技术已经较为成熟。而电化学储能和机械能储能技术均处于工业示范阶段，经过 5 年的技术研发有望实现商业化应用。热化学储能技术尚处于基础研究阶段，预计需要 15 年以上的研发时间。

此外，输配电技术和氢能技术也是保障零碳电力平稳运行的关键技术，其中高比例可再生能源并网技术尚处于工业示范阶段，预计需要 5~10 年研发可实现商业化应用。氢能技术是非电能源脱碳的关键技术，其中制备绿氢的电解水制氢技术尚处于工业示范阶段，而阻碍氢能发展的最主要问题是氢储运和氢能的安全利用，这两类技术尚处于中试阶段。

（三）负碳技术

负碳技术中，增长潜力最大的就是 CCUS 技术，而 CCUS 技术涉及产业链众多。其中，捕集端技术整体处于工业示范或商业化应用阶段；压缩与运输技术整体处于工业示范阶段，管道运输技术亟待攻克，预计需要 5~10 年的技术研发可实现商业化应用。地质利用与封存技术整体处于中试或工业示范阶段，其中经济效益最高的二氧化碳驱提高石油采收率技术较为成熟且即将实现商业化应用。BECCS 技术（Bioenergy and Carbon Capture and Storage）预计在 2040 年之后将开始快速发展，尚处于中试阶段。DACCS 技术（Direct Air Carbon Capture and Sequestration）尚处于基础研究阶段，虽然其技术成熟度较低且成本过高，但是更适用于人口密集地区的碳减排，预计 2040~2050 年会开始快速应用。

除人工碳汇技术外，生物碳汇对于碳减排也至关重要，其可分为陆地碳汇和海洋碳汇。其中，陆地碳汇包括林业碳汇、草地碳汇、湿地碳汇等，目前林业碳汇已经广泛应用并推广。草地碳汇、湿地碳汇尚处于中试或工业示范阶段。而海洋碳汇技术整体仍处于基础研究阶段，部分技术预计需要经过 15~20 年的研究开发才可实现商业化应用。此外，强化碳转化技术也是负碳技术的有效方案，目前其技术整体尚处于基础研究阶段，预计需要经过10~20年的技术研发才可实现商业化应用。

三、代表性低碳技术发展现状及未来趋势分析

（一）智能电网技术发展现状及趋势

1. 发展现状

智能电网也称电网2.0，是当今世界电力、能源产业发展变革方向的集中体现，对促进节能减排、发展低碳经济具有重要意义。近年来，国家发布了一系列政策，明确了智能电网的投资规模和建设规模，助力智能电网技术加速发展。

（1）投资情况。随着输电、变电和配电等技术的创新和电网智能化改造的逐步推进，智能电网投资额占电网总投资额的比例不断上升。《国家电网智能化规划总报告》显示，2009~2020年智能化投资的投资总量达到3841亿元，占电网总投资（3.45万亿元）的11.13%。其中，第一阶段（2009~2010年）智能化投资为341亿元，占电网总投资的6.2%；第二阶段（2011~2015年）智能化投资为1750亿元，占电网总投资的11.7%；第三阶段（2016~2020年）智能化投资为1750亿元，占电网总投资的12.5%；2018年后，中国电网投资开始逐步进行管控，投资额度有所下降，但依旧保持在高位；2021年，国家电网实际投资额为4882亿元，南方电网为995亿元，同比分别提高6.0%和9.7%。从投资分布上看，在“十三五”期间，用电环节投资金额达505亿元，占智能化投资比重最高，达到28.9%；配电环节投资额次之，为456亿元，占智能化投资比重26.0%；变电环节投资额最小，占智能化投资比重为20.9%。从各地区投资来看，华东、华中、华北区域的智能化投资占电网总投资的比例较高，三个地区的智能化总投资占国家电网公司经营区域内智能化投资的比例超过80%。东北和西北地区智能化投资较少，分别占国家电网公司经营区域内智能化投资的8.4%和7.0%。

（2）建设情况。与传统电网相比，智能电网最大的区别是智能化技术在产业链各环节的广泛应用。分布式能源管理技术主要应用于上游发电环节，在优化能源优化配置中发挥主导作用。电力机器人应用于中游输变配电环节，对电力主干网、支路及设备运行情况进行监督排查。智能电表应用于下游用电环节，为智能调度系统提供分析并辅助决策。

分布式能源管理技术是上游风电和光伏发电实现电网智能化的主要技术，主要通过建模仿真实现智能化调度，从而提高智能电网上游运行效率。近年来分布式能源系统在中国取得快速发展，而负荷预测技术、区块链技术的推广也提高了

分布式能源管理技术下智能电网上游发电环节的经济性和运行效率。

中游电力机器人发展方面，国内最早于1999年由国网山东省电力公司电力科学研究院及下属的山东鲁能智能技术有限公司开展变电站巡检机器人研究，2002年，国家电网公司电力机器人技术实验室成立，主要开展电力机器人领域的技术研究，并于2004年研制成功第一台功能样机。近年来，两大电网公司大力推广智能巡检机器人在电力系统中的应用，预计2023年市场规模将超50亿元。

下游智能电表发展方面，第一代智能电表主要在2009~2015年生产，2014年国家电网电能表招标量达到9159万只。国网第二代智能电表招标始于2020年，第二代智能电表较第一代智能电表更先进，可选配电能质量模块和负荷识别模块。相比于第一代智能电表，第二代智能电表可选配电能质量模块和负荷识别模块，行业整体处于量价齐升的高景气状态。统计数据显示，截至2023年中国智能电表的渗透率已经达到70%以上，未来3年有望达到90%以上，智能电表的普及率不断提升。

2. 未来趋势

根据国家《关于促进智能电网发展的指导意见》、《关于推进“互联网+”智慧能源发展的指导意见》等指导文件，围绕智能电网发输配用全环节，智能电网技术将朝着安全、可靠、绿色、高效的方向发展。

（1）电力需求侧管理智能化，引导和服务用户互动。通过推广智能计量技术应用，建设区域性自动需求响应系统、智能小区、智能园区，应用电力需求侧管理平台等措施，实现需求侧管理预测分析决策、信息发布、双向调度的智能化，建立健全需求响应工作机制和交易规则，实现用户需求与电网协调互动。

（2）新材料、新技术、新系统将被应用到智能电网中。未来，智能电网建设过程中将积极探索新材料、新技术的应用。新材料主要应用在输变电设备中，目的是提高动态输电能力和系统运行灵活性。新技术包括输变电设备状态诊断、智能巡检技术。新系统包括对冰灾、山火、雷电、台风等自然灾害的自动识别、应急、防御和恢复系统，以及适应交直流混联电网、高比例清洁能源、源—网—荷协调互动的智能调度及安全防御系统。

（二）先进发电技术发展现状及趋势

1. 发展现状

2016年12月，国家发展改革委和国家能源局发布的《能源生产和消费革命战略（2016—2030）》明确指出“加快现役煤电机组升级改造，新建大型机组采用超超临界等最先进的发电技术，建设高效、超低排放煤电机组”。2021年印发的《2030年前碳达峰行动方案》提到“‘十四五’期间，产业结构和能源结构调整优化取得明显进展，重点行业能源利用效率大幅提升，煤炭消费增长得到严格控制，新型电力系统加快构建，绿色低碳技术研发和推广应用取得新进展”。这些政策的出台也为先进发电技术在“十四五”期间的发展指明方向。

（1）投资情况。在先进超超临界发电技术方面，2022 年，国机集团签订 3 台 1000 兆瓦级特大型超超临界发电机组转子供货合同，投资约 76 亿元。在 IGCC 技术方面，2007 年，“大唐发电”投资 180 亿元人民币在沈阳建设 IGCC 项目。2012 年投运的华能天津 IGCC 电站是中国首座自主设计和建造的 IGCC 电站，投资 33. 2 亿元。在 IGFC 技术方面，中国于 2017 年启动了 IGFC 国家重大专项项目资助。日本新能源产业技术综合开发机构也于 2019 年宣布投资 73. 3 亿元开展 IGFC 示范工程研究，预计二氧化碳捕集率超过 90%，单位二氧化碳排放量减少到 590 克/千瓦时，同时净热效率达到 55%以上。

（2）建设情况。二次再热超超临界机组技术方面，“十二五”期间，二次再热超超临界发电技术被确定为重点研究和开发项目。“十三五”期间，中国相继在安源、泰州、莱芜、蚌埠、宿迁、句容投产运行六个二次再热机组。同时，贵州威赫和陕西彬长 2 台超超临界 660 兆瓦循环流化床机组正式开建，将成为先进低碳发电技术示范项目之一。超超临界循环流化床机组技术方面，2020 年 950 吉瓦煤电机组实现超低排放，约占全部煤电机组的 88%，热电联产机组占中国火电机组装机容量的 46%，承担约 30%的城市供热量。目前，中国已成为世界上循环流化床锅炉装机容量最多的国家。

IGCC 技术方面，为提高机组热效率，减少机组污染排放，近年来全球投运 IGCC 电站已超过 35 座。其中，中国首座自主设计和建造的 IGCC 电站为华能天津 IGCC 示范电站（北极星火力发电网，2022），国内首套燃烧前二氧化碳捕集装置于 2016 年在该电站试验成功，煤清洁利用程度进一步提高。

IGFC 技术方面，中国于 2017 年 7 月启动 IGFC 国家重大专项项目资助。2020 年 10 月，国内首套 20 千瓦级联合煤气化燃料电池在宁夏煤业实验基地试车成功。目前，IGFC 处于起步阶段，煤气净化提纯技术、高温燃料电池技术、系统耦合控制技术等相关技术研究正逐步开展。

2. 未来趋势

为推动科技发展和提升科技竞争力，世界各国纷纷开展工程科技发展战略研究工作，通过技术预见方法制定中长期的科技战略规划，提前布局基础研究、关键技术研发和重大工程示范。中国工程院、中国科学院等研究机构也已开展了系统的技术预见工作，重点在常规煤电参数等级提高、新型煤基发电和污染物一体化脱除、发电机组深度灵活调峰和 IGCC 及 IGFC 技术等方面研究。

（1）进一步探索大容量、高参数先进发电机组。发展 630℃、700℃超超临界燃煤发电技术、优化二次再热超超临界燃煤发电系统和确保高参数机组高效低碳运行。针对超超临界循环流化床机组，应在控制污染物排放的基础上，进一步提高机组可靠性和燃烧效率，发展更高蒸汽参数的循环流化床系统，持续提升发电效率（王哮江等，2022）。

（2）重点探索研究整体煤气化燃料电池联合循环（IGFC-CC）发电技术，致力于提高其运行可用率、降低投资费用和发电成本，具体如下：

1）开展大容量、煤种适应性广的先进煤气化技术，如加压固定床气化技术、流化床气化技术以及气化床气化技术（水煤浆水冷壁气化技术、粉煤加压气化技术、催化气化、超临界水气化、等离子气化、加氢气化）等。

2）研发 IGCC 的先进 F 级、H 级燃气轮机，如 GE 公司 9HA/7HA 燃气轮机、西门子 SGT5-8000H 燃气轮机以及三菱公司 M501J/M701J 燃气轮机技术等，重点在燃气轮机燃烧性能、结构材料和涂层、增材制造工艺以及系统集成技术等方面开展联合研究。

3）研究热力系统余热回收、梯级利用技术，如针对单循环和联合循环燃气轮机开发非常规热力循环以提高热效率，将燃气轮机与其他技术（如燃料电池）有效集成耦合混合燃气轮机系统。针对 IGFC，应重点关注燃料电池技术的大容量电池堆组装技术、电池隔离膜板技术以及系统集成技术的研究。

4）在各个系统优化完善的基础上，积极探索 600~1000 兆瓦级 IGCC 电站以及兆瓦级 IGFC 电站示范工程建设，实现全产业链的产业化升级。

（三）建筑节能技术发展现状及趋势

1. 发展现状

2020 年 10 月，财政部、住房和城乡建设部印发《关于政府采购支持绿色建材促进建筑品质提升试点工作的通知》，以南京、杭州等 6 个城市的新建政府采购工程作为试点项目，要求采购符合性能指标要求的节能、减排等绿色建材。2022 年 3 月，住房和城乡建设部印发《“十四五”建筑节能与绿色建筑发展规划》，明确到 2025 年，城镇新建建筑全面建成绿色建筑。在政策推动下，建筑能源利用效率稳步提升，建筑用能结构逐步优化，建筑能耗和碳排放增长趋势得到有效控制，基本形成绿色、低碳、循环的建设发展方式。

排放强度的下降是施工碳减排的主要驱动因素（见图 3-1），2005~2020 年中国建筑业施工面积从 35 亿平方米增长至 149 亿平方米，扩大超过 3 倍，带来超 1 亿吨二氧化碳的排放。但随着建造施工的绿色环保要求的不断加强，清洁施工建造技术深入推广、施工过程能源结构不断优化，单位施工面积碳排放和单位建筑业增加值施工碳排放显著下降。2015 年以来，全国单位施工面积碳排放由 14.0 千克二氧化碳/平方米降至 6.8 千克二氧化碳/平方米，下降约 51%；单位建筑业增加值施工碳排放由 0.48 吨二氧化碳/万元降至 0.14 吨二氧化碳/万元，下降 70%。

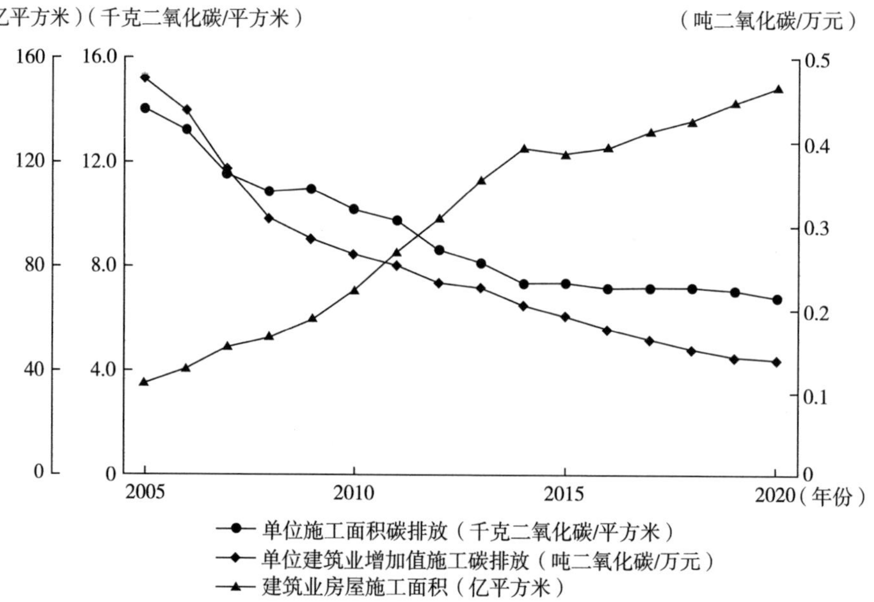

图 3-1　建筑业房屋施工面积及碳排放强度趋势

资料来源：中国建筑能耗与碳排放研究报告，2022。

（1）投资情况。随着现代化城市建设发展和经济社会绿色转型，降低建筑物使用能耗、提高建筑物能源利用效率、推进建筑节能工作的开展已越来越被政府和社会各界所重视。从细分领域规模体量来看，中国外墙建筑节能材料市场规模由 2016 年的 686.6 亿元增长至 2021 年的 1718.7 亿元，复合增长率达 20.14%，并且在“双碳”政策、行业标准及技术提升的背景下，预计 2023 年市场规模将达 2346.5 亿元。

（2）建设情况。当前，中国在建筑环境改善、节材节地等方面已有很多先进研究成果，应用前景广泛。中国获得绿色建筑评价标识的工程数量不断增加，节能建筑物数目迅速增加，节能建筑技术规范也在不断完善。目前，国内已基本形成了一套可供选择的节能建筑标准，各地根据当地实际情况制定相应规范和规则，推进节能建筑评估和标识工作。

“十三五”期间，严寒寒冷地区城镇新建居住建筑节能达到 75%，累计建设完成超低、近零能耗建筑面积近 0.1 亿平方米，完成既有居住建筑节能改造面积 5.14 亿平方米、公共建筑节能改造面积 1.85 亿平方米，城镇建筑可再生能源替代率达到6%。截至2022年底，全国共有2559个项目获得了绿色建筑评价标识，总建筑面积超过2.8亿平方米，其中2022年度有1017个项目获得绿色建筑评价标识，建筑面积1.13亿平方米。绿色建筑强制推广工作稳步推进，全国累计强制推广绿色建筑面积3.78亿平方米。到“十四五”末，全国累计推广绿色建筑面积预计将超过10亿平方米。

2. 未来趋势

2021年10月，中共中央办公厅国务院办公厅印发《关于推动城乡建设绿色发展的意见》，明确了城乡建设绿色发展蓝图。2022年3月，住建部提出的《“十四五”建筑节能与绿色建筑发展规划》也对中国建筑节能提出目标。建筑节能与绿色建筑发展面临更大挑战，同时也迎来重要发展机遇。

（1）提升绿色建筑发展质量。未来应加强高品质绿色建筑建设，推进绿色建筑标准实施，加强规划、设计、施工和运行管理，倡导建筑绿色低碳设计理念。比如，降低住宅用能强度，提高住宅健康性能；提高绿色建筑设施、设备运行效率，将绿色建筑日常运行要求纳入物业管理内容；定期开展绿色建筑运营评估和用户满意度调查，不断优化提升绿色建筑运营水平等。

（2）提高新建建筑节能水平。以《建筑节能与可再生能源利用通用规范》确定的节能指标要求为基线，启动实施中国新建民用建筑能效“小步快跑”提升计划，分阶段、分类型、分气候区提高城镇新建民用建筑节能强制性标准，重点提高建筑门窗等关键部品节能性能要求，推广地区适应性强、防火等级高、保温隔热性能好的建筑保温隔热系统。大力发展被动式建筑，将被动式设计元素（如围护结构技术）与节能系统（如照明改善）和可再生能源系统（如光伏发电）等运营措施相结合，减少能源消耗和碳排放（Lee等，2023）。此外，在推动政府投资公益性建筑和大型公共建筑、京津冀和长三角等重点区域，以及农房和农村公共建筑中进行推广，提高新建建筑节能水平。

（3）加强既有建筑节能绿色改造。在城镇老旧小区改造中，鼓励加强建筑节能改造，形成与小区公共环境整治、适老设施改造、基础设施和建筑使用功能提升改造统筹推进的节能、低碳、宜居综合改造模式。引导居民在更换门窗、空调、壁挂炉等部品及设备时，采购高能效产品。在既有公共建筑节能绿色化改造方面，统筹应用能耗统计、能源审计、能耗监测等数据信息，开展能耗信息公示及披露试点，普遍提升公共建筑节能运行水平。

（四）有色金属工业低碳技术发展现状及趋势

1. 发展现状

（1）投资情况。根据国家统计局数据，2021年，10种主要有色金属产量6454万吨，同比增长5.4%，两年平均增长5.1%。2022年有色金属行业工业增加值同比增长 5.2%，较工业平均水平高 1.6 个百分点。10 种有色金属产量 6774 万吨，同比增长 4.3%。其中，精炼铜产量 1106 万吨，同比增长 4.5%；原铝产量 4021 万吨，同比增长 4.5%。2023 年 3 月，10 种有色金属 628 万吨，增长 6.9%。2023 年 1~4 月，有色金属冶炼和压延加工工业增加值同比增长 7%。

（2）建设情况。中国是世界最大的有色金属生产国和消费国，有色金属工业减碳是工业过程减碳的重要抓手。有色金属有 64 种，有色金属工业常以生产量大、应用较广的 10 种金属（铝、铜、铅、锌、锡、镍、锑、汞、镁及钛）进行产量统计。中国 10 种有色金属产量自 2002 年开始已连续 21 年位居世界第一。2020 年中国 10 种有色金属产量为 6168 万吨，其中原铝产量 3708 万吨，约占有色金属的 60%，铜、铅、锌产量分别为 1003 万吨、644 万吨和 643 万吨，分居第 2 位、第 3 位、第 4 位。

伴随有色金属工业低碳技术发展，有色金属冶炼能效显著提升。如图 3-2 所示，2016~2030 年精炼铜和回收铜的能效分别提高了 5.9% 和 18.6%，精制铅和回收铅的能效分别提高了 11.3% 和 22.6%。2015 年，镁的能源效率已经优于国家先进标准，初级铝的能源效率仅比先进标准低 0.9%，初级锌和精炼锌的能源效率都优于先进标准。

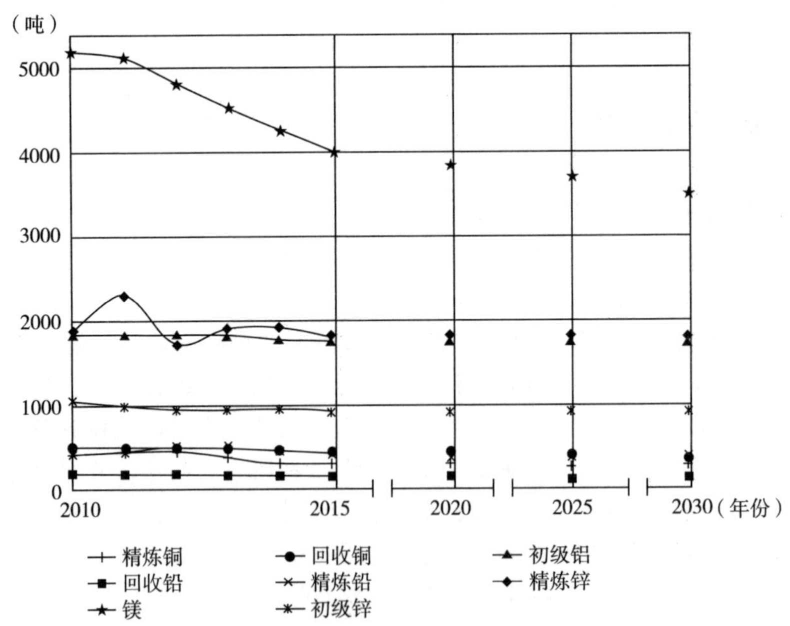

图 3-2　有色金属主要子行业能耗趋势

资料来源：Li 等，2018。

2. 未来趋势

（1）产业结构进一步优化，清洁能源替代将进一步推广。有色金属行业未来将朝着集约化、现代化的方向发展，并将与石油化工、钢铁、建材等行业耦合发展，先进节能工艺技术改造、节能减排技术推广也将更加深入。未来应推进有色金属行业燃煤窑炉以电代煤，提升用能电气化水平；在气源有保障、气价可承受的条件下有序推进以气代煤，并推动落后自备燃煤机组淘汰关停或采用清洁燃料替代。

（2）绿色制造体系将进一步升级。在有色金属生产方面，构建绿色清洁生产体系，引导有色金属生产企业选用绿色原辅料、技术、装备、物流，建立绿色低碳供应链管理体系；对标国际领先水平，全面开展清洁生产审核评价和认证，实施清洁生产改造。在有色金属运输方面，提高有色金属企业厂外物料和产品清洁运输比例，优化厂内物流运输结构，全面实施皮带、轨道、辊道运输系统建设，推动大气污染防治重点区域淘汰国四及以下厂内车辆和国二及以下的非道路移动机械。在有色金属再生方面，完善再生有色金属资源回收和综合利用体系，引导在废旧金属产量大的地区建设资源综合利用基地，布局一批区域回收预处理配送中心；完善再生有色金属原料标准，鼓励企业进口高品质再生资源，推动资源综合利用标准化。

同时，数字化转型将进一步深化，未来应建立具有工艺流程优化、动态排产、能耗管理、质量优化等功能的智能生产系统；探索运用工业互联网、云计算、第五代移动通信（5G）等技术加强对企业碳排放在线实时监测，建立行业碳排放大数据中心；建设能源管控中心，利用信息化、数字化和智能化技术加强能耗监控，完善能源计量体系，提升能源精细化管理水平。

四、代表性零碳技术发展现状与未来趋势分析

（一）光伏发电技术发展现状及趋势

1. 发展现状

近年来，国家能源局、国务院、国家发改委等出台多项政策支持光伏发电产业的发展，如 2020 年 4 月发布的《关于 2020 年光伏发电上网电价政策有关事项的通知》、2022 年 5 月发布的《关于促进新时代新能源高质量发展的实施方案》以及 2022 年 8 月发布的《户用光伏建设运行指南（2022 年版）》等。一系列政策的发布有效带动了光伏发电产业投资增加和建设规模扩大。

（1）投资情况。目前，中国光伏行业的投资主体主要为行业内能源企业和一些投资企业，能源企业有中国核能科技、森特股份、聆达股份等，投资企业有盈科资本、摩根大通和中金资本等。根据部分上市公司数据测算，2020 年分布

式光伏项目总投资达到 30 亿~70 亿元。同时，光伏建筑一体化也是光伏行业的发展方向，2020 年中国光伏建筑一体化的市场规模约为 50 亿元，组件生产线项目的投资额为 2 亿~5 亿元，预计到 2025 年中国光伏建筑一体化的市场空间将接近 500 亿元。光伏行业自身的融资规模也在不断扩大，根据烯牛数据库，2018 年中国光伏行业融资及并购金额达到顶峰，共计 646.3 亿元。2019 年起中国光伏行业遇冷，融资额下跌，2021 年逐渐回暖（前瞻产业研究院，2022）。

（2）建设情况。在技术进步的推动下，中国光伏行业进入大规模的高速发展阶段。在总量方面（见图 3-3），近 10 年中国光伏累计装机容量已实现大幅攀升，2022 年国内光伏发电累计装机容量 393.4 吉瓦，较 2021 年增长 28.57%，是 2013 年的 20 倍。2022 年光伏发电年新增装机 87.41 吉瓦。光伏发电成为仅次于火电和水电的装机规模第三大电源。从类型上看，早期中国主要为集中式光伏，但近年来分布式光伏占比逐渐增加，从 2013 年的 15.96% 增加到 2022 年的 40.32%。2022 年，分布式光伏年新增装机 51.11 吉瓦，同比增长 75%，占全部光伏发电新增装机规模的 60%。

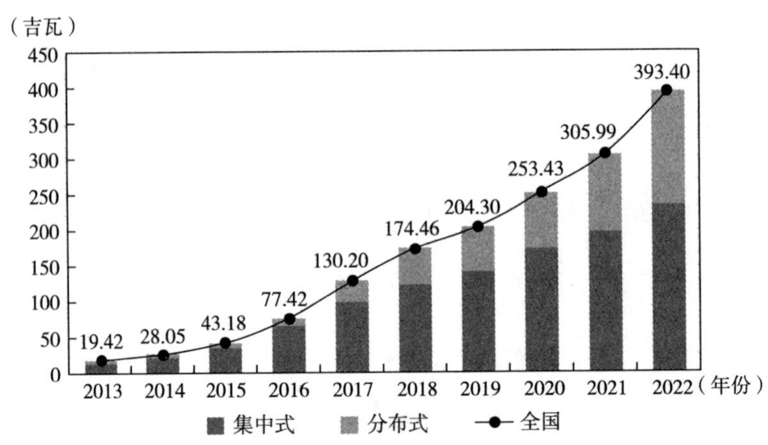

图 3-3 中国光伏累计装机容量发展趋势

2. 未来趋势

近年来，工信部、财政部等印发《电子信息制造业 2023—2024 年稳增长行动方案》和《智能光伏产业创新发展行动计划（2021—2025 年）》文件，明确提出推动光伏产业智能转型升级，支持智能光伏关键技术突破、产品创新应用。光伏产业链产品创新以及光伏和农业、建筑等耦合发展成为未来的发展方向。

（1）光伏产业将朝着智能化、绿色化的方向发展。光伏基础材料、太阳能

电池及部件将通过智能加工和装配、人机协同作业和精益生产管理实现智能制造，信息化管理系统和数字化辅助工具将被应用到光伏产品制造的全生命周期管理。同时，开发低碳材料、工艺、装备，研究开发退役光伏组件资源化利用的技术路线和实施路径，加快资源综合利用，从而实现智能化、绿色化的发展目标。

（2）光伏应用场景趋于多元化。随着光伏产业应用规模不断扩大，“光伏+储能”、“光伏+农业”、“光伏+建筑”等新应用场景的潜力被逐渐挖掘。“光伏+储能”方面，储能技术的不断发展促进了风能、太阳能等新能源应用，同时也使得光伏发电的适用性更加多元化。在“光伏+农业”方面，越来越多的国家和地区开始积极探索农光互补模式的发展路径。在“光伏+建筑”方面，光伏在推动建筑能效提升方面具有重要作用，太阳能电池板和光伏并网系统对发电也至关重要，在屋顶安装太阳能板在短期内可以减少57%的温室气体排放，从而在长期助力碳中和目标实现（Wang 等，2021）。

（3）光伏制造业国际竞争日益加剧。各国政府积极鼓励下，全球光伏行业具有巨大发展潜力，一定时期内海外光伏装机需求将持续增长。然而，2025 年之后，考虑市场消纳、供需匹配因素，全球光伏产品将出现一定的产能过剩，导致光伏制造业国际竞争日益加剧。因此，中国需要发挥产业链联动优势，鼓励数字化技术、智能化技术等技术创新，完善产业配套，提升产能产量，在光伏制造业国际竞争日益加剧的背景下努力抓住国际市场机遇。

（二）风力发电技术发展现状及趋势

1. 发展现状

为推动风力发电技术发展，国家发改委、国家能源局于 2022 年 2 月和 5 月相继发布《关于促进新时代新能源高质量发展的实施方案》和《关于完善能源绿色低碳转型体制机制和政策措施的意见》，提出“加快构建清洁低碳、安全高效的能源体系，并在 2030 年风电、太阳能发电总装机容量达到 12 亿千瓦以上”以及“以沙漠、戈壁、荒漠地区为重点，加快推进大型风电、光伏发电基地建设，鼓励利用农村地区适宜分散开发风电土地，并指出符合条件的海上风电等可再生能源项目可按规定申请减免海域使用金”，激励风力发电产业快速发展。

（1）投资情况。自 1986 年以来，风力发电一直是国家支持的重点领域。近几年，在技术进步的驱动下，发电成本逐渐降低，根据大唐电科院预测（中国大唐集团科学技术研究院，2018），中国陆上风电度电成本将从 2018 年的 0. 41 元/千瓦时下降至 2023 年的 0. 33 元/千瓦时，下降幅度为 20%；海上风电度电成本将从 2018 年的 0. 5 元/千瓦时下降至 2023 年的 0. 41 元/千瓦时，下降幅度为

18%。中国在风力发电领域每年的补助资金一直维持在300亿元以上。中国在2016~2020年的风力发电补助资金支出分别为310.95亿元、382.68亿元、329.70亿元、368.52亿元和356.85亿元。2020年，中国风力发电投资完成额达2618亿元，较2019年增加了1447亿元，同比增长123.57%。

（2）建设情况。2010~2020年中国风力发电新增并网装机容量呈现不断上升的趋势。2020年新增并网装机容量达到71.67吉瓦。中国风力发电累计并网装机容量情况如图3-4所示，2020年中国风力发电累计装机容量达281.53吉瓦，2021年中国风力发电累计装机容量达328吉瓦。2022年中国风力发电累计装机容量为365吉瓦。其中陆上风电335吉瓦，海上风电30.46吉瓦，装机规模均为世界第一。就海上风电而言，“十四五”期间中国海上风力发电进入快速成长阶段，已超越英国成为全球第一海上风电市场。

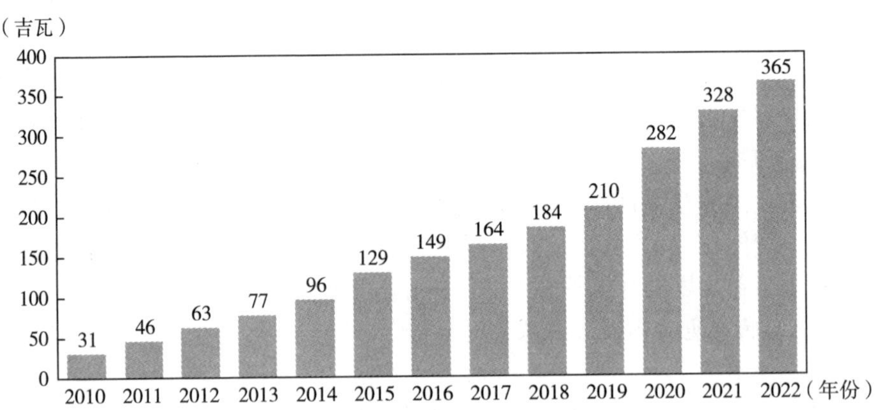

图3-4　中国风电累计并网装机容量

2. 未来趋势

中国“双碳”政策为风电产业发展打开了广阔空间，结合招标量和各地政府已公布的风电产业规划，风电产业将朝向大型化和数字化趋势发展，近海乃至深远海风电是未来风电行业竞争的重点。

（1）风电单机容量呈大型化趋势。鹏澜财经于2020年发布风电行业发展现状及趋势，提到单机容量大型化将有效提高风能资源利用效率、提升风电项目投资开发运营的整体经济性、提高土地/海域利用效率，并能够降低度电成本、提高投资回报，更利于大规模项目开发，是未来风电行业发展的必然趋势。大兆瓦、高可靠性、高经济效益的风电项目整体解决方案在市场上的认可度高，具备大兆瓦机型产品能力的整机厂商在未来将更具市场竞争力。同时，平价上网政策也将加速促进风电降本和大兆瓦机型的开发。在全球市场范围内，陆上风机功率已经逐步由2兆瓦、3兆瓦时代迈入4兆瓦时代。

未来，将实现远海风电场设计和建设等关键技术的突破，并积极研制具有自主知识产权的10兆瓦级及以上海上风电机组及轴承、控制系统、变流器、叶片等关键部件。另外，基于大数据和云计算的海上风电场集群运控并网系统，废弃风电机组材料的无害化处理与循环利用，也将成为未来发展的重点。

（2）风电朝着数字化的方向发展。风电行业已逐步开始从提供风机产品向提供风电服务转型，而数字化是风电行业转型的必由之路。《"十四五"现代能源体系规划》提出，"加快'智慧风电'建设，推进电站数字化与无人管理，推动可再生能源与人工智能、物联网、区块链等新兴技术深入融合"，并强调"智慧风电"的相关内容，如智能化运维、故障预警、精细化控制、场群控制等。随着产业技术自主创新，加强大数据、人工智能等智能制造技术的应用，全面提升风电机组性能和智能化水平已成为发展趋势。

未来，风电机组的降载优化、智能诊断、故障自恢复技术；基于物联网、云计算和大数据分析的风电场智能化运维技术；风电场多机组、风电场群的协同控制技术将成为降低运行管理成本、提高存量资产运行效率、增强市场竞争力的重要手段。

（三）新型储能技术发展现状及趋势

1. 发展现状

新型储能主要指除抽水蓄能外以输出电力为主要形式，对外提供服务的储能项目，并按照能量存储方式差异主要分为物理储能和化学储能两大类。物理储能主要包括压缩空气、飞轮储能、重力储能、相变储能等；化学储能主要包括锂离子电池、矾液流电池、铁铬液流电池、钠离子电池以及氢（氨）储能等。2022年1月国家能源局正式印发的《"十四五"新型储能发展实施方案》提出，新型储能是构建新型电力系统的重要技术和基础装备，是实现碳达峰碳中和目标的重要支撑，也是催生国内能源新业态、抢占国际战略新高地的重要领域。

（1）投资情况。能源结构转型背景下，储能等新能源快速发展，中国企业也积极布局储能领域项目投资。据中电联统计，2022年共成立超3.8万家储能相关企业，是2020年的10倍。在投融资上，储能行业成为一级市场投资新热点，并在2022年进入融资爆发期。据统计，2022年中国储能行业融资事件189件，同比增长64.3%，融资金额达到520.97亿元，其中一级市场新型储能融资项目（包括锂离子电池储能、压缩空气储能、液流电池储能、钠离子电池储能、熔盐储能、重力储能、飞轮储能等）大约有58个，涉及44家企业，投资机构包括鼎晖百孚、新鼎资本、普华资本、建信信托、国晟基金、海松资本、金鼎资本和红杉中国等。根据中国化学与物理电源行业协会储能分会估计，2025 年新型储能产业规模有望突破万亿元大关，到 2030 年将接近 3 万亿元。

（2）建设情况。目前，传统抽水蓄能的累计装机规模已接近 170 吉瓦，在储能中占绝大部分，但其在电网中的应用受地理因素的限制较大，促使新型储能项目迅速发展（Mu 等，2023）。中国储能累计装机容量如图 3-5 所示，累计装机容量从 2016 年的 24. 3 吉瓦增加到 2021 年的 43. 4 吉瓦，呈不断增长趋势。

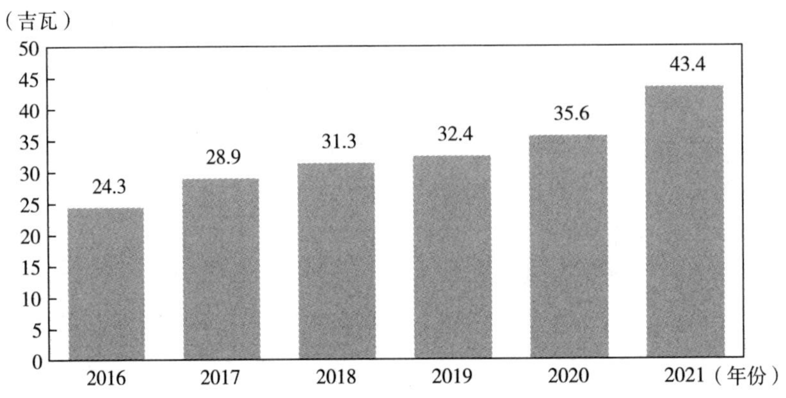

图 3-5　中国储能累计装机容量

从单个项目规模，2022 年 20 余个百兆瓦级项目实现了并网运行，是 2021 年同期数量的 5 倍，百兆瓦级规模项目已成为常态。同时，规划或在建中的百兆瓦级项目数量更是达到 400 余个，并包括了 7 个吉瓦级项目。当前，锂离子电池储能占绝对主导地位，压缩空气储能、液流电池储能、飞轮储能等相对成熟的储能技术保持快速发展，超级电容储能、固态电池储能、钛酸锂电池储能等新技术也已经开始进入示范阶段。新型储能累计装机规模排名前五的省份分别为山东、湖南、宁夏、内蒙古和新疆，装机规模均超过 1 吉瓦。从各地区来看，华北、西北和华中地区已投运新型储能装机分别占全国 30%、26. 8%和 23. 5%。华北、西北、华中地区合计超过全国总量的 80%。其中，华北地区已投运新型储能装机占全国 30. 0%，西北地区占比 26. 8%，华中地区占比 23. 5%。

2. 未来趋势

当前，加快推动新型储能规模化发展已成为行业共识。工业和信息化部明确，加强新型储能电池产业化技术攻关，推进先进储能技术及产品规模化应用。2022 年 1 月国家发展改革委和国家能源局发布的《“十四五”新型储能发展实施

方案》为储能发展指明了方向。2022 年 6 月，国家发展改革委和国家能源局发布的《关于进一步推动新型储能参与电力市场和调度运用的通知》指出，要建立完善适应储能参与的市场机制。在政策和市场的双重推动下，新型储能产业进入发展快车道。

（1）加快关键技术装备研发，推动多元化技术开发。未来应积极发展钠离子电池、新型锂离子电池、铅炭电池、液流电池、压缩空气、氢（氨）储能、热（冷）储能等关键核心技术和攻关超导、超级电容等储能技术，并开展装备和集成优化设计研究和研发储备液态金属电池、固态锂离子电池、金属空气电池等新一代高能量密度储能技术。电池本质安全控制、电化学储能系统安全预警、系统多级防护结构及关键材料、高效灭火及防复燃、储能电站整体安全性设计等关键技术应积极突破以支撑大规模储能电站安全运行。

（2）推进不同场景及区域试点示范，深化不同应用场景试点示范。聚焦新型储能在电源侧、电网侧、用户侧各类应用场景，建立一批新型储能示范试点项目。结合试点示范项目，深化不同应用场景下储能装备、系统集成、规划设计、调度运行、安全防护、测试评价等方面的关键技术研究。

（3）推进国际合作，提升新型储能竞争优势。深入推进新型储能领域国际能源合作，完善合作机制，搭建合作平台，拓展合作领域，强化与世界银行等国际金融机构合作，搭建新型储能国际合作平台，推进与重点国家新型储能领域合作。在新型储能前沿领域开展科技研发国际合作，加强国际技术交流和信息共享，探索先进技术引进、产业链供应链合作的共赢机制，研究国内外企业合作新模式，推动国内先进储能技术、标准、装备“走出去”。

（四）氢能技术发展现状及趋势

1. 发展现状

2022 年 3 月 23 日，国家发展改革委和国家能源局联合印发《氢能产业发展中长期规划（2021—2035 年）》（以下简称《规划》），提出氢能产业发展的基本原则、阶段目标及重要举措等，为中国氢能产业的高质量发展提供了明确的方向及目标。2023 年 8 月 8 日，国家标准委、国家发展改革委等 6 部门联合发布《氢能产业标准体系建设指南（2023 版）》（以下简称《指南》），这是国家层面首个氢能全产业链标准体系建设指南。《指南》系统构建了氢能制、储、输、用全产业链标准体系，涵盖基础与安全、氢制备、氢储存和输运、氢加注、氢能应用五个子体系。同时，在双碳目标的引导与激励下，发展氢能产业已被 30 多个省份列入“十四五”发展规划，北京、河北、四川、内蒙古等省份亦出台详细的氢能产业发展实施方案，行业呈现出蓬勃发展态势。

（1）投资情况。日本、欧盟、美国、中国在内的多个国家和地区都已经将氢能作为未来发展的重要方向。国务院新闻办公室在上半年央企经济运行情况新闻发布会上发布的数据，截至 2021 年 8 月，已有超过 1/3 的中央企业在进行包括制氢、储氢、加氢、用氢等环节的全产业链布局。据国际能源网统计，到 2021 年底，国内有 48 家能源企业布局氢能。中国汽车百人会发布《中国氢能产业发展报告 2022》显示，2021 年氢能产业投资总金额超过 3100 亿元，针对氢能产业的投资基金累计规模超 800 亿元人民币。根据上海邀问创投统计，2019~2022 年资本市场对氢能项目的投资数分别为 40 个、49 个、51 个和 42 个，而融资分别为 18 亿元、50 亿元、79 亿元和 82.5 亿元。根据天风证券报告，以煤制氢的成本在 9 元/千克，工业副产气制氢成本在 10~16 元/千克，如果用商电来进行电解水制氢需要 48 元/千克。但电解水制氢的成本也与地区电力资源丰富程度相关，如果在电力资源丰富地区进行弃电（指舍弃的电力）制氢，成本也可以降低到 14 元/千克。

（2）建设情况。2012~2021 年中国氢能产量呈不断上升趋势（见图 3-6），从 2012 年的 1600 万吨增加到 2021 年的 3300 万吨。根据中国氢能联盟预测，在 2030 年碳达峰愿景下，中国氢气的年产量预期达 3715 万吨，在终端能源消费中占比约为 5%；可再生氢产量约为 500 万吨，部署电解槽装机约 80 吉瓦。同时，《氢能产业发展中长期规划（2021—2035 年）》提出，到 2025 年，中国氢能产业基本掌握核心技术和制造工艺，燃料电池车辆保有量约 5 万辆，部署建设一批加氢站，可再生能源制氢量达到 10 万~20 万吨/年，实现二氧化碳减排 100 万~200 万吨/年。

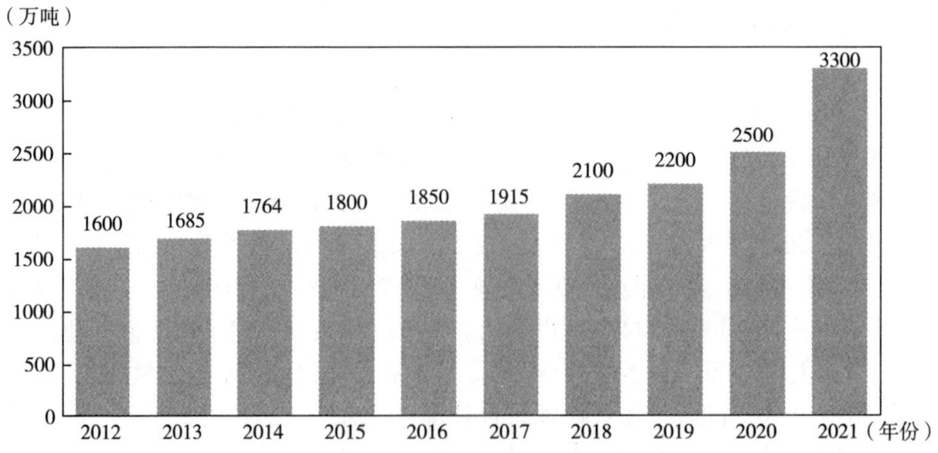

图 3-6 中国氢能产量发展趋势

资料来源：KPMG，2022。

氢燃料电池技术被认为是利用氢能解决未来人类能源危机的终极方案。中汽协数据显示，2021 年中国新能源汽车销量累计 352. 1 万辆。其中纯电动车销量 291. 6 万辆，混动汽车销量 60. 3 万辆，而氢燃料电池汽车仅卖出 0. 2 万辆。截至 2021 年底，中国在建和已建加氢站仅 218 座。但氢燃料电池技术还未实现商业化发展。

氢燃料电池产业离不开制氢、储氢、加氢站、氢燃料电池等环节。在制氢环节，以煤炭、天然气为代表的化石能源重整制氢、以焦炉煤气、氯碱尾气、丙烷脱氢为代表的工业副产气制氢和电解水制氢是当前较为成熟的制氢的技术路线。储氢环节，行业主流采用的是压缩气态储氢技术，但体积储氢密度低会占据车辆较大的空间，同时对储氢罐的耐压要求较高，核心零件依赖进口。同时，液氢存储密度高但相关技术目前仍处于研发攻克阶段；甲醇储氢、吸附储能等在国内很少达到产业化；加氢环节，目前加氢站处于小规模试点状态，且建设成本极高。单个加氢站建设成本可达 1500 万元，此外还需要 200 万/年的运营费用；氢燃料电池环节，燃料电池系统和储氢系统占据整车成本 65%，远高于锂电池在纯电动汽车中 40%的成本占比。且燃料电池系统核心组成电堆的很大部分技术，包括催化剂、质子交换膜等还无法实现国产替代。即便有部分产品能够国产化，产品可靠性与耐久性也还有提升空间。

2. 未来趋势

绿氢作为理想的清洁能源来源，是未来氢能发展的主要方向。中国绿氢产业发展尚处于起步阶段，为进一步促进绿氢产业发展应用，应首先从技术突破、标准制定和成本降低等方面发力。

技术突破方面，应推进碱性电解槽规模化制氢示范应用，研发 SPE/SOEC 等新型电解水制氢技术，攻关电解水制氢系统柔性耦合间歇、波动可再生能源的工程技术难题，并大力开发光催化分解制氢、热化学法制氢、生物制氢、核能制氢等制氢新技术。

标准制定方面，国家应加快现有涉氢标准规范修订工作，从通用安全要求、临氢材料、氢气密封、防爆等方面细化和完善氢能标准设计，建立健全包含检测、计量及售后服务保障在内的技术产品标准体系。

成本降低方面，政府应综合考虑绿氢制、储、运、加等环节实际经济性水平，研究制定面向上游绿氢供应的税收、电价优惠等过渡期扶持政策，降低终端用户用氢成本。加快钢铁、化工等高耗能行业碳交易市场建设，将绿氢纳入碳市场交易。制定液氢及管道运氢导入时间表，加快形成氢气大规模、长距离、低成本运输解决方案。

（五）地热能技术发展现状及趋势

地热能是一种绿色低碳、可再生的能源，具备大规模储量、广泛分布、清洁环保以及稳定可靠等特质。中国拥有丰富的地热资源，市场潜力巨大，充满着广阔的发展前景。地热能的开发与利用不仅在能源结构调整、节能减排、环境改善方面具有关键意义，还能显著推动新兴产业培育、新型城镇化建设推进以及就业增长。地热能一般可分为浅层地热能、水热型地热能和干热岩型地热能三类。

1. 发展现状

（1）投资情况。中国地热资源勘察投入资金逐年增长，“十二五”期间为3.7亿元，2018年中国地热资源调查及其他工作投入5.3亿元，同比增长89.3%（见图3-7）。“十四五”期间，地热能技术的投入较之前更多。以地热资源丰富地区为例，河南省周口市人民政府印发《周口市“十四五”生态环境保护和生态经济发展规划》提出，“十四五”期间周口市将实施“沈丘县地热能集中供暖项目”、“西华县地热集中供暖建设项目”、“西华县浅层地热能利用设施建设项目”三个地热能重大建设项目，总投资7.8亿元。

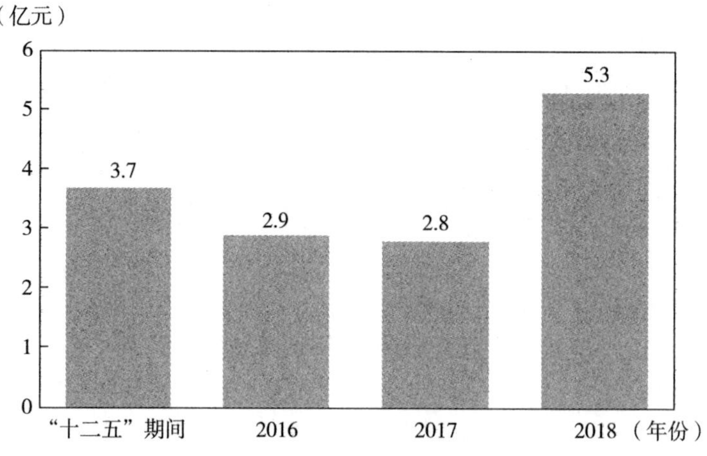

图3-7　中国地热资源勘察资金投入趋势

资料来源：中国地质调查局。

（2）建设情况。地热能一直被用于为大型市辖区供暖，并在25年多的时间里为数千兆瓦的发电厂提供电力，在半个多世纪里为数百兆瓦的发电厂提供电力（Barbier，2002）。中国的地热资源相当丰富，资源储量约占世界地热资源总量的1/6。中国的地热资源主要分布在构造活动带和大型沉积盆地中，其中高温地热资源主要分布在藏南、滇西、川西等地区。根据存在形式和埋深等因素，中国地热资源可分为浅层、水热型和干热岩地热资源三种类型。根据中国2015年地质调查评价结果，在当前技术经济条件下全国浅层地热能年可开采资源量折合7亿吨标煤；水热型地热资源储量可达 1.25 万亿吨标煤，年可开采资源量可达 19 亿吨标煤；埋深在 3~10 千米的干热岩资源量可达 856 万亿吨标煤。表 3-3 列举了中国不同类型地热资源的分布地区。

表 3-3　中国地热资源分布

<table>
<tr><th colspan="3">资源类型</th><th>分布地区</th></tr>
<tr><td colspan="3">浅层地热资源</td><td>东北地区南部、华北地区、江淮流域、四川盆地和西北地区东部</td></tr>
<tr><td rowspan="3">水热型
地热资源</td><td rowspan="2">中低温</td><td>沉积盆地型</td><td>东部中、新生代平原盆地，包括华北平原、河—淮盆地、苏北平原、江汉平原、松辽盆地、四川盆地以及环鄂尔多斯断陷盆地等地区</td></tr>
<tr><td>隆起山地型</td><td>藏南、川西和滇西、东南沿海、胶东半岛、辽东半岛、天山北麓等地区</td></tr>
<tr><td>高温</td><td colspan="2">藏南、滇西、川西等地区</td></tr>
<tr><td colspan="3">干热岩地热资源</td><td>主要分布在西藏，其次为云南、广东、福建等东南沿海地区</td></tr>
</table>

中国地热资源的直接利用已有上千年历史。近代以后尤其是改革开放以来，地热供暖的直接利用在技术、规模和应用上都取得了卓越的进展和成果。目前中国地热资源的直接利用总量位居世界首位，几乎占全世界利用总量的 3/4。同时，中国浅层地热资源供暖（制冷）技术已基本成熟，尤其是热泵技术。自 2004 年以来，浅层地热资源供暖（制冷）的年增长率超过 30%，采暖（制冷）范围已扩展至全国。截至 2015 年底，全国浅层地热能供暖（制冷）面积已增加至 3.92 亿平方米，年利用量约 2×10^7 吨标煤。其中，80% 的浅层地热供暖（制冷）集中在华北和东北南部，包括辽宁（7000 万平方米）、北京（4000 万平方米）、山东（3000 万平方米）、河南（2900 万平方米）、河北（2800 万平方米）。

截至 2015 年底，全国水热型地热能供暖面积达到 1.02 亿平方米，年均增速达到 10%，主要集中在河北（2600 万平方米，居全国首位）、天津（2100 万平方米，居全国城市首位）和陕西（1500 万平方米）三省，约占全国总开发利用面积的 60.8%。根据《中国地热能发展报告 2018》，河北省雄县水热型地热供暖面积已增加至 450 万平方米，几乎可满足县城冬季全部供暖需求。由于水热型地热资源供暖的大规模覆盖，雄县成为中国史上第一个“无烟城”，并由此形成了水热型地热资源规模化开发利用的“雄县模式”。与浅层地热资源相比，水热型地热供暖供热量稳定，供热面积大，单井供热面积约在 2×10^5 平方米，且其运营成本低。根据《地热能开发利用“十三五”规划》要求，到 2020 年中国浅层和水热型地热资源供暖（制冷）面积累计应达到 16 亿平方米，比 2015 年扩张了 2 倍有余，同时地热能供暖年利用量计划达到 4×10^7 吨标煤。

中国地热发电起步较晚，且发展进程缓慢。中国地热资源的普查、勘探和利用正式开始于20世纪70年代，先后建立了广东丰顺、河北怀来、江西宜春等7个中低温地热能电站，目前保持运营的仅剩下西藏的2座发电站。

2. 未来趋势

国家能源局印发的《关于促进地热能开发利用的若干意见》中提出，到2025年，各地基本建立起完善规范的地热能开发利用管理流程，全国地热能开发利用信息统计和监测体系基本完善，地热能供暖（制冷）面积比2020年增加50%，在资源条件好的地区建设一批地热能发电示范项目，全国地热能发电装机容量比2020年翻一番；到2035年，地热能供暖（制冷）面积及地热能发电装机容量力争比2025年翻一番。

技术方面，中国地热产业应优先推动开展地热能发电关键技术和成套装备研发，开展钻井技术、地球物理成像技术等技术，促进中国地热产业实现大规模推广。钻井技术的改进，如定向钻井和小井眼钻井，可以降低成本，最大限度地减少对环境的影响，并使获取深层地热资源更加可行。热机械联合钻井是一项创新技术，可提高深部脆性岩层的钻井性能。地球物理成像技术（如地震测量、大地电磁测量和微地震监测）增强了储层特征。这些技术提供了有关地下结构、流体路径和储层性质的全面数据，有助于改进资源评价和管理（Rohit，2023）。

五、代表性负碳技术发展现状与未来趋势分析

（一）CCUS技术发展现状及趋势

1. 发展现状

进入“十四五”阶段后，国务院、生态环境部、国家发展改革委和国家能源局先后出台《关于加快建立健全绿色低碳循环发展经济体系的指导意见》《加强自由贸易试验区生态环境保护推动高质量发展的指导意见》和《关于完善能源绿色低碳转型体制机制和政策措施的意见》等政策，从开展CCUS试验示范到完善相关政策和加强技术推广，支持力度逐步加大，投资规模和建设规模也随之扩大。

（1）投资情况。CCUS产业链涵盖了二氧化碳的排放、捕集、运输、利用和封存，投资额高，涉及不同的技术和行业，加大了协作融合与利益分配的难度，导致一级市场投资人持观望态度，代表性示范项目大多由实力雄厚的国央企能源公司主导推进，比如，由国家能源集团投资并于2021年初建成的国华锦界电厂15万吨/年的碳捕集与封存全流程示范项目。在政策的指引下，CCUS项目的参与方总量和企业类型逐渐增多。比如，2022年3月末，腾讯牵头启动了中国CCUS领域首个由科技企业发起的大规模资助计划——“碳寻计划”，聚焦CCUS

相关技术孵化、能力建设及规模化应用，投资规模达数亿元。另外，IEA 估计，到 2030 年，CCUS 投资须增加 1600 亿美元，到 2050 年预计需要额外投资 2.5 万亿~3 万亿美元（15 万亿~20 万亿元人民币）。

（2）建设情况。CCUS 项目自 2020 年开始，数量出现爆发式增长的情况，未来也将处于不断上升的状态。2010~2020 年全球有 60 个 CCUS 项目投入运营，是 1990~2000 年的 1.71 倍。到 2021 年 9 月 5 日，全球 CCUS 项目已有 170 个，其中，已完成使命的有 49 个。从 2020 年到 2030 年，预计至少有 61 个 CCUS 项目投入运营。中国各类 CCUS 技术覆盖面较广，相关项目涵盖了深部咸水层封存、二氧化碳驱油、二氧化碳驱替煤层气等多种关键技术，CCUS 利用与封存示范项目发展趋势如图 3-8 所示。从数量上看，截至 2019 年底，中国共开展了 9 个捕集示范项目、12 个地质利用与封存项目，其中包含 10 个全流程示范项目，累计二氧化碳封存量约为 200 万吨。从类型上看，在中国投资布局的 CCUS 主要分为三种类型：具有经济价值的 EOR 项目、“绿色煤电”试点项目和新兴技术试点项目。其中，大部分是以油气公司为投资主体的 EOR 项目。新兴技术当前仍处于研究阶段，尚不具有经济性，主要为未来投资主体自身的碳中和转型进行技术试点，或为二氧化碳的下游应用做技术试点与研究。

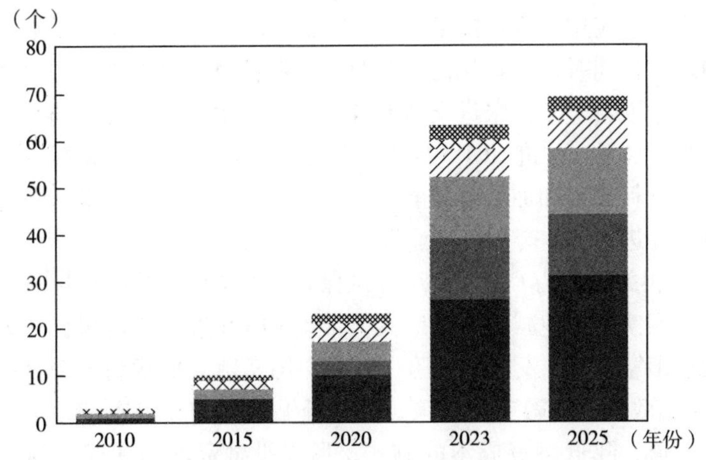

图 3-8 中国 CCUS 利用与封存示范项目趋势

资料来源：中国 21 世纪议程管理中心。

在运输方面，中国已投运的 CCUS 示范项目多数规模较小，大多采用罐车运输。二氧化碳船运属于液化气体船舶运输技术，中国已具备这类船舶的制造能力

（张贤等，2023）。二氧化碳管道运输的潜力最大，中国已经陆续开展了一些工程实践。在利用与封存方面，农业、地质等方面都有涉及，自 20 世纪 80 年代起，中国就开始了植物的二氧化碳利用研究，并开发了二氧化碳富集装置平台系统，目前富碳农业中温室大棚技术已经实现商业化；二氧化碳强化石油开采技术在国际上已经商业化应用，拥有较高的经济收益；利用二氧化碳制备甲醇、聚丙烯和聚乙烯技术已达到商业化利用，国内二氧化碳加氢制甲醇、二氧化碳加氢制异构烷烃等反应技术已逐步成熟。在捕集方面，传统胺类容积技术成熟，已经实现商业化推广。新一代捕集技术，如新型酶催化二氧化碳吸收法捕集技术、化学链技术等，预计 2035 年投入商用，成本将进一步降低 75%，有利于在煤电、煤化工、水泥等传统产业应用中以更低成本减排（史作廷等，2021）。

2. 未来趋势

中国的 CCUS 技术仍处于发展早期，部分先进技术尚处于研究阶段。未来，随着政策支持不断增多以及示范工程建设加速推进，加快技术创新和完善政策支持将助力中国 CCUS 相关技术将逐步成熟，进一步推动 CCUS 规模化应用。

（1）技术创新是未来 CCUS 发展的重点。CCUS 示范项目的成本相对较高是阻碍其发展的主要原因，技术创新可以推动成本降低，比如新型膜分离、新型吸收、新型吸附等技术的成熟将推动能耗和成本降低 30%以上，有望在 2035 年前后实现大规模推广应用。推动技术创新、降低成本是未来几年科研端与技术端主要研发方向之一。同时，一些规模化普及的创新性技术仍需要更进一步的完善和开发，推动技术创新应紧密跟进全球 CCUS 先进技术发展情况，扬长补短，不断提升 CCUS 技术水平。推进 CCUS 技术代际更替，进一步突破高性价比的二氧化碳吸收，吸附材料开发和加快攻破能大规模转化碳的 CCUS 技术，降低项目成本与能耗水平，促进 CCUS 产业集群建设。

（2）完善相关政策为 CCUS 发展提供保障。在碳中和战略目标背景下，中国煤电、水泥、钢铁等行业减排需求巨大，带动 CCUS 进入快速增长期。中国应借鉴欧美等发达国家 CCUS 发展的经验，结合中国实际，探索制定符合中国国情的 CCUS 税收优惠政策、金融支持政策、财政补贴政策和技术支持政策等，不断探索拓宽融资渠道、降低融资成本的方式，形成投融资增加和成本降低的良性循环，推动 CCUS 商业化发展。

（二）BECCS 技术发展现状及趋势

1. 发展现状

2018 年，联合国政府间气候变化专门委员会（IPCC）《全球升温 1.5℃特别报告》中提出，BECCS 等相关的二氧化碳脱除技术是未来有望将全球排放稳定在低水平的关键技术。BECCS 技术的应用有助于协同实现中国应对气候变化、能源安全和深度减排多重目标。

（1）投资情况。当前，生物质发电的成本过高。生物质能量密度低，不像煤炭体积小、热值高，需要大量原料才能发出同等的电量。已有研究也指出：标准的生物质发电系统的效率大约只有20%，这也使得大多数生物质发电厂均在亏损运行（刘伟等，2020）。

此外，生物质原料还面临着获取困难的问题。Smith 等（2016）认为：如果将 BECCS 作为满足巴黎协定2℃目标的关键技术，需要7%～25%的现有农业用地面积，以及25%～46%的潜在农业用地面积。生物质原料获取来源也对生物质能源发展形成制约。如果使用秸秆等农业废弃物，需要向农村居民收购，导致原材料的获取、加工、储运以及损耗在成本中占据较大比重。因此，当前 BECCS 在中国还处于研发与示范阶段，尚未开始大规模商业化运行投资建设。

（2）建设情况。目前，BECCS 技术在全球范围内尚处于研发和示范阶段，还不具备大规模商业化运行的条件。据 IEA 统计，截至 2020 年，全球共有 BECCS 项目 13 项，分布在美国、欧洲、日本和加拿大，应用于生物质乙醇工厂、生物质发电、垃圾焚烧等领域。

中国产业发展促进会生物质能产业分会《3060 零碳生物质能潜力蓝皮书》指出，目前中国生物质资源年产量为 34.9 亿吨，其中作为能源利用的开发潜力为 4.6 亿吨标煤，而实际应用不足 6000 万吨标煤。中国生物质发电近年来发展迅速，截至 2021 年底，生物质发电装机达到 36 吉瓦，已完成 84 个国家级燃煤耦合生物质发电技改项目。BECCS 的规模在 2050 年可达 8 亿吨二氧化碳/年，在 2100 年可达 16 亿吨二氧化碳/年（Huang 等，2020）。生物质燃烧发电技术是中国农林废弃物大规模处置的主要途径之一。随着中国生物质燃烧发电产业的发展，目前年处理农林废弃物已接近 6000 万吨，每年产出环保电力约 35 太瓦时，节约标煤约 2300 万吨/年，减排二氧化碳约 5700 万吨/年。根据最新的可再生能源手册数据，中国 2020 年、2030 年和 2050 年生物质资源总量分别为 12.08 艾焦/年、14.58 艾焦/年、17.24 艾焦/年。

2021 年 8 月，中国首个 BECCS 示范项目——华能吉林发电有限公司长岭县 100 兆瓦生物质发电项目正式开工建设。该项目将利用生物质发电并捕获二氧化碳进行封存，实现碳中和目标。2021 年，中国电建集团与美国能源部签署了合作谅解备忘录，旨在推进中国首个 BECCS 示范项目的建设。该项目将在美国和中国同时建设，旨在减少大气中的二氧化碳排放量，并提高可再生能源的利用率。2022 年，中国华能集团有限公司、中国石油化工集团有限公司、上海电气集团等 14 家企业共同发起成立了全国首个“生物质能源+CCUS（碳捕集、利用与封存）”产业技术创新战略联盟。该联盟将致力于推动生物质能源与 CCUS 技术的融合发展，加速实现碳中和目标。2023 年，中石化、国家能源集团、华润电力投资的全球最大 BECCS 示范项目——中石化洛阳基地项目正式开工建设。该项目将利用洛阳地区丰富的生物质资源进行发电，并将产生的二氧化碳捕获并进行封存。

2. 未来趋势

基于中国的能源结构、经济发展阶段和碳排放现状，未来将面临较大的深度减排压力，中国政府应重视 BECCS 技术发展，以及中国农林废弃物规模大，生物质资源量大等特点，预测 BECCS 技术朝着以下两点趋势发展：

（1）BECCS 将实现规模化应用。生态环境部环境规划院《中国 CCUS 年度报告（2021）》预测，2035 年后，中国 BECCS 技术开始大规模应用；到 2040 年、2060 年，应用 BECCS 技术将分别完成碳减排总量的 8%~21%、30%~33%，0.8 亿~1 亿吨、3 亿~6 亿吨二氧化碳。考虑中国“煤电+CCS/CCUS”技术已规模化示范的现状，预计 2030 年，BECCS 将在电力行业实现规模化应用，达到 5 吉瓦，到 2060 年达到 80 吉瓦。

（2）BECCS 技术在电力行业应用潜力巨大。生物质能源技术将成为中国电力部门低碳转型中不可或缺的关键减排技术选择。不同于风能、水能、太阳能等，生物质是一种与常规化石燃料组织结构类似的可再生能源，像煤炭一样可存储和运输，仅需在原先燃煤发电设施的基础上进行小幅的工艺改造即可应用于生物质，因此可实现燃煤生物质耦合发电，避免强制关停煤电厂引起的失业问题和大量搁浅资产。生物质能够通过光合作用在自然界中固定二氧化碳，具有碳中性的属性，利用农林剩余物取代电力生产中的煤炭，将大量减少电力生产过程中的碳排放。中国产业发展促进会生物质能产业分会《3060 零碳生物质能潜力蓝皮书》指出，预计 2060 年，中国生物质资源年产量将达到 53.5 亿吨，作为能源利用的开发潜力将超过 7 亿吨标煤。预计到 2060 年，生物质发电装机将超过 180 吉瓦，是目前的 6 倍。

（三）DACCS 技术发展现状及趋势

1. 发展现状

DACCS 是为数不多的能从大气中去除二氧化碳的技术之一。与其他在发电或加热过程中捕获二氧化碳排放的除碳技术不同，DACCS 可以部署在世界上任何有电力供应的地方，DACCS 发生作用的关键因素是 DACCS 规模的提升速度（Realmonte 等，2019）。减少二氧化碳排放对于实现 2015 年《巴黎协议》所设定的国际气候目标至关重要，但仅仅减少二氧化碳排放还不足以实现净零，也有必要消除两个世纪工业化释放到环境中的二氧化碳。

（1）投资情况。使用化学吸收剂直接捕集大气中二氧化碳的 DACCS 技术，及捕集并封存的 DACCS 技术，是目前最昂贵的脱碳技术。由于大气中的二氧化碳浓度，比化石能源尾气中要稀薄百倍，从空气中浓缩二氧化碳所消耗的能源和化学吸收剂引起的成本更高，目前为 250～600 美元/吨二氧化碳，通过政策支持和市场开发可能降至 135～345 美元/吨二氧化碳。DACCS 涉及一系列直接从空气中捕获二氧化碳及其后续长期储存的方法。DACCS 处于技术开发的早期阶段，面临着各种挑战，包括高昂的成本和能源需求。DACCS 关键在于开发出高效回收大气中二氧化碳（其浓度仅为火力发电厂废气的几百分之一）的技术，但目前这一技术尚处于研发阶段，“空气直接捕集”环节成本过高，并且二氧化碳再生过程需投入大量能源，技术效益和经济效益较低。从市场份额来看，北美是第一大市场，约占 58%的市场份额，其次是欧洲，约占 40%的市场份额。主要的直接空气捕获生产厂商有 Carbon Engineering、Climeworks、Global Thermostat 等。其中，Global Thermostat 是最大的生产厂商，约占 55%的市场份额。由于 DACCS 技术尚未大规模应用，成本不确定程度高。文献中报告的捕获成本估算范围很广，通常从 100 美元到 1000 美元不等，而主要技术供应商的成本估算范围为液体 DACCS 95～230 美元，固体 DACCS 100～600 美元（Keith 等，2018）。

（2）建设情况。全球碳捕集与封存研究院（GCCSI）2020 年度全球 CCS 现状报告指出：全球对“净零”排放做出承诺的大趋势，也在经济和技术层面提出了一些重大挑战。人类绝大多数工业、能源和农业系统向大气排放的温室气体都是净增加。即便像核能、水力发电、结合 CCS 的化石能源、风能和太阳能发电这样的低排放技术，在整个生命周期也是净正排放。因此，要实现净零排放，必须部署包括 DACCS 在内的负排放技术。

截至 2022 年，运行的项目和设备均为小规模商业化项目和研究用设备，且规模小于 BECCS。2023 年 9 月，在冰岛赫利舍迪（Hellisheidi）地热发电厂附近，瑞士 Climeworks 公司开始运营具有 4000 吨/年二氧化碳捕获能力的 Orca 设备。目前，全球最大的 DACCS 设备——Orca 设备，使用的可再生能源由冰岛的地热能供应商——On Power 公司提供。专门从事地下二氧化碳矿化的冰岛 Carbfix 公司将从大气中捕获的二氧化碳和水混合后注入地下深处，由此，二氧化碳在地下深处通过矿化过程而被封存在岩石中。

目前，18 家 DACCS 工厂在全球运营，位于加拿大、欧洲和美国。这些工厂大多规模较小，将捕获的二氧化碳出售供使用，包括化学品和燃料、饮料碳酸化和温室内使用。在冰岛，Climeworks 和 Carbfix 正在从大气中捕获二氧化碳，并将其与从地热流体中捕获的二氧化碳混合，以便注入玄武岩地层并进行地下储存。这是该技术的首次实际应用，通过矿化作用，在几年内将二氧化碳转化为岩石。该工厂于 2021 年 10 月扩建，每年捕获 4000 吨二氧化碳。第一家大型 DACCS 工厂由美国1PointFive（Oxy Low Carbon Ventures旗下的开发公司）资助和开发。该工厂将使用Carbon Engineering的DACCS技术（L-DAC），每年将有能力捕获高达1兆吨二氧化碳，并可能最早于2024年投入运营。

2. 未来趋势

DACCS规模化和商业化的关键在于开发出高效回收大气中二氧化碳（其浓度仅为火力发电厂废气的几百分之一）的技术，但这一技术尚处于研发阶段。DACCS的二氧化碳去除成本高于BECCS，并且二氧化碳再生过程需投入大量能源，因此DACCS的最大问题是降低成本。

（1）碳价提高推动DACCS的推广。DACCS技术的存在允许放宽近期减排措施，并且可以显著降低气候政策成本。DACCS可以作为补充技术而不是替代其他负排放技术，与其他减排技术和负排放技术相比，发生作用的关键因素是DACCS规模的提升速度（Realmonte等，2019）。由于DACCS的技术成本较高，大规模部署DACCS需要有足够高的碳价才能推动DACCS的快速推广，根据部分研究，碳价在2050年后才能达到DACCS部署的标准，在2050年前，BECCS将作为主要负碳技术在美国进行大规模推广。DACCS部署开始于2050年左右，到2100年，其年运行容量达到0.85吉吨二氧化碳/年，消耗了美国年发电量的5%（Qiu等，2022）。

（2）吸附剂研发。目前针对DACCS的许多研究都集中在使用不同的吸附剂上，然而仅在使用化学吸附剂从空气中捕获二氧化碳取得了进展。未来的研究可以集中在提高吸附剂的效率上，开发新的液体和/或固体吸附剂来捕获空气中的二氧化碳也是未来发展的方向。

（四）生物碳汇技术发展现状及趋势

1. 发展现状

“十四五”时期，中国生态文明建设进入了以降碳为重点战略方向的关键期，要如期实现“双碳”目标，一个重要方面在于提升生态碳汇能力。2021年9月，生态环境部发布《碳监测评估试点工作方案》，聚焦区域、城市和重点行业三个层面，开展碳监测评估试点，到2022年底，探索建立碳监测评估技术方法体系。2022年1月，《林业碳汇项目审定和核证指南》发布，确定了审定和核证林业碳汇项目的基本原则，提供项目审定和核证的术语、程序、内容和方法等方面的指导和建议。

生物碳汇是指由生物体（如植物、树木、土壤中的有机质等）吸收并储存大气中二氧化碳的过程。生物碳汇可以通过光合作用，即植物利用太阳能将二氧化碳转化为有机物质（如葡萄糖）的过程，来吸收和固定二氧化碳。

（1）投资情况。林草局、发改委联合印发《“十四五”林业草原保护发展规划纲要》，明确到2025年，森林覆盖率达到24.1%，森林蓄积量达到190亿立方米，叠加中国森林覆盖率远不及全球平均水平的现状，林业碳汇具有生态优势。从林业碳汇行业市场空间来看，截至CCER项目申请暂停时点（2017年3月），林业碳汇仅占公示项目总数的3%，行业目前仍处于起步阶段，随着CCER重启，行业未来发展可期。

（2）建设情况。陆地生态系统碳汇估算结果发现，北半球是一个重要的碳汇，其大小基本能够抵消全球碳收支不平衡（Friedlingstein等，2022）。中国生物炭行业发展迅速，市场规模不断扩大，陆地生态系统碳汇贡献相当于全球陆地生态系统净二氧化碳吸收量的10%~31%（Piao等，2022）。根据市场调研在线网发布的《2023—2029年全球与中国生物炭市场现状及未来发展趋势分析报告》，2018年，中国生物炭行业市场规模达到了14.7亿元，比2017年增长9.7%。随着中国经济的发展和能源消耗量的增加，对生物炭的需求也在上升。据不完全统计，目前中国的生物炭市场需求量约为2亿吨，而实际产能仅有1000多万吨，存在巨大的差距。由于生物炭的环保性、低成本等优点，不断吸引着企业的投资，使得生物炭行业的市场规模不断扩大。同时，政府政策的支持也是促进中国生物炭行业发展的重要因素。近年来，政府给予生物炭行业企业政策、财政补贴、税收优惠等多项政策支持，使得企业的投资增加，从而推动了中国生物炭行业的发展。此外，随着新能源的发展，生物炭作为新能源的重要组成部分，也在受到越来越多的重视。国家对新能源产业的支持，也促进了生物炭行业的发展，拉动了市场规模的进一步扩大。

2. 未来趋势

当前，巩固和提升生态系统碳汇功能的主要趋势包括：①强化国土空间规划和用途管控，严守生态保护红线，稳定现有森林、草原、湿地、滨海、冻土等生态系统的碳储量；②实施自然保护工程与生态修复工程，提升生态系统质量及碳汇功能；③统筹现有天然生态系统、自然恢复的次生生态系统、人工恢复重建的生态系统等，综合提升碳汇能力（于贵瑞，2021）。

六、本章小结

（一）碳中和技术成熟度现状

首先介绍了技术成熟度的等级及定义，将技术成熟度分为概念阶段，基础研究、中试阶段，工业示范阶段及商业应用阶段。其次对识别出的碳中和技术，从低碳、零碳和负碳三个方面进行技术成熟度分析。低碳技术方面，农业电气化应用技术以及工业电锅炉、冶金电炉已发展至商业应用阶段，工业电窖炉等技术依然处于基础研究阶段，建筑电气化应用技术大部分尚处于中试或工业示范阶段；

零碳技术方面，水力发电技术、太阳能发电和风力发电技术已实现商业化应用，但地热发电技术尚不成熟，抽水蓄能技术已经较为成熟，而电化学储能和机械能储能技术均处于工业示范阶段；负碳技术方面，捕集端技术整体处于工业示范或商业化应用阶段；压缩与运输技术整体处于工业示范阶段，管道运输技术亟待攻克。BECCS 技术处于中试阶段，DACCS 技术处于基础研究阶段，草地碳汇、湿地碳汇尚处于中试或工业示范阶段，海洋碳汇技术整体处于基础研究阶段。

（二）代表性低碳技术发展现状及未来趋势分析

主要阐述了智能电网技术、先进发电技术、建筑节能技术以及有色金属工业低碳技术的发展现状和未来趋势，发展现状主要从发布政策、投资情况和建设情况等方面进行分析。智能电网技术方面，电网建设朝着跨学科、跨国家的方向发展，智能电网系统朝着多功能化、小型化、复杂化的方向发展。在先进发电技术方面，在保证机组运行效率的基础上，重点研究提高机组的深度灵活调峰能力；建筑节能技术方面，氨还原铁技术、氢还原铁无化石钢、降低混凝土碳排放和地源热泵技术是未来发展的方向；有色金属工业低碳技术方面，清洁能源替代、发展先进的低碳技术与装备、金属再生利用及二氧化碳捕集利用技术以及进一步优化产业布局是未来发展的方向。

（三）代表性零碳技术发展现状与未来趋势分析

主要阐述了光伏发电技术、风力发电技术、新型储能技术以及氢能技术以及地热能技术的发展现状和未来趋势，发展现状主要从发布政策、投资情况和建设情况等方面进行分析。光伏发电技术方面，光伏产业链产品朝高效率、低能耗、低成本方向发展，光伏应用趋于多元化；风力发电技术方面，风电单机容量将朝着大型化的方向发展，风电数字化也成为未来的发展方向；新型储能技术方面，未来将加强新型储能电池产业化技术攻关，推进先进储能技术及产品规模化应用；氢能技术方面，未来将进一步推进碱性电解槽规模化制氢示范应用和提升其实用性。地热能技术方面，将优先推动开展地热能发电关键技术和成套装备研发；地热能技术方面，未来将开展钻井技术、地球物理成像技术等技术。

（四）代表性负碳技术发展现状与未来趋势分析

主要阐述了 CCUS 技术、BECCS 技术、DACCS 技术以及生物碳汇技术等负碳技术的发展现状和未来趋势，发展现状主要从发布政策、投资情况和建设情况等方面进行分析。CCUS 技术方面，技术创新是未来 CCUS 发展的重点，完善相关政策为 CCUS 发展提供保障；BECCS 技术方面，BECCS 向着实现规模化应用发展，在电力行业应用潜力巨大；DACCS 技术方面，未来的研究可以集中在提高吸附剂的效率上，有机会开发新的液体和/或固体吸附剂来捕获空气中的二氧化碳。同时，碳价提高推动 DACCS 的推广；生物碳汇技术方面，未来生物碳汇技术有望朝着更高效、可持续和创新的方向发展，遥感、人工智能等技术将进一步应用。

本章参考文献：

［1］Barbier E. Geothermal energy technology and current status：an overview［J］. Renewable and sustainable energy reviews，2002，6（1-2）：3-65.

［2］Friedlingstein P，Jones M W，O'sullivan M，et al. Global carbon budget 2021［J］. Earth System Science Data，2022，14（4）：1917-2005.

［3］Huang X，Chang S，Zheng D，et al. The role of BECCS in deep decarbonization of China's economy：A computable general equilibrium analysis［J］. Energy Economics，2020，92：104968.

［4］Keith D W，Holmes G，Angelo D S，et al. A process for capturing CO_2 from the atmosphere［J］. Joule，2018，2（8）：1573-1594.

［5］Lee G，Avelina N，Rim D，et al. Systematic review of carbon-neutral building technologies（CNBTs）by climate groups and building types［J］. Journal of Building Engineering，2023：107627.

［6］Mu T，Wang Z，Yao N，et al. Technological penetration and carbon-neutral evaluation of rechargeable battery systems for large-scale energy storage［J］. Journal of Energy Storage，2023，69：107917.

［7］Piao S，He Y，Wang X，et al. Estimation of China's terrestrial ecosystem carbon sink：Methods，progress and prospects［J］. Science China Earth Sciences，2022，65（4）：641-651.

［8］Qiu Y，Lamers P，Daioglou V，et al. Environmental trade-offs of direct air capture technologies in climate change mitigation toward 2100［J］. Nature Communications，2022，13（1）：3635.

［9］Realmonte G，Drouet L，Gambhir A，et al. An inter-model assessment of the role of direct air capture in deep mitigation pathways［J］. Nature Communications，2019，10（1）：3277.

［10］Renewable Power Generation Costin 2020［R］. IRENA. 2021.

［11］Rohit R V，Kiplangat D C，Veena R，et al. Tracing the evolution and charting the future of geothermal energy research and development［J］. Renewable and Sustainable Energy Reviews，2023，184：113531.

［12］Smith P，Davis S J，Creutzig F，et al. Biophysical and economic limits to negative CO_2 emissions［J］. Nature climate change，2016，6（1）：42-50.

[13] Wang F, Harindintwali J D, Yuan Z, et al. Technologies and perspectives for achieving carbon neutrality [J]. The Innovation, 2021, 2 (4).

[14] 北极星火力发电网. “双碳”目标下先进发电技术研究进展及展望 [R]. 2022.

[15] 焦念志. 研发海洋“负排放”技术支撑国家“碳中和”需求 [J]. 中国科学院院刊, 2021, 36 (2): 179-187.

[16] 刘伟, 刘聪敏, Parikshit Gogoi, 等. 生物质发电、制氢以及低温电化学研究进展综述 [J]. Engineering, 2020, 6 (12): 47-74.

[17] 前瞻产业研究院. 2022 年中国光伏行业投融资现状及兼并重组分析投融资处于相对成熟阶段 [R]. 2022.

[18] 史作廷, 公丕芹. 加快发展我国碳捕集利用与封存技术 [J]. 中国经贸导刊, 2021 (11): 59-60.

[19] 王哮江, 刘鹏, 李荣春, 等. “双碳”目标下先进发电技术研究进展及展望 [J]. 热力发电, 2022, 51 (1): 52-59.

[20] 于贵瑞. 陆地生态系统的碳汇潜力及增汇技术途径 [R]. 2021.

[21] 张贤, 杨晓亮, 鲁玺, 等. 中国二氧化碳捕集利用与封存 (CCUS) 年度报告 (2023) [R]. 2023.

[22] 中国大唐集团科学技术研究院. 可再生能源发展模式由补贴驱动转向成本驱动 [R]. 2018.

第二篇

碳中和技术预见与分析

碳中和技术创新与落地应用是引领绿色发展变革的核心力量，是实现碳中和目标的重要保障，为此，开展碳中和技术预见（包括关键技术识别和技术成本预见）具有重要意义。本篇包括第四章到第七章，首先，第四章梳理了碳中和技术预见的基本理论与方法。其中，基本理论包括熊彼特创新理论、资源稀缺理论和技术进化理论等。同时，定性和定量结合的方法备受关注，特别是基于大数据分析与文本挖掘以及学习曲线方法等定量方法为技术预见的结果提供了客观性、准确性和可解释性。进一步，在第五章到第七章，基于第一篇中对碳中和技术的分类和梳理，根据技术特性和应用场景，分别从零碳电力、零碳非电力、负碳技术三类体系中选取五大代表性碳中和技术进行详细的技术预见与分析。具体而言，先通过应用主题模型和构建指标评价体系精准识别碳中和关键技术；再综合考虑碳中和技术的不确定性，基于S型曲线和学习曲线确定不同动态非线性成本曲线，并针对不同的技术成熟度，选择基于组件的单因素或双因素学习曲线进行成本预见。从而，本篇技术预见与分析结果可为后续章节碳中和技术的投资决策及其政策分析提供关键技术经济数据基础。

第四章　碳中和技术预见理论与方法

一、本章简介

截至 2023 年 9 月，全球已有 151 个国家提出碳中和目标，而技术创新与落地应用成为实现碳中和目标的基础保障，也从根本上引领绿色发展变革。因此，为了加快降低能耗强度和碳排放强度，提高能源利用效率，推动清洁能源发展，保障能源安全，亟须进行碳中和技术的预见。技术预见是国家政府制定科技政策的核心手段。这一策略最早起源于美国，后由日本进行了进一步的改进，随着欧洲国家的纷纷效仿，如今已逐渐渗透至全球范围内。世界经合组织、亚太经合组织技术预见中心和英国萨塞克斯大学科技政策研究所等机构对技术预见的概念进行了深入分析，其基本理念是对未来 5~30 年科学、技术、经济和社会发展进行系统研究，确定具有战略意义的研究领域、关键技术和通用技术，利用市场最优化配置手段实现技术发展推进经济、环境和社会利益的最大化，最终服务于宏观战略决策（Technology Futures Analysis Methods Working Group，2002）。技术预见的主要任务是研究当前技术发展的主要趋势和社会经济对技术的需求，搞清存在的技术差距，分析妨碍技术发展的社会、经济、政策和环境等多方面限制因素，找到实现目标的途径，以便确定未来技术发展的目标（穆荣平等，2004）。

其中，关键技术识别和成本预见（也称为未来成本趋势分析）是碳中和技术预见的主要内容。由于碳中和技术繁多，且技术进步规律复杂多变，识别和归纳碳中和关键技术及其演进规律充满困难和挑战。因此，如何从多源异构大数据中提取隐含的信息知识，并通过大数据分析识别关键技术及其代际间和跨越式等不同动态非线性成本演进规律是技术预见面临的关键科学问题。本章针对这一科学问题，分别对技术预见的基本理论和方法进行阐述，针对不同碳中和技术预见进行模型选择与参数设定，最后对碳中和关键技术预见结果进行分析总结。

二、碳中和技术预见的基本理论和方法概述

（一）碳中和技术预见的基本理论

1. 熊彼特创新理论

1912年，经济学家J. A. Schumpeter在《经济发展理论》中开创性地提出创新理论（Schumpeter，1912），其内涵是指企业家为获得超额利润，将生产要素和生产条件以创新组合的方式，引入生产系统的过程。他强调，创新属于经济范畴内的活动，不仅包括技术的发明创造，更重要的是企业对于技术发明的商业化，通过不断地破坏原有均衡状态和刺激新的均衡状态出现获得潜在利润并推动社会经济的不断发展，其本质是指技术对经济社会产生效益。

熊彼特创新理论包含以下几个基本观点：创新内生于生产过程；创新是一种"革命性"变化；创新意味着毁灭；创新能够创造出新价值；创新是经济发展的本质；创新的主体是企业家。因此，其理论大致可以分为三类：一是技术创新，包括原有产品改进、新产品开发、新生产工艺使用、新原料的获取和利用等；二是市场创新，主要是发现新的市场或者扩大原有的市场份额；三是组织创新，主要是指变革原有的管理机构和组织形式，建立新的组织管理方式，这种创新也可以被称为管理创新。熊彼特理论阐释了创新的意义和重要性，强调了技术创新在经济发展中的重要作用。

熊彼特创新理论能够为技术的发展趋势、破坏性影响和创新主体作用提供重要的理论基础。具体表现在：①通过分析过去的创新周期和趋势，预测未来可能的创新浪潮和周期，有助于决策者更好地规划和应对不同时期的技术变革。②分析新兴技术的潜在破坏性作用，预测可能受到冲击的产业和企业，为利益相关者提前做出调整和准备。③可以有效预测创新研究领域以及创新主体。④能够帮助政府更好地了解未来可能的技术趋势，从而制定支持创新和技术发展的政策，推动经济增长和社会进步。

2. 资源稀缺理论

英国古典经济学奠基人亚当·斯密的经济学认为，资源供给相对于需求在数量上是不足的，意味着生存资源是稀缺的。因此，资源稀缺理论探讨了资源匮乏如何影响个体、企业和整体经济系统的决策，以及在资源分配过程中所需的权衡考虑。其关键概念包含四个方面：①有限性原则：资源包含时间、资金、物质等元素，均受限制，因而无法无限地满足不断增长的人类需求。②机会成本观念：由于资源的不足，每项决策都涉及放弃其他可能选择的机会成本，强调了决策所伴随的代价及必要的权衡。③权衡取舍策略：资源的稀缺性要求决策者在满足多重需求之间进行权衡，需要考虑如何最优地分配有限资源。这种情况可能包

括当前需求与长期投资之间的平衡。④效率考量：资源稀缺理论旨在追求在资源受限条件下的最大效用。经济学家探讨如何通过有效的资源配置来实现最佳社会和个体效果。

资源的有限性和稀缺性必然对未来技术发展产生重大影响，引发人、企业和国家之间的竞争。由于生存资源的稀缺性，竞争手段也会变得稀缺，导致任何国家、地区、企业和个人在发展科学技术领域时都会受到资源稀缺性的制约。因此，不可能所有领域都得到全面发展，只能选择最适合自身需求和实际情况的科学技术领域。这种现状使得技术预见成为必要，以更有针对性地规划技术发展方向。

在技术预见中，资源稀缺理论可以在以下四个方面发挥作用：①资源驱动技术创新：资源的稀缺性促使人们寻求更有效的资源利用方式。这种需求推动了技术创新，以开发出能够更高效地利用有限资源的技术和解决方案。技术预见可以通过分析资源的稀缺性，预测未来哪些领域可能会受到资源限制，从而引导技术创新的方向。②可持续发展方向：资源稀缺性强调了可持续发展的重要性。技术预见可以关注那些能够减少资源消耗、提高资源再利用率以及推动绿色和环保技术创新的领域。通过预见未来资源供需状况，可以鼓励社会朝着更可持续的方向发展。③资源配置决策：资源稀缺性对决策者和企业的资源配置产生影响。技术预见可以为决策者提供关于未来资源供应情况的信息，从而帮助他们做出更明智的资源分配决策，避免资源短缺造成的风险。④技术成熟度评估：资源稀缺性可能会影响技术的成熟和推广速度。一些技术可能由于资源限制而难以迅速推广，而另一些技术则因为其低资源消耗特点而更容易被采用。由此，技术预见可以帮助评估不同技术的成熟度，预测其可能的推广路径。

因此，资源稀缺理论为技术预见提供了一个重要的理论基础，在技术决策过程中，对不同领域的前景进行精准分析，将资源分配于最有前途的技术领域，势必成为未来科技发展的战略要素。

3. 技术进化理论

技术进化理论是一个跨学科的理论体系，融合了经济学、社会学、历史学、管理学等多个学科的研究成果，以此探索技术创新在时间维度上的模式、方向和速度，以及它们如何影响社会、经济和文化。涵盖的四方面主要内容：①技术范式和技术轨迹。这两个概念由 Giovanni Dosi 在 1982 年提出，用来描述技术发展的模式和路径。技术范式描述了在某个特定时间段内，技术开发和创新的主导模式或“规范”。技术轨迹反映了在一个特定技术范式的制约下，技术进展和创新的路径。②技术路径具有依赖性。Arthur（1989）和 David（1985）均强调了技术的演变不是随机的，而是受到历史选择和早期决策的影响，从而形成一条特定的发展路径，导致技术“锁定”。首先，新技术在一定程度上依赖于既有技术的成果，通过对已有知识的扩展和深化，从而实现更为先进和创新的技术发展。其次，新技术的涌现丰富了技术储备，成为未来技术创新不可或缺的组成部分。新技术为进一步的研究提供了更广阔的领域，促使技术创新持续地演进。同时，技术的发展常常表现出不可逆性，其变化方向总是从落后向先进、从低效向高效、从昂贵的试点逐步迈向平价的普及。这种趋势主要是由技术创新和市场需求的共同作用所致。一旦某种技术路径被选择，后续的投资和资源都会在这个路径上累积，使得切换到其他路径变得更加困难。即技术发展被锁定在一个特定的轨道上。由于技术路径的锁定效应，即使其他技术可能更优越，也可能因为路径依赖的惯性而难以被采用。这会导致一些技术在长时间内持续存在，尽管它们可能不再是最佳选择。③技术存在多样性。新的创新通常源于不同技术或知识领域的交叉和整合，进而创造出更具创新性和价值的解决方案或应用场景。④特定技术具有不同的生命周期阶段。多数学者认为技术的生命周期符合自然发展规律，包括导入期、成长期、成熟期和衰退期四个阶段，部分学者从社会发展角度将技术的生命周期划分为技术非连续状态、激烈竞争阶段、主导范式阶段和增值变革阶段。美国学者 Richard N. Foster（2008）提出技术发展遵循 S 型曲线，每一种技术的增长都是一条独立的 S 型曲线，完整地描述了一项技术从导入期、快速成长期、成熟期到衰退期的变化规律，这一规律包括连续式的突破性创新和非连续式技术的颠覆性创新曲线（见图 4-1）。该发展规律在技术进化的各个阶段能够预测新技术的市场潜力和社会影响。除此之外，技术生命周期也可通过 Hype 曲线刻画，用来跟踪技术的成熟度和未来潜力。Hype 曲线是由信息技术研究与顾问咨询公司 Gartner 公司 Jackie Fenn 主导开发的用于公众关注度与技术成熟度的曲线，它分为技术萌发期、期望膨胀期、幻灭低谷期、稳步复苏期和生产成熟期五个阶段。与 S 型曲线不同的是，Hype 曲线引入了公众关注的维度，而公众关注又通常受到媒体等外部非技术本身因素的影响。由于媒体的正面或负面报道，企业可能在决策时无法最优化地分配资源。Hype 曲线上的高峰和低谷可能导致企业在对技术潜在价值认知不足的情况下，采纳高风险的技术，同时也可能忽视了那些公众关注度不高但实际价值巨大的技术机会。

技术进化理论为技术预见提供了深入的理论基础，帮助我们更好地理解技术发展的本质，从而做出更准确的预测和决策。在技术预见中强调以下三方面内容：①历史累积性：技术的发展通常会沿着特定的路径演化，前期的技术选择和决策会影响后续的发展方向。技术依赖路径理论指出，早期的技术决策会限制后来的选择，形成技术发展的路径依赖性。技术预见可以通过分析技术的历史演变，预测未来可能的发展趋势，帮助决策者避免路径依赖性带来的局限。②创新的非线性特征：技术发展往往呈现出非线性的特征，即在不同的阶段会出现不同

速度和程度的变化。技术依赖路径理论认为，技术的演化并非平稳的，而是在不同的历史时期出现加速度或减速度。技术预见可以帮助揭示技术创新的非线性变化，从而更好地预测技术发展的突破点和趋势。③技术的联动效应：技术之间存在着相互关联和相互依赖的关系。技术的发展往往不是孤立的，而是在多个技术相互作用的影响下发生的。技术依赖路径理论指出，技术之间的联动效应会影响创新的路径和速度。

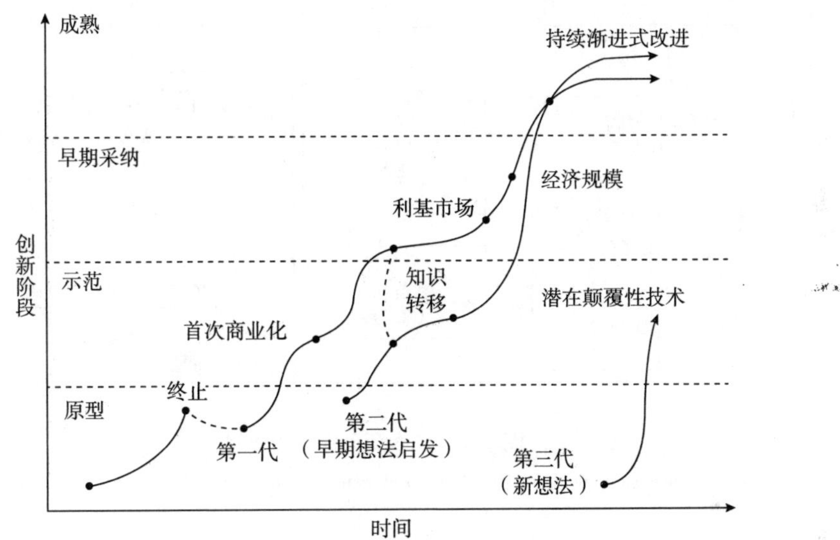

图 4-1 技术发展的 S 型曲线和创新规律

技术预见可以帮助分析不同技术领域的交互作用，预测新兴技术对现有技术路径的影响。其应用价值主要体现在以下几方面：①技术趋势预测：基于技术进化的原则，可以预测特定技术在未来的发展方向和速度，从而为决策者的战略规划提供有力支持。②评估技术影响：理解技术如何与社会和经济因素相互作用，有助于评估技术的长期影响，包括社会接受度、市场变化等。③创新战略指导：在企业层面，技术进化理论可以指导研发投资，确定最合适的技术组合和方向。④评估技术风险：理解技术发展的不确定性和可能的路径依赖性有助于更全面地评估技术投资的风险和潜在回报。

技术进化理论强调历史选择和早期决策在技术发展中的重要性，以及技术发展可能受到的制约，能够为技术生命周期的不同阶段提供解释。该理论在研究和预测技术发展、创新和产业变革方面具有重要意义。

（二）碳中和技术预见的基本方法

技术预见方法是一种系统性的方法论，包括了一系列的步骤、工具和技术，用于预测和评估未来科技发展的趋势、影响以及可能的方向，帮助决策者和研究人员系统地探索未来科技发展的可能性，以便更好地做出决策、规划和政策制定。其研究框架和流程如图 4-2 所示，涵盖了从问题定义、数据收集、分析、模型构建到情景预测、评估和决策支持等多个环节。

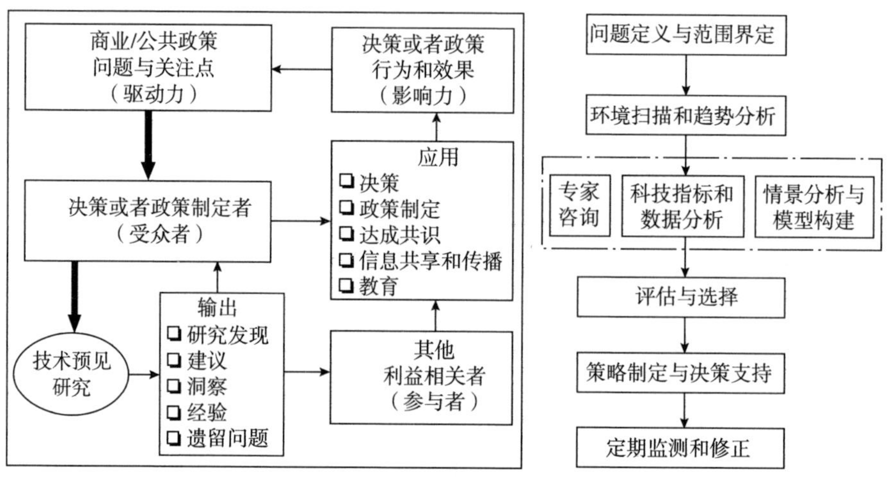

图 4-2　技术预见框架和流程

资料来源：Technology Futures Analysis Methods Working Group，2004.

从研究方法论来看，未来学、科学计量学、文献计量学、技术经济学、技术社会学、信息经济学与博弈论、行为经济学、系统科学理论、运筹学等是技术预见的方法理论基础。根据不同的技术预见目标或者不同的技术预见主体选择不同的技术预见方法及其组合。未来技术分析工作组总结了 9 大类 51 种技术预见方法，其分类体系如表 4-1 所示（Technology Futures Analysis Methods Working Group，2004）。

表 4-1　技术预见方法体系

序号	方法族	代表性方法
1	情报与监测	文献计量、统计分析、技术监测
2	创新方法	头脑风暴、未来研讨会、Theory of the Solution of Inventive Problems（TRIZ 理论）、愿景分析
3	描述性与计量方法	类比、回溯预测、文献计量、影响识别检查表、创新系统模拟、机制分析、抑制分析、形态分析、多视角评估、组织分析、关联树、风险分析、技术路线图、利益相关者分析

续表

序号	方法族	代表性方法
4	统计方法	相关分析法、文献计量学、交叉影响分析、人口统计、趋势影响分析
5	情景分析	情景模拟（博弈）、场域异常协调法
6	评价、决策和经济学方法	关联树法、行为分析法、成本收益分析、决策分析（效用分析）、经济基础模型
7	趋势分析	趋势外推法（生长曲线拟合）、趋势影响分析、前兆分析、长波模型
8	专家咨询	德尔菲法、专题小组研讨、访谈法、参与式方法
9	模拟与仿真	代理模型、交叉影响分析、可持续性分析、因果关系分析、扩散模型、复杂适应系统模型、系统仿真、技术替代、情景仿真（博弈、迭代情景）、经济基础模型（投入产出模型）、技术评价

1. 以定性分析为基础的技术预见方法

以定性分析为基础的技术预见方法主要是以专家经验为基础进行的，包括德尔菲法、专家会议法和头脑风暴法等。

以德尔菲法为例，它又称为专家规定程序调查法，是一种典型的定性技术预见方法。1964 年美国兰德公司的 T. Gordon 和 O. Helmer 首次将德尔菲法用于技术预测。德尔菲法是典型的以专家经验为基础的技术预见方法，它旨在汇集专家和利益相关者的意见，通过多轮的匿名调查和反馈循环来达成共识并获得专家判断，以此实现技术预见。

德尔菲法根据研究的目标和范围，确定相关领域的专家和权威人士，拟定调查问卷后，按照既定程序开展多轮次的问卷调查。在专家征询环节，首先以不记名的方式征询专家对某类问题的看法，对专家调查结果进行统计归纳后，将第一轮调查的结果以匿名的形式反馈给专家，再开展新一轮的问卷调查，让他们基于统计结果重新考虑后再次提出自己的看法（见图 4-3）。特别地，持极端看法的专家需要详细说明自己的理由（袁志彬等，2006）。经过两轮或者多轮的征询和反馈后，大多数专家意见趋向集中，形成最终的报告。由于判断结果融合了多轮专家意见，一般具有较高的准确性，能够起到良好的预见作用。根据程序特性，可见德尔菲法有以下四个基本特征：一是匿名性。匿名性是通过调查问卷来实现的。通过匿名问卷让专家组成员有机会私下表达自己的意见和判断，从而避免不必要的社会压力，如来自占主导地位的个人或多数人的压力。二是迭代性，问卷调查允许至少两轮的迭代，个人有机会改变自己的观点和判断，避免因个人原因导致的一时偏差，并且不必担心在专家组其他人眼中产生负面影响。三是反馈性，在每次问卷迭代之间，都会提供有控制的反馈，让专家组成员了解匿名同事的意见。反馈通常以简单统计摘要的形式呈现，通常包括一个平均值或中位值，例如对预测发生日期的平均估计等。四是统计性，在结束阶段（包括每轮迭代结束和最终阶段）对专家意见进行分析时，专家组判断结果被视为所有成员估计结果的统计平均值或中位数（Rowe 等，1999）。

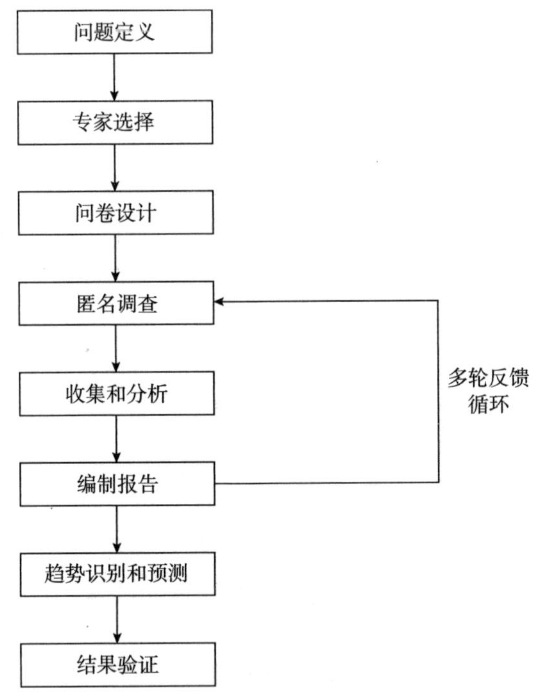

图 4-3　德尔菲法的一般流程

根据德尔菲法运行的一般流程和特性可以得知，专家的选择和问卷设计对技术预见效果有着重要影响。在筛选参与德尔菲法调查的专家时应首先考虑专业性，同时兼顾规模和结构。参与调查的专家对调查领域具有相关的研究和工作经验将显著提高预测的准确性，国外有资料认为在一定领域连续工作 10 年以上的有关人士都可称为专家，而在中国一般认为至少应具备该领域的相关高级专业技术职称。其次要保证调查专家的数量，确保讨论进行得尽量充分和广泛，提高调查结果的可靠性。例如，在中国工程科技 2035 发展战略研究中，分别于 2015 年、2016 年进行了技术预见专家调查，对信息与电子、先进制造、能源与矿业等 11 个领域发放问卷，共有专家 5000 多人次参与，回收了 20000 余份有效问卷。最后，专家结构应多元化，要求兼顾相关领域的官、产、学、研的专家，从不同视角将各界实际需求与技术预见相结合，增强科技和经济社会发展的协同效应。

与其他专家观点法相比（专家小组法、头脑风暴法等），德尔菲法能够克服专家当面、实名讨论易受主观因素的缺点，通过多轮次交流达成共识的同时减少偏差，使技术预见结果更加具有民主性和科学性，方法原理简单，具有一定的实用性，这也使得德尔菲法成为全球技术预见活动早期的主要方法。但德尔菲法也存在一定的局限性，如调查结果高度依赖专家意见的分布情况，主观性较强、调查周期长、成本较高等。

以德尔菲法为代表的定性分析方法是进行长期预见的主要方法，但应用程度却不高，而且需要消耗大量的时间和经费。这种以专家经验为基础的技术预见往往受主观因素的影响。预测结果取决于专家对预测对象的主观看法，受专家的学识、评价尺度、生理状态及兴趣程度等主观因素的制约，因此往往结合其他方法一起使用。

2. 以定量分析为基础的技术预见方法

以定量分析为基础的技术预见方法主要指依赖数量特征、数量关系与数量变化进行分析的方法。主要的定量分析方法包括文献计量法、统计法、层次分析法等。

以文献计量法为例，1969 年，Pritchard 首次提出文献计量学概念，它是集数学、统计学、文献学为一体，定量研究文献中存在的各种规律、特征及趋势的综合性学科。系统化、规范化的文献数据是进行计量分析的基础与前提。文献计量学的研究对象为文献体系与其计量特征的指标，其研究方法是基于数学、统计学等相关学科的定量研究法。通过研究文献情报的分布结构、数量关系、变化规律等由此得出文献中所具有的某些结构特征和规律（Price，1965）。文献的主要特征包括关键词、机构、发文日期、被引情况和类别等，通过对文献关键词的分析可以了解学科或领域的主要研究热点，通过对文献机构的分析可以了解某一学科或领域的机构发文量、不同机构研究热点以及机构的分布情况，通过对文献关键词随时间变化的分析，可以了解某一学科或某一领域的研究趋势。

运用文献计量学进行技术预见时更加注重通过出版物（如期刊文献等）之间的关系来识别各领域的热点技术，发现技术特征并归纳其研究趋势。因此，文献计量运用于技术预见活动中的主要技术包括：引文分析、共引分析、耦合分析、共词分析、合著分析。此外，社会网络分析的应用改变了传统文献计量学基于描述统计的研究范式。该方法使文献计量学的研究主题并非局限于作者、机构、引文等特征的单一数量规律描述，而是更多地关注其背后的知识结构关系。

（1）引文分析。引文分析是当今文献计量学的基础。出版物的引用与被引说明了科学知识的继承和利用，反映了出版物之间的知识联系。基于这一原理，一个出版物的影响力可以由其被引用的次数决定，引文分析能够确定一个研究领域中最有影响力的出版物（Garfield，1955）。虽然有多种方法（如网络指标）来确定出版物在一个研究领域的重要性，但衡量其影响力的最客观、最直接的方法是其引文。因此，利用引文可以分析一个研究领域中最有影响力的出版物，以了解该领域的知识动态。

（2）共引分析。共引也称为共被引，指的是两份出版物同时被其他出版物引用，这两份出版物在主题上存在一定的相似性（Small，1973）。这样的一组出版物就形成了共引网络。使用共引分析的好处是，它利用聚类分析、多维标度等多元统计分析方法，可以将众多分析对象之间错综复杂的共引网状关系简化为数目相对较少的若干类群之间的关系并直观地表示。因此，共引分析可以用来揭示一个研究领域的知识结构，提供研究领域现状的代表。

（3）耦合分析。耦合指的是两份出版物同时引证一篇出版物（Kessler，1963）。耦合分析与共引分析具有对称关系，耦合分析认为出版物中相同参考文献的数量越多，其学科、专业内容越相近。同样地，一组出版物通过耦合分析可以形成网络，从而发现其主题集群。耦合分析与共引分析都能够用于揭示研究前沿，但有研究表明，共引分析可能更适用于发现总体发展潜力更大的、成长性好的研究前沿，耦合分析能够发现成长更快的研究前沿。

（4）共词分析。共词指的是表达某一学科领域研究主题或研究方向的不同专业术语共同出现在一篇文献中（Callon 等，1991）。共词分析法是一种内容分析的方法，开展共词分析是基于这样一种假设：作者都是很认真地选择专业术语，当在同一篇文章中使用不同的术语时，就意味着它们之间存在一定的关系，如果足够的不同学者都对同一种关系认可，那么这种关系可以认为他们所关注的科学领域具有一定的意义。在此基础上，对共词进行聚类分析，可以反映出这些词之间的亲疏关系，进而分析这些词所代表的学科和主题的结构变化。

（5）合著分析。合著指的是多个作者共同发表一份出版物，合著分析考察的是研究领域内学者或机构之间的互动关系，最早由 Price（1965）提出。学者之间的合著是一种普遍现象，合著分析可以揭示来自特定地区学者之间的研究主题、激发相对落后地区学者的新研究，还可以通过绘制不同时期的合作图，使学者们能够对照合作网络回顾知识发展的轨迹。此外，合著分析可以促进科研交流，使学者便于与相关研究领域的知名学者和趋势性学者进行接触和合作。

（6）社会网络分析。社会网络分析是一种研究领域内研究合作关系、引用模式、领域交叉和空白的方法，它可以帮助文献计量分析提供更丰富的评估内容。网络指标能够揭示研究成分（如作者、机构、国家）的相对重要性，这些重要性不仅仅通过出版物或引文数量来体现。例如，中心度这一网络指标可以表示一个研究成员在网络中的关系纽带数量。聚类分析是文献计量研究中的一种关

键技术。它的主要目标是根据相似性对主题或社会实体进行分组，形成集群，具体的分组方式取决于所进行的分析类型。通过对研究领域内的网络进行聚类分析，并观察其随时间的发展和变化，可以更深入地理解该领域的研究动态和趋势。

近年来，文献计量学分析在商业研究领域受到了广泛关注。主要归因于文献计量学软件（如 Gephi、Leximancer、VOSviewer）和科学数据库（如 Scopus 和 Web of Science）的进步，极大地提高了文献计量可用性和数据可得性。文献计量分析基于大量的科学和技术文献，是一种客观和数据驱动的方法，可以应用于多个领域和学科，能够有效地识别领域内的研究和技术趋势，并且相对于其他定性的预见方法（如德尔菲法等）更有成本优势（经济成本和时间成本）和可重复性。文献计量分析虽然具有诸多优点，但也存在一定的局限性。首先，该方法主要依赖于已发布的科学和技术文献，因此可能无法全面捕捉尚未公开或处在研发阶段的技术和趋势。其次，由于科技论文出版存在时滞，这可能导致对最新技术趋势的识别受到限制。最后，文献计量分析在处理一些难以量化的因素（如社会和伦理影响）时可能不够准确。总体而言，文献计量作为一种技术预见工具，虽然在多个方面表现出色，但仍有待进一步完善和优化。

3. 以构建模型为基础的技术预见方法

通过构建模型对未来技术发展的走向进行预见的方法也属于定量分析，此方法一般是先通过统计等方式收集足够多的信息或数据，并在此基础上构建相关模型，从而对未来技术的发展趋势做出准确的判断。主要包括生长曲线法、学习曲线、主题模型、系统动力学模型法、投入产出模型、博弈模型等。以下对后续用到的主要模型进行介绍。

（1）生长曲线。生长曲线是对技术生命周期现象的总结和运用。一般产品或者技术的生命周期分为四个阶段，分别是导入期、成长期、成熟期和饱和期。经验研究表明，新兴技术在早期阶段发展缓慢，性能的提高需要付出相对较高的时间和金钱成本。但当技术发展到关键阶段时，性能会随着进一步的支出而迅速提高，直到技术性能接近其内在极限，在此之后，即使大量支出也只能带来微不足道的改进，因此产品的生命周期或技术扩散过程形成了一条 S 型曲线（Forster，1986）。专利作为技术研发的伴生品，一方面反映了技术发展的最新状态；另一方面专利活动是面向新技术商业化的，实证研究显示专利活动与随后市场变化之间存在正相关关系（Ernst，1995；Hall 等，1986）。因此，可以认为在技术领域中的整体专利活动既衡量了技术进步，又衡量了特定技术的市场扩散。研究人员可以利用 S 型曲线研判关键技术所处的生命周期，并根据未来需求和规划合理预测关键技术在不同阶段的发展规模。

常用的S型曲线可以分为Logistic曲线和Gompertz曲线。Logistic曲线是一种对称型S曲线，Gompertz是非对称曲线。相比于Gompertz曲线，Logistic曲线能更好地刻画成长中产业的长期动向，并将这些结果与技术生命周期联系起来（Kuznets，1930），更多地用于碳中和技术领域的技术预见。技术生命周期能够解释生命周期理论和技术演化关系，常被用来预测未来的专利累积申请量，专利累积申请量也是技术学习曲线的关键输入参数。

（2）学习曲线。技术创新带来技术成本的降低，影响碳减排目标的最佳程度、时间和分布。在许多经济模型中，技术创新通常作为一个外生变量，不依赖于其他政策或者经济变量发生。某个技术随着时间的推移带来的效率提高和成本下降，通常以具体假设来反映。

1936年，Wright在飞机制造业中首次引入了学习曲线的概念，这一概念描述了随着累计产量的增长，生产成本逐渐降低的现象。学习曲线能够准确预测未来生产累积量对应的成本水平，并为投资提供科学的决策依据。对于新技术而言，学习效果有助于缩小其与现有技术之间的成本差距（黄建，2012）。学习率作为技术进步的主要参数，揭示了技术内生对推动技术创新的贡献，能够为未来的政策投资方向提供信息，并解释市场转型和技术学习行为（Miketa等，2004；Söderholm等，2007；Yu等，2017）。1962年，Arrow等首次提出了干中学概念，他认为产品的设计和生产阶段，干中学通常发生在生产阶段。1968年波士顿咨询公司在战略管理中使用该方法。自此，学习曲线逐渐成为描述和纳入内生性技术进步最常用的方法。1976年由Cohen和Levinthal提出研发中学概念，他们认为研发中学发生在企业的创新过程中，主要表现在吸收能力密切相关的企业研发能力的改进上，这种改进能使企业对在环境中传播的知识有效地识别和利用。研发中学作为一种学习机制在发明阶段、普遍扩散阶段和饱和阶段都占据主导地位。Kohler等（2006）认为学习是一个复杂且不确定的过程，涵盖了干中学、研发中学、学习中学、扩展中学、使用中学和合作交流中学等一系列学习形式。但并非所有的形式都适合定量分析，干中学和研发中学是两种经常被采用的定量分析形式。

（3）主题模型。当面向海量、多源、异构、复杂的数据时，技术预见依赖于更精确的方法体系。因此，基于大数据分析与挖掘的方法逐渐成为该领域的研究热点，它融合了经典的统计分析、人工智能和机器学习的优势。技术识别方法的基本原理是对输入文本开展主题研究，并通过聚类算法识别技术。

在文本聚类中，最常用的方法是K-Means算法。该算法需要在开始时指定簇的个数k，首先随机选择k个数据点作为初始簇中心，然后对整个数据集的每个数据点，将其归类到距离最近的簇中心。接着，通过计算每个簇内数据点的均值，更新簇中心。随后，迭代这个过程，反复更新簇中心并重新分配数据点，直

至算法收敛为止。尽管 K-Means 算法具有较低的时间复杂度，但算法的初始簇中心选择可能对结果产生显著影响，因此需要进行多次尝试以实现最佳的聚类结果。此外，还可以使用改进的启发式初始化方法，如 K-Means++，来改善初始簇中心的选择，从而提高算法的稳定性和收敛速度。

不论是 K-Means 算法还是 K-Means++算法，主要是基于统计知识，对文本进行信息过滤，然后利用分类策略跟踪相关主题，但它不能反映不同文本间词汇的语义信息。为了解决这个问题，主题模型的方法被陆续提出。Deerwester 等（1990）首次提出了潜在语义索引（Latent Semantic Indexing，LSI）方法，然而该方法缺乏坚实的数学理论支持。随后，Hofmann（2013）提出了概率潜在语义索引（Probabilistic Latent Semantic Indexing，PLSI）方法，这一模型能够对文本及其潜在主题建模，性能相对于 LSI 模型更出色，但其容易导致过拟合问题。为了应对这一问题，David M. Blei 等在 PLSI 的基础上引入了超参数，并提出了隐含狄利克雷分配模型（Latent Dirichlet Allocation，LDA）。LDA 模型不仅克服了 PLSI 在理论上的局限，同时也继承了 PLSI 在降维方面的优势。因此，自从 LDA 模型被提出以来，在许多领域都得到了广泛的推广和应用。

LDA 主题模型具有将文本信息转化为易于建模的数字信息的优势，并能很好地模拟大规模语料的语义信息，越来越受到研究学者的重视。利用 Bert-LDA 模型对农业机器人领域关键技术进行识别，全面捕捉文本特征和信息，聚类效果明显高于 LDA 模型。Wu Z. 等（2021）、Chang 等（2022）以 Word2vec 为基础，结合 LDA 主题模型的词向量模型，与社会网络分析方法结合识别绿色建筑领域和重污染行业绿色创新的关键技术。张卫卫等（2020）探索了 Doc-LDA 模型在语义关联方面的性能，并验证了其聚类效果优于 LDA+Word2vec。相比于 Bert-LDA 模型的半监督学习方法，Doc-LDA 属于无监督学习方法，在数据质量较差或者噪声较多的情况下仍能表现良好，并且在解释性和鲁棒性等方面具有优势，通常具有较少的计算资源。但目前 Doc-LDA 模型研究的热点主要集中在性能对比分析中，而针对其应用的研究较少。

4. 多种方法组合型的技术预见方法

由于单一的技术预见方法往往有自身的局限性，国内外学者逐渐开始采用不同的组合方法进行技术预见。通过对现有文献分析，技术预见组合方法主要分以下三个类别：一是两种方法进行组合，如专家咨询法—技术功效矩阵法、德尔菲法—技术路线图法、德尔菲法—IPC 分类分析法、德尔菲法—社会网络分析法等；二是三种方法进行组合，如德尔菲法—交叉影响分析法—头脑风暴法、德尔菲法—文献计量法—情景分析法、德尔菲法—数据挖掘—聚类分析法、德尔菲法—情景分析法—专利引证分析法、文献计量法—专家咨询—竞争力分析、德尔菲法专利技术生命周期图—专家咨询等；三是多种方法组合，如德尔菲法—技术路线图—K 均值聚类分析法—层次分析法、文献分析法—数据挖掘—情景分析法—问卷调查法等。

综合前文所述，其发展呈现出定性分析—定量分析—大数据挖掘结合定性分析的趋势。由于技术预见不限于严格定量的复杂系统模型，常采用德尔菲法、专家会议法、生长曲线法、趋势分析、关联分析、层次分析、交互影响分析、情景分析法、系统动力学等，在面对许多难以量化的社会因素的宏观决策问题时显现出强大的解释力和生命力。为了加大基础科学的研究力度，了解当今世界科技发展前沿与热点，前沿、热点和关键技术识别研究成为技术预见的四大板块工作之一。大数据挖掘方法逐渐成为当前研究热点，与德尔菲法、情景分析法和社会经济需求调查协同工作，为提高技术预见水平以及科学决策水平提供保障。技术预见目标的实现取决于方法的合理选取。随着技术预见的不断推进，相关方法逐渐丰富和完善，目前正逐步朝着构建一个能够预见新技术机会和新需求的系统方向发展。

三、碳中和技术预见模型

（一）关键技术识别

技术识别是技术预见的基础，特别是面向海量、多源、异构、复杂的数据时，依赖更精确的方法体系。国内外研究学者利用上述章节的多种方法进行技术识别。在定性分析中主要采用技术路线图法和德尔菲法等。潘教峰等（2018）、汤志伟等（2021）、陈劲等（2020）通过问卷调研和专家经验对关键技术识别和机制进行研究。该方法识别精度高，但主观性较强、效率较低（Carlsen 等，2010；Tierney 等，2013）。定量分析方法在制定技术识别标准的基础上，基于指标评估、社会网络分析和文本挖掘三大类方法进行关键技术识别，并通过不断改进指标参数和文本挖掘方法来提高技术识别的准确性。专利作为技术的重要产出形式，包含了世界科技信息的 90%以上，基于专利数据的挖掘方法已经成为技术识别的研究热点，专利引证关系和专利共类等是重要的研究对象。徐霞等（2022）基于专利数据，构建数量指标和质量指标，采用专利被引频次和共现网络识别关键核心技术。毛荐其等（2022）基于专利共类，运用关联规则和相关指标识别光刻领域热点技术、核心技术和潜力技术，进一步通过网络结构中的结构洞理论筛选关键核心技术。由于引文分析存在时间滞后的弊端，专利共类中分类精度受限。因此，在第五、六、七章中进行碳中和技术关键技术识别中，基于 Doc-LDA 主题模型定量方法客观识别关键技术，并通过定性分析验证识别结果的有效性。主要步骤如下：

1. 数据收集与预处理

基于专利数据库，提取专利摘要、用途和新颖性字段，在专家咨询的基础

上，构建保留词和停用词词典。对专利文本分词采用两种方式：①首先采用关键词作为词典进行分词；②在词典分词后，进一步采用 NLTK 和 Snowball 词干提取算法进行 NLP 取词，并结合 NLTK 术语库内置停用词删除部分词语，其停用词根据 LDA 模型得到的主题—特征词进行动态调整，保证分词专业性和语料可靠性。

2. 基于 Doc-LDA 模型进行技术主题提取

构建基于 Doc2vec 算法和 LDA 主题模型结合的 Doc-LDA 模型。该模型能够同时利用整个语料库的全局信息和段落向量的局部语义信息对 LDA 隐形主题进行挖掘。该模型将文档、主题和词语投射到同一语义空间中。每个文档通过 Doc2vec 训练得到文档向量，并将文档向量除以文档中的段落总数保证测量的尺度相同，消除文档长度差异的影响。主题向量由每个主题中的高概率词的权重词向量构成。通过计算主题向量和文档向量的余弦相似度，将主题向量与相似文档进行匹配，构建出文档—主题映射。

给定文档集 $D=\{d_1, d_2, \cdots, d_n\}$，通过在 Doc2vec 模型下训练可以得到单词向量 $\{v(w_1), v(w_2), \cdots, v(w_N)\}$ 和段落向量 $\{v(p_{1,1}), v(p_{1,2}), \cdots, v(p_{1,r1}); v(p_{2,1}), v(p_{2,2}), \cdots, v(p_{2,r2}); \cdots; v(p_{n,1}), v(p_{n,2}), \cdots, v(p_{n,rn})\}$。通过式(4-1)计算文档向量 $v(d_i)$，其中 y 表示文档中的段落数。

$$v(d_i)=\frac{\sum_{j=1}^{y} P_{i,j}}{y} \tag{4-1}$$

通过 LDA 主题模型挖掘文档集 D 中的潜在主题为 $\{t_1, t_2, \cdots, t_m\}$，在主题 t_i 下每个单词 $w_{i,j}$ 的概率分布为 $\theta_{i,j}$。通过公式(4-2)计算单词的概率分布 $\lambda_{i,j}$，通过式(4-2)~式(4-3)得出主题向量 $\{v(t_1), v(t_2), \cdots, v(t_a)\}$。

$$\lambda_{i,j}=\frac{\theta_{i,j}}{\sum_{j=1}^{a}\theta_{i,j}} \tag{4-2}$$

$$v(t_i)=\sum_{j=1}^{a}\lambda_{i,j}\nu(w_{i,j}) \tag{4-3}$$

语义向量空间中文档 $v(d_i)$ 和主题 $v(t_i)$ 之间的距离用余弦相似度来测量，如式（4-4）所示。对于单个文档，计算从它到所有潜在主题的距离，选择具有最小余弦距离 sim（d_i，t_i）的主题作为此文档的主题。

$$\mathrm{sim}(d_i, t_i)=\cos\theta=\frac{\nu(d_i)\cdot\nu(t_i)}{|\nu(d_i)|\times|\nu(t_i)|} \tag{4-4}$$

该模型通过度量主题向量和文档向量之间的距离将主体信息融入文本表示中，快速精准找到对应文档的主题。

3. 指标评价体系构建

依据关键技术的引领性、通用性和重要性特征，选取技术主题强度、技术主题共现强度、点度中心性等指标构建评价体系，指标解释和计算公式如表 4-2 所示。

表 4-2 关键技术的指标评价体系

维度	具体指标	指标解释	计算公式
引领性	技术主题强度	是评价创新性的关键指标，值越大表示技术的热度越高、创新性越强	技术主题强度和阈值的计算公式分别为： $TS=\frac{\sum_{d=1}^{Dt}\theta_z^d}{Dt}$ (4-5) $T=\frac{\sum_{d}\sum_{z}\theta_z^d}{DZ}$ (4-6) TS 表示技术主题强度；θ_z^d 为第 d 篇专利文献中第 Z 个主题的后验概率分布；Dt 表示时间段 t 内专利数目；T 表示阈值。
通用性	技术主题共现强度	衡量技术主题是否存在关联及关联强弱。共现强度越高，表示技术主题关联性越密切	任意关联两个技术主题强度为： $I_{ij}=\frac{P(i, j)}{P(i)+P(j)-P(i, j)}$ (4-7) $P(i, j)$ 为技术主题 i 和技术主题 j 的专利共现次数；$P(i)$，$P(j)$ 分别为技术主题在专利中出现的次数。
重要性	点度中心性	测量个体在整体网络中的权利，值越大，中心地位越高	$Dc(i)=\frac{k_i}{n-1}$ (4-8) k_i 为节点 i 的度，n 为节点数目

4. 困惑度计算

最优主题数直接影响 Doc-LDA 模型的性能和可解释性。因此，需要选取困惑度指标评价最优主题数。处于最优主题数的点困惑度与前一个点的困惑度差值极大，与后一个困惑度差值极小。其计算公式如式（4-9）所示：

$$\text{perplexity}=\exp\left\{-\frac{\sum_{d=1}^{D}logp(w_d)}{\sum_{d=1}^{D}N_d}\right\} \tag{4-9}$$

其中，D 为文档数量，N_d 为第 d 个文档中出现的词语总数，w_d 表示为构成文档 d 的单词集合。

（二）基于组件学习曲线的技术成本预见模型

在识别出关键技术后，基于技术系统的 S 型曲线进化规律，研判关键技术所处的生命周期，并根据未来需求和规划合理预测关键技术在不同阶段的发展规模。最后，分析关键技术的成熟度。根据不同的学习因素和不同的技术成熟度构

建不同学习曲线的技术成本预见模型，分析技术的成本趋势。

1. 基于 S 型曲线的技术规模预测

技术演化 S 型曲线体现了大多数技术的生命周期阶段，能够解释生命周期理论和技术演化关系。因此，常被用来预测未来的累积产量，其计算方法如式（4-10）所示。而累积产量也是技术学习曲线的关键输入参数。

$$T=\frac{\frac{k}{b}}{1+s\times e^{-k(t-t_0)}} \qquad (4-10)$$

其中，T 表示第 t 年的累积产量，t_0 表示初始时间，k 表示固定增长率。当 t 趋于无穷大时，t 趋于 k/b，因此，k/b 表示为最大累积产量，常数 s 用于调整初始值。

2. 基于学习曲线的技术成本预见模型

早期研究认为经验效应来自干中学进行的技术学习曲线，通常将干中学纳入学习曲线模型，通过计算干中学学习率，描述成本下降与产出增量之间的关系。这种单因素学习曲线的函数形式为：

$$C=C_0\times\frac{X}{X_0}^{-b} \qquad (4-11)$$

其中，C 为单位生产成本，C_0 为初始单位生产成本，X 为累积容量，X_0 为初始累积容量，b 为干中学参数，表示学习过程的有效性。技术学习率的计算公式为：

$$LR=1-2^{-b} \qquad (4-12)$$

研发中学作为内生技术进步的一种形式，可以提高生产要素的生产率，是经济增长的关键因素。随着研发中学效应被纳入学习曲线中，从而使单因素学习曲线扩散为双因素学习曲线，其函数形式为：

$$C=C_0\times\frac{X}{X_0}^{-b}\times K^{-s} \qquad (4-13)$$

其中，C 为单位生产成本，C_0 为初始单位生产成本，X 为累积容量，X_0 为初始累积容量 K 为知识存量，b，s 分别为干中学参数和研发中学参数。

学习曲线一般以对数函数形式估计：

$$\ln C=\ln C_0-b\ln X-s\ln K+\varepsilon \qquad (4-14)$$

其中，ε 是随机误差项。这种函数形式来源于生产约束下的成本最小化。生产函数是按照柯布—道格拉斯函数的形式设定的，规模效应假设不变。

对于成熟度较高的技术，通常利用技术的总体学习率预测成本。但对于成熟度较低的技术，由于市场容量较小，不适合直接使用学习曲线，因此，采用技术分解为组件的方法。通过估计每个组件的学习率和市场容量，得到每个组件的成本曲线，然后将其组合评估该技术的成本。当一种技术由不同部分组成时，而每一部分的技术学习率不同，则将技术学习曲线分解为不同部分的加和。只考虑干中学，则干中学和研发中学的技术学习曲线分别表示为（Böhm 等，2019）：

$$C(x_i)=\sum_{i=1}^{n}C(x_{ti})=C(x_{01})\left(\frac{x_{t1}}{x_{01}}\right)^{-b_1}+,\ \cdots,\ +C(x_{0n})\left(\frac{x_{tn}}{x_{0n}}\right)^{-b_n} \tag{4-15}$$

$$C(x_i)=\sum_{i=1}^{n}C(x_{ti})=C(x_{01})\left(\frac{x_{t1}}{x_{01}}\right)^{-b_1}K_{t1}^{-s_1}+,\ \cdots,\ +C(x_{0n})\left(\frac{x_{tn}}{x_{0n}}\right)^{-b_n}K_{tn}^{-s_n} \tag{4-16}$$

其中，$C(x_i)$ 为组件 x_i 的单位生产成本，$C(x_{0i})$ 为组件 x_i 的初始单位生产成本，x_{ti} 为组件 x_i 的累积容量，x_{0i} 为组件 x_i 初始累积容量，K_{ti} 为组件 x_i 的知识存量，b_i，s_i 分别为组件 x_i 的干中学参数和研发中学参数。

相比技术的总体学习率，基于组件的学习曲线允许通过材料节约或者改变生产流程直接评估成本削减，更能从微观层面分析成本变化的原因，并通过学习效果弥补了竞争技术与现有技术之间的成本差距，推演碳中和关键技术的动态非线性成本演化规律。

综上所述，不论是单因素还是双因素学习曲线模型描述了一种函数关系，即因变量是如何通过一个或者多个自变量产生变化。其中，因变量是指特定技术的具体投资成本，自变量是指某一种给定技术下的累积容量和累积知识存量。表明技术学习所累积的经验可以引起成本的下降。

四、本章小结

本章梳理了碳中和技术预见的基本理论和方法。首先介绍了熊彼特创新理论、资源稀缺理论和技术进化理论，并通过对国内外技术预见方法文献调研发现定性和定量多种方法的组合逐渐被应用于技术预见中，特别是基于大数据分析与文本挖掘以及学习曲线方法等定量方法为技术预见的结果提供了客观性、准确性和可解释性。其次，梳理和选择了碳中和技术预见模型，利用 Doc-LDA 主题模型和指标评价体系精准识别碳中和关键技术，确定投资决策的对象；综合考虑碳中和技术的不确定性，基于 S 型曲线和学习曲线为后续碳中和技术的优化投资决策提供不同动态非线性成本曲线。

本章参考文献：

[1] Arrow K J. The economic implications of learning by doing [J]. The review of economic studies, 1962, 29 (3): 155-173.

[2] Arthur W B. Competing technologies, increasing returns, and lock-in by historical events [J]. The economic journal, 1989, 99 (394): 116-131.

[3] Böhm H, Goers S, Zauner A. Estimating future costs of power-to-gas-a component-based approach for technological learning [J]. International journal of hydrogen energy, 2019, 44 (59): 30789-30805.

[4] Callon M, Courtial J P, Laville F. Co-word analysis as a tool for describing the network of interactions between basic and technological research: The case of polymer chemsitry [J]. Scientometrics, 1991, 22: 155-205.

[5] Carlsen H, Dreborg K, Godman M, et al. Assessing socially disruptive technological change [J]. Technology in Society, 2010, 32 (3), 209-218.

[6] Chang Y, Chen L, Zhou Y, et al. Elements, characteristics, and performances of inter-enterprise knowledge recombination: Empirical research on green innovation adoption in China's heavily polluting industry [J]. Journal of Environmental Management, 2022, 310: 114736.

[7] Cohen W M, Levinthal D A. Innovation and learning: the two faces of R & D [J]. The economic journal, 1989, 99 (397): 569-596.

[8] David, P A. Clio and the Economics of QWERTY [J]. The American economic review, 1985, 75 (2): 332-337.

[9] Deerwester S, Dumais S T, Furnas G W, et al. Indexing by latent semantic analysis [J]. Journal of the American society for information science, 1990, 41 (6): 391-407.

[10] Dosi G. Technological paradigms and technological trajectories: a suggested interpretation of the determinants and directions of technical change [J]. Research policy, 1982, 11 (3): 147-162.

[11] Ernst H. Patenting strategies in the German mechanical engineering industry and their relationship to company performance [J]. Technovation, 1995, 15 (4): 225-240.

[12] Forster R N. Innovation-The Attacker's Advantage [J]. New York: Summit Book, 1986.

[13] Garfield E. Citation indexes for science: A new dimension in documentation through association of ideas [J]. Science, 1955, 122 (3159): 108-111.

[14] Gordon T J, Helmer O, Brown B. Report on a long-range forecasting study [R]. 1964.

[15] Group T F A M W. Technology futures analysis: Toward integration of the field and new methods [J]. Technological Forecasting and Social Change, 2004, 71 (3): 287-303.

[16] Hall B H, Griliches, Z, Hausman, J A. Is there a second (technological opportunity) factor [J]. International Economic Review, 1986, 27: 265283.

[17] Hofmann T. Probabilistic latent semantic analysis [J]. arXiv preprint arXiv: 1301.6705, 2013.

[18] Kessler, M M. Bibliographic coupling between scientific papers [J]. American documentation, 1963, 14 (1): 10-25.

[19] Kohler J, Grubb M, Popp D, et al. The transition to endogenous technical change in climate-economy models: a technical overview to the innovation modeling comparison project [J]. The Energy Journal, 2006 (Special Issue# 1).

[20] Kuznets S S. Secular movements in production and prices: their nature and their bearing upon cyclical fluctuations [J]. American journal of agricultural economics, 1930.

[21] Miketa A, Schrattenholzer L. Experiments with a methodology to model the role of R&D expenditures in energy technology learning processes; first results [J]. Energy Policy, 2004, 32 (15): 1679-1692.

[22] Price D J D S. Networks of scientific papers: The pattern of bibliographic references indicates the nature of the scientific research front [J]. Science, 1965, 149 (3683): 510-515.

[23] Pritchard, A. Statistical bibliography or bibliometrics [J]. Journal of documentation, 1969, 25: 348.

[24] Richard. Foster. 创新：进攻者的优势 [M]. 北京：中信出版社，2008.

[25] Rowe G, Wright G. The Delphi technique as a forecasting tool: issues and analysis [J]. International Journal of Forecasting, 1999, 15 (4): 353-375.

[26] Schumpeter J. The Theory of Economic Development [M]. Massachusetts: Harvard University Press, 1912.

[27] Small, H. Co-citation in the scientific literature: A new measure of the relationship between two documents [J]. Journal of the American society for information science, 1973, 24 (4): 265-269.

[28] Söderholm P, Klaassen G. Wind Power in Europe: A SimultaneousInnovation-Diffusion Model [J]. Environmental and Resource Economics, 2007, 36 (2): 163-190.

[29] Tierney R, Hermina W, Walsh S. The pharmaceutical technology landscape: A new form of technology roadmapping [J]. Technological Forecasting and Social Change, 2013, 80 (2): 194-211.

［30］ Wu Z, He Q, Chen Q, et al. A topical network based analysis and visualization of global research trends on green building from 1990 to 2020 ［J］. Journal of Cleaner Production, 2021, 320: 128818.

［31］ Yu Y, Li H, Che Y, et al. The price evolution of wind turbines in China: A study based on the modified multi-factor learning curve ［J］. Renewable Energy, 2017, 103: 522-536.

［32］ 陈劲，阳镇，朱子钦．“十四五”时期“卡脖子”技术的破解：识别框架、战略转向与突破路径［J］．改革，2020（12）：5-15.

［33］ 黄建．中国风电和碳捕集技术发展路径与减排成本研究——基于技术学习曲线的分析［J］．资源科学，2012，34（1）：20-28.

［34］ 毛荐其，杜艳婷，苗成林，等．基于专利共类的关键核心技术识别模型构建及应用——以光刻技术为例［J］．情报杂志，2022，41（11）：48-54.

［35］ 穆荣平，王瑞祥．技术预见的发展及其在中国的应用［J］．中国科学院院刊，2004，19（4）：5.

［36］ 潘教峰，杨国梁，刘慧晖．科技评估 DIIS 方法［J］．中国科学院院刊，2018，33（1）：68-75.

［37］ 汤志伟，李昱璇，张龙鹏．中美贸易摩擦背景下“卡脖子”技术识别方法与突破路径——以电子信息产业为例［J］．科技进步与对策，2021，38（1）：1-9.

［38］ 徐霞，吴福象，王兵．基于国际专利分类的关键核心技术识别研究［J］．情报杂志，2022，41（10）：74-81.

［39］ 袁志彬，任中保．德尔菲法在技术预见中的应用与思考［J］．科技管理研究，2006（10）：217-219.

［40］ 张卫卫，胡亚琦，翟广宇，等．基于 LDA 模型和 Doc2vec 的学术摘要聚类方法［J］．计算机工程与应用，2020，56（6）：180-185.

第五章　零碳电力技术预见与分析

一、本章简介

2022 年，全球总发电量增长 2.3%，达到 29165 太瓦时。其中，零碳电力在全球发电中的份额增长了 8.1%。太阳能光伏占可再生能源总新增容量（348 吉瓦）的 70%，其次是风电 77 吉瓦（22%）和水电 22 吉瓦（6.3%）。2022 年，太阳能和风力发电装机容量占总装机容量的 23.9%，比 2021 年高出 2.4 个百分点。其中，太阳能发电装机容量达到 1185 吉瓦，风电装机容量达到 906 吉瓦（REN21，2023）。

尽管全球商品和设备成本通胀持续存在，但光伏风电等零碳电力仍具有成本竞争力。2022 年，原材料和设备成本通胀导致各国经历了明显不同的成本发展趋势，但总体来看，全球新投产的可再生能源成本均有所下降，公用事业规模太阳能光伏加权平均平准化度电成本（Levelized Cost of Energy，LCOE）下降 3%，陆上风电下降 5%，太阳能热发电下降 2%，生物质发电下降 13%，地热发电下降 22%。中国是 2022 年全球太阳能光伏和陆上风电成本下降的主要驱动力，其他市场则出现更加复杂多样的结果。海上风电和水电成本分别增加 2%、18%，原因是中国 2022 年海上风电部署份额减少，以及一些大型水电项目的成本超支（IRENA，2023）。

尽管全球主要市场因供应链部分中断、项目建设延误、原材料、零部件和劳动力成本上升、通货膨胀、利率上升和互联互通延迟而上涨，但零碳电力表现出了弹性，而技术进步和创新是推动零碳电力发展和成本下降的根本动力。本章对以光伏技术、风电技术和地热发电等代表的零碳电力技术进行创新预见，重点识别和预测关键核心技术及其成本变化趋势。

二、光伏发电技术预见与分析

随着技术的进步和创新，光伏技术取得了突破性发展。电池效率不断提高、

硅片厚度不断降低、生产规模不断扩大、电池组件成本大幅降低、光伏工业的专用设备制造业及检测设备的技术提升。且在产业政策引导和市场需求驱动的双重作用下，光伏产业实现了快速发展，也成为中国为数不多可参与国际竞争并取得领先优势的产业。光伏产业链构成如图 5-1 所示，主要以硅为主线，包含硅料、硅片、电池、组件和逆变器等环节。

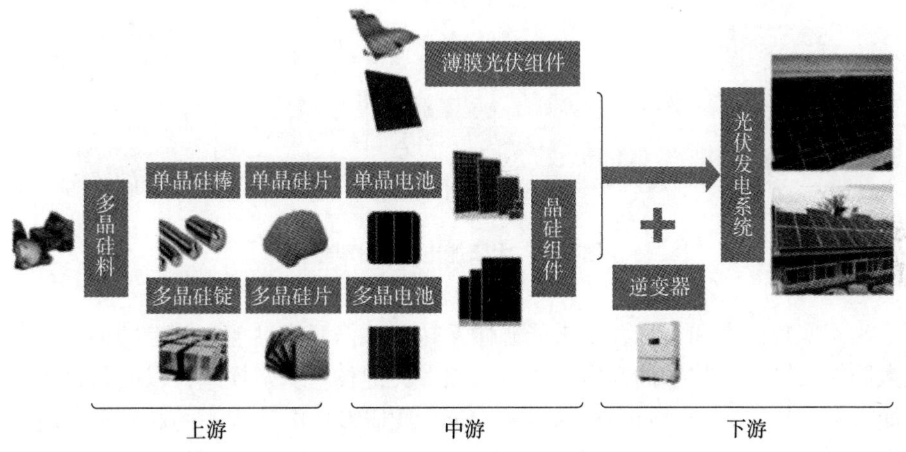

图 5-1　光伏产业链构成

资料来源：中国光伏行业协会，2021。

（一）光伏发电关键技术识别

太阳能电池技术是光伏产业中的核心技术。根据不同的核心技术与辅助技术的电池生产工艺，将太阳能电池分为晶硅电池、薄膜电池和新兴电池三类（见图 5-2）。晶硅电池占据 95%的市场份额，其中单晶硅的市占率为 75%，呈不断上升态势；多晶硅占 20%，份额持续下降；薄膜光伏占据了剩余 5%的市场份额。为了进一步提高光伏技术的效率、降低成本和延长电池使用寿命，催生了染料敏化太阳能电池（Dye Sensitized Solar Cell，DSSCs）、有机光伏（Organic Photovoltaic Cell，OPV）、量子点太阳能电池（Quantum Dot Solar Cell，QDSCs）和钙钛矿太阳能电池（Perovskite Solar Cells，PSCs）为代表的新兴电池技术，但尚未大批量进入市场。

根据美国能源部可再生能源实验室（National Renewable Energy Laboratory，NERL）发布的光伏研究报告，发现各类型太阳能电池技术发展趋势十分明显，一般遵循线性的发展规律；更多的对于还处于技术研发过程中的技术，其发展则呈现不规律性或跳跃性，如图 5-3 所示。

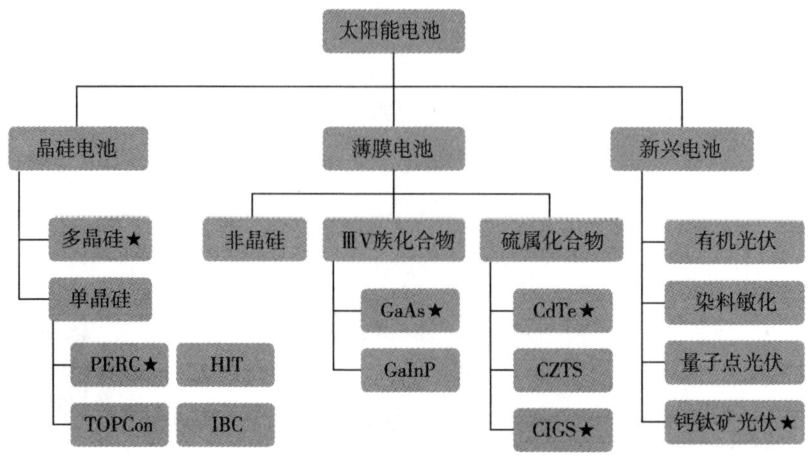

图 5-2 太阳能电池技术类型

为了实现碳中和目标及未来能源体系转型，仍要推进现有技术的创新及下一代太阳能关键核心技术的开发。通过第四章关键技术识别模型，以发射极钝化和背面接触（Passivated Emitter and Rear Cell，PERC）电池为主的晶硅太阳能电池技术，以砷化镓（GaAs）、铜铟镓硒（CIGS）及碲化镉（CdTe）电池为主的薄膜太阳能电池技术，以及钙钛矿太阳能电池（Perovskite Solar Cells，PSC）为太阳能电池的关键技术。

1. 以发射极钝化和背面接触（PERC）电池为主的晶硅太阳能电池技术

中国的晶硅太阳能电池技术在全球范围内已经非常成熟，占据了主要市场份额。2021 年中国 1 千克多晶硅的平均还原电耗为 49 千瓦时，平均综合电耗为 66.5 千瓦时，平均综合能耗为 11.5 千克标煤（苗青青等，2022）。在成本方面，在 2020 年，使用西门子法生产的万吨级三氯氢硅多晶硅生产线的投资成本约为 1.02 亿元/千吨。新近建设的太阳能电池片生产线的设备已基本实现国产化，其投资成本约为 22.5 万元/兆瓦。此外，组件生产线的设备也完全实现了国产化，投资成本约为 6.3 万元/兆瓦（中国光伏行业协会，2021）。随着太阳能电池的光电转换效率的提高和设备性能以及产能的增长，预期能源消耗和成本将进一步减少。

目前已开发多种晶硅太阳能电池，其中单晶硅实验室太阳能电池最高光电转化效率为 26.1%，异质结硅（Heterojunction Technology，HJT）为 26.7%，多晶硅为 23.3%（苗青青等，2022）。其中光电转换效率超过 25%的主要有发射极钝化和背面接触（PERC）电池、交指式背接触（Interdigitated Back Contact，IBC）电池、HJT 电池、异质结背接触（Heterojunction-interdigitated Back Contact，HBC）

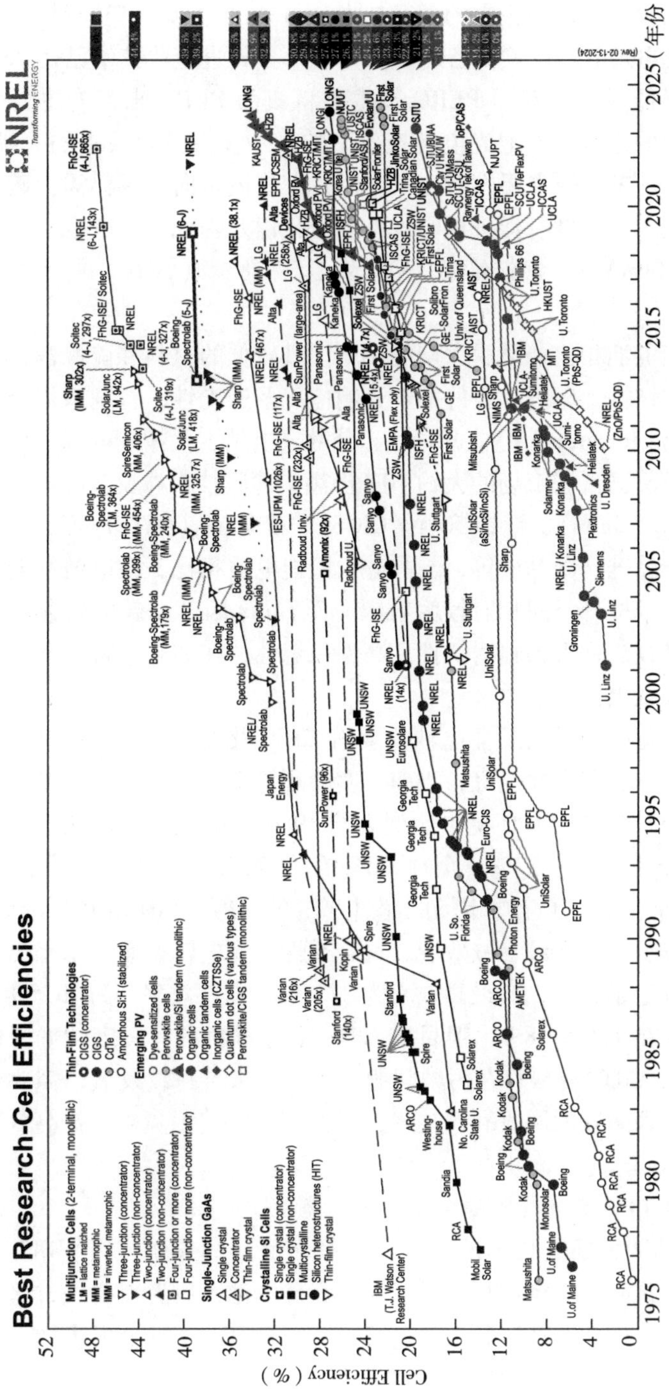

图 5-3 太阳能电池的技术轨道和转化效率

资料来源：Laboratory，2023.

电池、隧穿氧化层钝化接触（Thin Oxide Passivated Contact，TOPCon）电池等。其中 PERC 技术比较成熟，是主要的量产技术，市场占比 86.4%。规模化生产的 P 型单晶 PERC 平均光电转换效率已达 22.8%，部分先进企业技术已达 23%。进一步提升效率、降低成本、双面 PERC 技术等将成为 PERC 未来的主要发展方向。预计随着技术的进步、电池光电转换效率的进一步提升及成本的大幅降低。N 型电池技术将会是未来的主要方向之一。但其大规模走向市场仍需突破量产化技术瓶颈、提高技术成熟度、促进核心设备国产化以及降低生产成本。

2. 以砷化镓（GaAs）、铜铟镓硒（CIGS）及碲化镉（CdTe）电池为主的薄膜太阳能电池技术

与晶硅太阳能电池相比，薄膜太阳能技术因其较低的材料和能源消耗、降低的成本、出色的柔韧性、轻量、良好的弱光响应以及透光性，特别适用于光伏建筑一体化（Building Integrated PV，BIPV）、分散式电站、便携式电源和可穿戴设备等多个场景，目前已占据市场的大约 10%份额。薄膜技术涉及多种材料，主要包括硅基、砷化镓（GaAs）、铜铟镓硒（CIGS）、碲化镉（CdTe）等。硅基薄膜太阳能电池包括非晶硅、微晶硅等，与晶硅太阳能电池相比，在电池性能及成本上无明显优势，技术提升空间相对较为有限。而 GaAs 因其卓越的转换效率、适中的带隙、高效吸收、强大的辐射抗性和高温稳定性，在如空间科学和无人机技术等特定应用中表现出巨大潜力。

目前能够商品化的薄膜太阳能电池主要有 CIGS 及 CdTe 电池。CIGS 稳定性好、成本低、不衰退、弱光性能好，当前，实验环境下的最高光电转换效果达到了 23.4%。对应组件在试验室环境中达到大约 19.64%的效率，而在工业化生产环境中，其效率介于 15%～17%。全球 CdTe 组件的大规模生产几乎被美国的 First Solar 公司垄断，占据了全球市场的超过 99%的份额。CdTe 稳定性高，弱光性能好，热斑效应小，无光致衰减效应、适合柔性，光电转换效率未来仍有较大提升空间。实验室记录显示，其最高效率为 22.1%，组件效率约为 19.5%，而在工业环境中，效率在 15%～18%。但目前 CdTe 本身材料具有一定的局限性，如原料 Te 储量有限、CdTe 材料存在污染问题。为了未来可持续发展，需要研究更加环保的替代材料和高效的回收利用技术，以突破这些技术障碍，提高效率，并进一步减少成本。

3. 以钙钛矿太阳能电池（PSCs）为代表的新兴光伏技术

PSCs 是新型薄膜太阳能技术的代表，其吸光层为钙钛矿型（ABX3 型）晶体。在工艺方面，首先，生产流程简单。对比晶硅电池，后者需要经过繁复的硅料、硅片、电池到组件的制造，耗时大约 3 天。而 PSCs 在一个生产线上，从原材料到最终的组件形成，大约只需要 45 分钟。其次，钙钛矿太阳能电池生产过

程温度需求较低，因此能量消耗也相对较小。传统的晶硅制备需要900℃的高温来处理硅料，但PSCs在制备过程中的最高温度不超过180℃，且大部分步骤可以在常压下完成。从能耗视角看，每瓦钙钛矿太阳能电池的生产能耗约为0.12千瓦时，仅为晶硅制造能耗的1/10，使其能量收益期更短。

PSCs在成本上表现出明显的优越性。首先，由于其出色的光吸收特性，使用的材料量显著减少。例如，构成钙钛矿组件的主要层厚度大约是0.4微米，与此相比，晶硅组件的厚度大约为180微米，这意味着材料使用量的差异接近50倍。其次，PSCs的制造方法基于溶液工艺，使得原料的前处理和纯化更为简化，且成本较低。当前，传统的晶硅组件的生产成本为1元/瓦，而钙钛矿的制造成本则仅为其一半，在0.5~0.6元/瓦。钙钛矿材料本身的成本在整体中所占的比例较小，约为5%，而其他如玻璃、靶材的成本则占据主导，超过60%。这意味着，随着技术的进步，PSCs的制造成本还有进一步降低的空间。

PSCs技术发展迅猛，光电转换效率提升速度远远超过其他光伏技术，在短短的12年间，其转换效率从2009年的3.8%提升至当前的25.7%，迅速成为当前国际光伏的前沿及产业化热点研究领域，被认为是最具潜力的下一代光伏发电技术，目前处于小规模试验及中试阶段。

（二）光伏关键技术成本预见与分析

根据国际可再生能源机构（IRENA）报告，自2010年来，太阳能光伏发电经历了最快速的成本下降。2010~2022年新投产的公共事业规模太阳能光伏项目的全球加权平均发电成本平准化（Levelized Cost of Energy，LCOE）从0.445美元/千瓦时降至0.049美元/千瓦时，下降了89%，主要是由于组件价格下降。尽管组件价格在2022年有所提高，但2009年12月至2022年12月下降了约90%。此外，工厂成本、运营和维护成本以及资本成本也有所降低（IRENA，2022）。

本章基于第四章中单因素技术学习曲线预测光伏LCOE成本，未考虑利率、安装成本、运营和维护成本、地理位置和当地的太阳辐射等其他因素对LCOE的影响，如图5-4所示。在慢、中、快速技术进步情景下，2022年光伏LCOE成本分别为0.071美元/千瓦时、0.042美元/千瓦时、0.022美元/千瓦时。其中，中等技术情景下的价格与IRENA中0.049美元/千瓦时的价格贴近。预计到2050年，全球光伏发电平均LCOE为0.018美元/千瓦时、0.007美元/千瓦时、0.002美元/千瓦时；到2060年，光伏LCOE成本将分别下降至0.017美元/千瓦时、0.006美元/千瓦时、0.002美元/千瓦时。通过对比，在慢速情景下的成本与已有文献和报告中0.014~0.05美元/千瓦时成本相近（IRENA，2019b；Sens等，2022）。

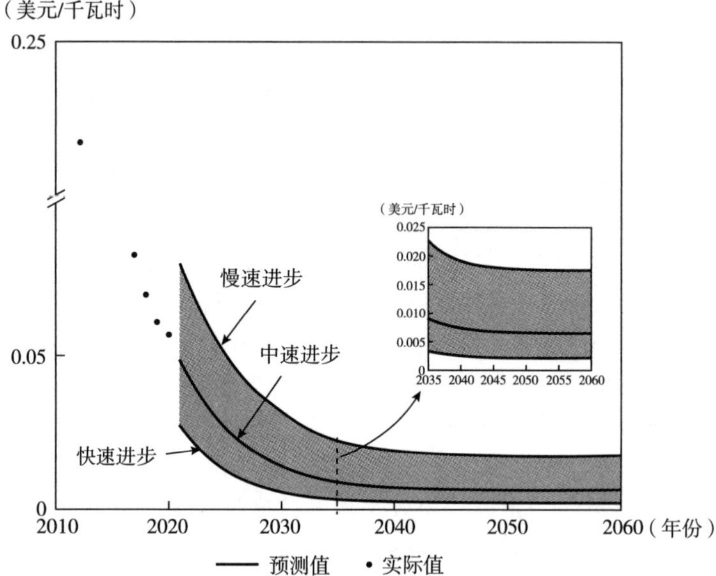

图 5-4　全球光伏技术 LCOE 预见

三、风电技术预见与分析

在过去的 10 年中，全球风力发电行业保持 10%~16%的年均增长率，其总装机容量和发电量均超过了光伏发电。这一发展的推动力源于技术的不断进步。风力发电场根据建设位置可分为陆地风电场和海上风电场。陆地风电场具有便于安装和检修的优势，但仍存在土地占用面积大、静风期时间长等问题。相比之下，海上风电场具备较高的风速、较短的静风期、较低的湍流强度等特点，同时不需要占用陆地资源，节约了宝贵的土地资源（刘吉臻等，2021）。海上风电通常建在经济发达地区附近，便于电力输送和消纳，并且不容易出现弃风现象。

风电产业链由三部分组成，如图 5-5 所示。上游原材料方面主要指风电叶片的原材料，主要为树脂、玻纤、夹芯材料。零部件主要包括叶片、齿轮箱、发电机、塔架、主轴和制动系统等；中游风电整机制造国内竞争力强，全球前 10 中有 6 家是中国公司，金风科技、远景能源和明阳智能三足鼎立。海上风电全球市场占比最高的是西门子歌美飒、三菱维斯塔斯、上海电气和金风科技。下游是风电运营，包括海上风电场和陆上风电场前期投入高、项目周期长，以大型新能源发电集团为主。

图 5-5 风电产业链构成

陆上风电经过多年的发展，已形成成熟的技术和服务市场。然而，随着陆上可开发土地资源和风能资源的日益稀缺，海上风电已逐渐成为一种发展趋势。由于目前的开发经验和技术成熟度还不足，海上风电的开发往往伴随高投入和高风险。总体而言，成本问题是限制海上风电发展的主要挑战。为了降低成本，有必要推动海上风电机组和风电场技术的革命，以减少现场安装量、提高风机效率以及更有效地获取风能资源。因此，将海上风电作为风力发电的主要方式开展关键技术识别和成本预见。

（一）风电关键技术识别

海上风力发电技术包括海上风电机组技术、组网输电技术、紧凑轻型化的海上平台设计技术、工程建设技术（包括海洋工程、风电场建设及海底电缆等）以及海上风电运维技术（包括海上风电预测、尾流预测、优化调度、监测检修等）。基于第四章的关键技术识别方法，海上风电机组技术和组网输电技术为海上风电的关键技术。

1. 海上风电机组技术

海上风电机组技术包括叶片设计与变桨、传动链、电机、变流器、主控系统等核心组件，其构成如图 5-6 所示。当前，海上风电单机机组技术的主要目标在于在确保可靠性和经济性的前提下，提升单体海上风电机组的容量，或采用更适用于深远海风电场开发的新型机组型式和设计。

新型材料和智能控制方法的引入使叶片能够在运行过程中及时地调整气动受力界面，从而减小叶片气动载荷，提高风能捕获系数。大容量风电机组通常采用流线型设计的叶片翼型，叶型设计常从 Gottigen 或 NACA 的叶型库中选择。然而，随着机组容量的增大，这些传统翼型系列也有进一步改进的空间。在风电机组变桨技术方面，当前的研究侧重于在海上高风速环境下实现快速变桨和规避极限载荷的变桨控制技术。

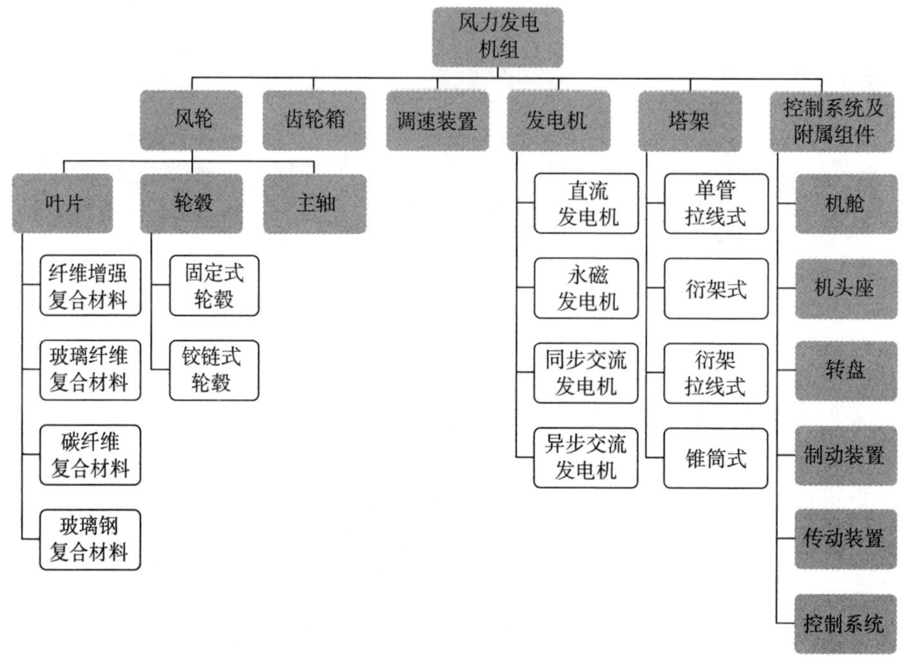

图 5-6　风力发电机组核心组件构成

随着单机容量的提升，风力发电机从鼠笼式异步电机发展到现如今的双馈式异步电机、超大容量的直驱式和半直驱式永磁同步电机，多相化海上风电机组是未来海上风电发电机技术的主要发展方向（姚钢等，2021）。风电机组的传动链与叶轮和发电机同轴，用于系统的变速。传动链的核心是齿轮箱，其构成了双馈机组和半直驱机组的重要部分，通过传递风轮在风力作用下的转矩给发电机，使其获得相应的转速。随着风机叶片和发电机宽转速运行技术的发展，高传动比、高功率密度的传动链系统及其制造技术成为当前传动链技术的关键。在大容量新型风能转换装置中应用异种传动链构成和设计方法，将成为传动链技术未来的研究重点。

在海上风电机组的电机设计方面，主要目标是提高利用率、降低维修率并增强可靠性。同时，海上环境的极端工况和高湿高盐环境对电机的防振和防腐设计提出更高要求，为了保证海上风电的全寿命安全运行，腐蚀的安全监测、检测技术是不可或缺的。

变流器的选择通常与风电机组类型密切相关。双馈型风电机组一般采用部分变流、部分功率直接并网的方式，而直驱型或半直驱型风电机组则通常采用全功率变流。综合考虑控制难度、功率因数、谐波含量等因素，目前主流变流方式为AC/DC/AC 变流。与拓扑结构相对应的变流器控制技术也在快速发展，海上风电采用新型调制方式优化了传统的脉冲宽度调制控制方式，从而能够指定消除某些次数的谐波，采用空间矢量技术进一步降低输出波形的谐波含量。

风电机组的基础和塔架结构作为固定风电机组的关键部件，发挥着极其重要的作用。由于海上风电与陆上风电的运行环境不同，结构设计更加复杂，需要考虑海水侵蚀、风力载荷、海浪冲击、极端台风等多种因素的影响。现在安装的海上风电发电机组主要包括固定式和漂浮式两类。在国内外，多种风能转换技术并存，包括水平轴风力发电、垂直轴风力发电、高空风力发电等方式（Wu 等，2019）。

2. 海上风电并网输电技术

海上并网输电技术包括交流、直流、分频输电技术、多相输电技术等。随着海上风电沿着容量更大、离岸距离更远的方向发展，海上风电直流输电相较于交流输电的优势将更加明显，成为未来海上风电输送的研究热点（迟永宁等，2016）。然而，与陆上风电场相比，海上风电场在电力输送方面面临更大的挑战，不仅成本较高，还可能由于长距离输电，导致更严重的电能质量问题。因此，在确保并网稳定性的前提下，如何增加单位成本的输电容量成为海上并网输电技术亟须解决的关键问题。

为应对这一挑战，高压交流系统送出技术、柔性直流技术采用、低频系统送出技术以及紧凑化轻型化平台设计技术等策略应运而生（汤广福等，2013），它们构成了当前海上风电降低成本、提高效率、实现平价目标的重要部分。这些技术的引入将有助于优化海上风电的电力输送，增强其输电容量，并在降低成本的同时保障并网稳定性。通过采用高压交流系统送出技术，能够有效地增加输电容量，降低输电损耗，从而提高海上风电的输电效率。柔性直流技术的应用能够在远距离输电时减少电能损失，进一步提高电力传输效率。低频系统送出技术可以有效应对电力质量问题，确保所输送的电能在传输过程中保持稳定。此外，紧凑化轻型化平台设计技术的应用能够降低风电平台的自重，减少在海上风电场建设过程中的工程投入，进一步降低了海上风电的成本。

（二）风电关键技术成本预见与分析

未来，风电机组单机容量将持续增大，大型风机柔性叶片技术及机组的核心控制技术亟待发展；双馈异步发电技术仍将占主流地位，直驱式、全功率变流技术在更大规模风电机组上应用的比例越来越大，有望成为未来主流技术；各种增速型全功率变流风电机组将得到应用；低风速地区风电设备研发将取得进展；风电场建设和运营的技术水平将日益提高；海上风电技术将成为重要发展方向。

根据 IRENA 在 2019 年从 17000 个项目中收集的成本数据显示（IRENA, 2022），自 2010 年以来，海上风电的成本下降了 29%。在 2019 年投产的项目中，海上风电的成本同比下降约 9%，约 0.1 美元/千瓦时。对于 2022 年新投产的海上风电项目，2010~2022 年，全球加权平均 LCOE 从 0.197 美元/千瓦时降至 0.081 美元/千瓦时，下降了 59%。由于涡轮机尺寸和有效容量的增大以及海上风电场数量增多而带来的成本协同效益，运营和维护成本也相应地下降。

本章应用基于第四章中单因素技术学习曲线方法预测海上风电 LCOE，如图 5-7 所示。在慢、中、快速技术进步情景下，2022 年海上风电 LCOE 成本分别为 0.102 美元/千瓦时、0.088 美元/千瓦时、0.074 美元/千瓦时，中等技术情景下的价格与 IRENA 中 0.081 美元/千瓦时的价格贴近。预计到 2050 年，全球海上风电 LCOE 为 0.041 美元/千瓦时、0.027 美元/千瓦时、0.018 美元/千瓦时；到 2060 年海上风电 LCOE 成本分别下降至 0.039 美元/千瓦时、0.026 美元/千瓦时、0.017 美元/千瓦时。根据 IRENA 报告预测，到 2050 年海上风电的 LCOE 成本为 0.03~0.07 美元/千瓦时（IRENA, 2019a），本节预测的快速进步情景下的成本涵盖在该范围内。

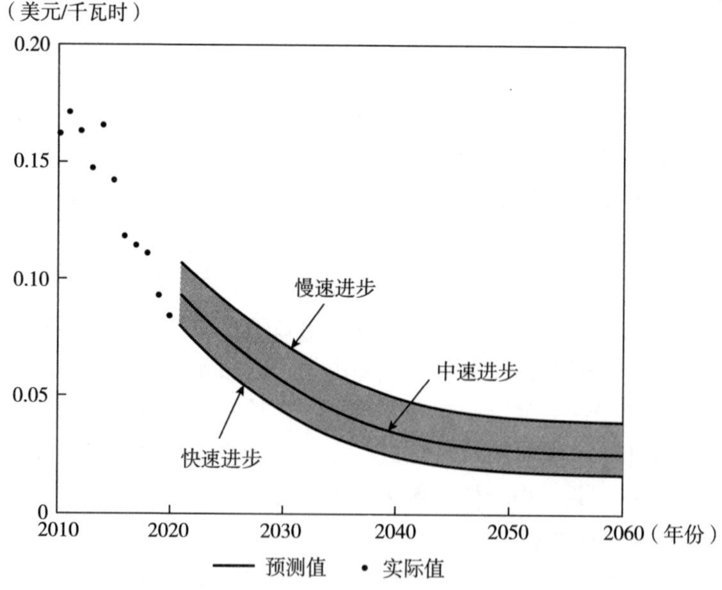

图 5-7　全球海上风电技术 LCOE 预见

四、地热发电技术预见与分析

碳中和、碳达峰需要能源供给领域的重大系统变革，地热能作为一种清洁低碳、稳定连续的非碳基能源，可为实现这一目标提供重要保障。根据储存形式，地热资源可以分为蒸汽型、水热型、地压型、干热岩型和岩浆型。其中，蒸汽型、水热型和干热岩型地热是目前利用的主要对象。但由于技术成熟度等因素限制，只有水热资源用于商业发电，其余还处于试验阶段。《世界地热发电进展》报告显示，世界上已有 31 个国家有地热发电厂在运行，美国、印度尼西亚、菲律宾和土耳其是地热发电利用前四的国家（舟丹，2022）。地热发电也是满足冰岛、萨尔瓦多、新西兰、肯尼亚和菲律宾等国家电力需求的重要方式。截至 2022 年底，全球地热发电总装机容量已经从 1980 年的 2110 兆瓦增长到 16260 兆瓦。地热发电的主要优点是不依赖于天气条件，具有非常高的容量因子。地热能用来发电供应的时间全年可达 6000 小时以上，有些地热电站甚至高达 8000 小时。地热发电厂能够提供基本负荷电力，并在某些情况下提供短期和长期灵活性的辅助服务。

地热资源以其运行稳定、可持续利用和环保等优势在电力行业具有广阔的应用前景。地热能产业链如图 5-8 所示，上游主要为地热勘探与评价，中游为钻井和成井，下游为地热能的利用，包括浅层地热供暖、水热型地热供暖和地热发电。地热发电对支撑当地的电力供需十分重要。

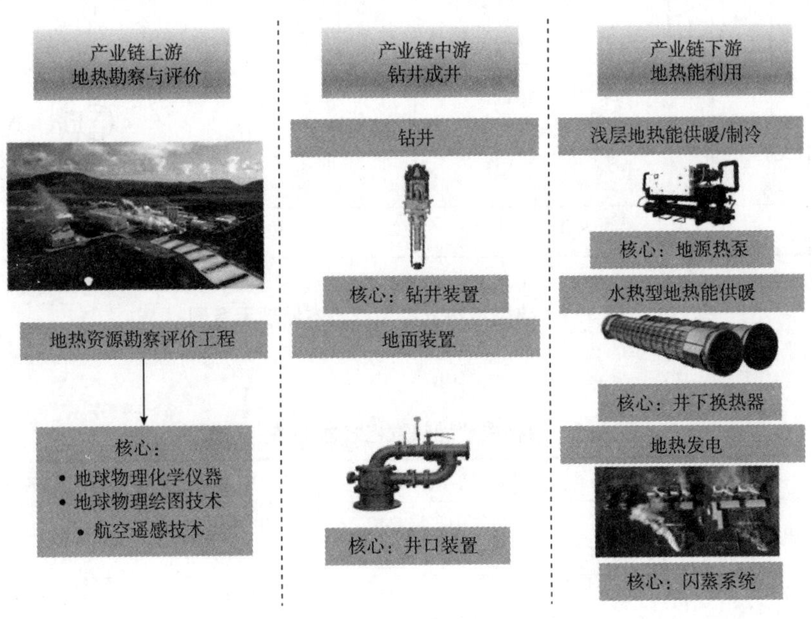

图 5-8　地热能产业链

（一）地热发电关键技术识别

地热发电是利用地下热水和蒸汽为动力源的一种新型发电技术。其基本原理与火力发电类似，也是根据能量转换原理，首先把地热能转换为机械能，再把机械能转换为电能。地热发电技术经过近百年的发展，种类多种多样，主要包括干蒸汽发电（也称为水蒸气朗肯循环）、扩容式蒸汽发电（也称为闪蒸循环）、双工质循环发电（也称为有机朗肯循环，ORC）和卡琳娜循环发电等（见图 5-9）。这四种主要地热发电技术的特点与属性如表 5-1 所示。

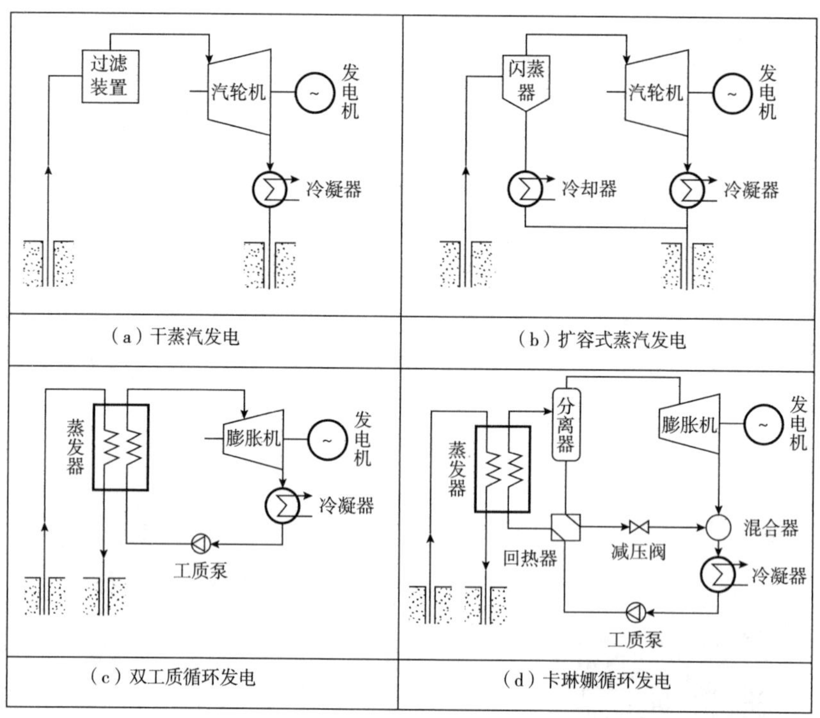

图 5-9　典型地热发电系统基本原理示意图

资料来源：Chen 等，2020。

表 5-1　四种主要地热发电技术的特点与属性

项目	干蒸汽发电	扩容式蒸汽发电	双工质循环发电	卡琳娜循环发电
适用热田类型	高温热田（T>250℃）	中高温热田（130℃<T<250℃）	中低温热田（T<130℃）	中低温热田（T<90℃）
发电效率	>20%	15%~20%	35%~50%	40%~50%
腐蚀与结垢	仅有少量污染性气体	较为严重	无	无

续表

项目	干蒸汽发电	扩容式蒸汽发电	双工质循环发电	卡琳娜循环发电
发电系统设备	系统简单	系统简单	两套工质循环，系统复杂	两套工质循环，系统复杂
运行维护投入	低	较低	高	高

1. 以双工质方式和卡琳娜循环为主的中低温地热资源发电技术

目前开发的地热发电项目以普通型干蒸汽方式与闪蒸方式为主。最近 10 年利用中低温地热能的双工质方式发电发展较快。中低温（t<130℃）地热资源在目前已探明的地热资源中占有较大的比例，其中温度在 90℃左右的地热资源约占这类资源总量的 90%。针对这一类型的地热资源，双工质循环发电技术是较为合适的选择（骆超等，2014）。双循环发电能够利用的余热种类繁多，加之在效率、流程精简程度、运维成本等方面的优势，使得这项技术成为低品位热能回收利用的一个发展趋势。

在中低温地热资源的开发利用过程中，卡琳娜循环技术也具有广阔的发展前景。卡琳娜循环在朗肯循环发电技术的基础上加以改进，其采用氨和水的混合物作为工质，这种混合工质的沸点是变化的，随着氨与水比例的变化而变化。当热源参数发生变化时，只需要调整氨和水的比例即可达到最佳的循环效果。工质的升温曲线更接近于热源的降温曲线，尽可能地降低传热温差，减少传热过程中系统的熵增，提高循环效率。由于卡琳娜循环的这个显著的特点，使它在中低温地热发电领域得到了广泛的应用。目前的工业化应用表明，卡琳娜循环发电技术的循环效率比朗肯循环的效率高 20%～50%。但是由于其采用液态氨作为循环工质，对系统的密封性有较高的要求，同时工质储存和使用过程中对环境将造成一定的影响，在电站建设过程中要注意加强环评工作。

2. 以增强型地热系统为手段的中深层地热资源和干热岩资源发电技术

在浅层地热能得到大规模开发后，中深层地热资源和干热岩资源将成为地热发电技术新的资源。在地热发电技术下一步的发展过程中，中深层地热资源和干热岩资源开发技术是推进地热发电进一步发展的主要手段。增强型地热系统（Enhanced Geothermal System，EGS）是开发干热岩型地热资源的主要技术手段（见图 5-9）。据统计，全球在建及投运的 EGS 工程已达 30 个，其中 14 个实现了运行发电，目前尚在运行的有 5 处，总装机容量为 12.2 兆瓦。世界上第一个商用增强型地热发电厂已经在德国建成，2007 年投入运行每年可发电 2200 千瓦时。建造一个干热岩发电厂一般需要 5 年时间，其使用寿命一般在 15～20 年。

整体来看，增强型地热系统尚未实现规模化、商业化运行。中国在干热岩开发利用方面仍处于资源勘探及 EGS 技术研究的初步发展阶段，目前已在青海、西藏、福建等地进行了地热资源勘探工作，其中在青海共和盆地发现高品质干热岩体，GR1 井底最高温度 236℃，孔内 3366 米以下深度平均地温梯度可达 8.8℃/100 米（自然资源部，2017）。此外，2012 年中国启动了“863”计划项目“干热岩热能开发与综合利用关键技术研究”，相关研究成果为中国干热岩资源开发利用提供了理论依据和关键技术支撑。但距离中国真正实现干热岩地热资源的发电利用，仍存在诸多“卡脖子”技术与难点问题尚未解决。

EGS 的发展与大规模应用正面临一系列关键技术瓶颈，主要包括：干热岩储层人工压裂技术、干热岩开采数值模拟技术、井筒热流体高效提取技术以及干热岩地热发电技术。为此，本节将从以上四方面进行技术概述与分析。

干热岩储层较为致密，渗透率极低，为保证注入流体能够与储层岩石进行充分热交换并顺利经采出井采出，一般需要通过储层改造形成连通良好、导流能力高的流动通道，提高储层渗透性。但在储层改造过程中，易形成单一的高渗裂缝，造成流体流动短路、过早产生热突破，影响 EGS 的可持续开发利用。因此，明晰人工缝网形成机制、精准预测压裂裂缝以及有效调控缝网结构，是形成复杂人工缝网和提高 EGS 采热效率的一大关键（李根生等，2022）。

干热岩储层含有多储渗结构，包括孔隙和裂缝，其中裂缝尺寸从厘米级跨越到米级（甚至千米级），具有多尺度、强非均质特征；另外，低温流体注入高温储层，破坏储层内温度场、压力场、应力场和化学场，产生强烈扰动，热流固化多场耦合效应显著。因此，干热岩开采属于典型的多尺度多场耦合问题，需要综合考虑岩心尺度多场耦合模型、储层尺度多场耦合模型和尺度升级方法等方面，构建全面、系统的干热岩开采数值模拟技术（巩亮等，2022）。

增强型地热系统中，流体与岩石换热后进入采出井时的温度较高，同时由于井筒深度可达 3~10 千米，流体经井筒传输至地面的过程中将产生几十兆帕的压降。在采出井口附近，若压力降低至流体饱和压力之下，将引发流体的闪蒸相变现象，极大地影响了井内热流体的高效提取。因此，明晰地热井内流体闪蒸过程的流动换热特性，实现对井内流体闪蒸的精确预测，并进行有效预防是实现地热井内热流体高效提取的关键。

根据干热岩地热资源特性选择合理的循环发电模式是实现提高热电转换效率的关键，目前针对各种发电技术的具体适用温度、压力及地质条件尚未明晰，仅以温度为技术选择标准存在局限性，且地热采出温度明显低于传统火力电厂，这将导致地热电效率低下。因此，改善地热发电技术、探明地热发电技术与地热资源条件的适配性是未来地热发电技术的发展趋势。

（二）地热发电关键技术成本预见与分析

截至 2021 年底，地热发电站占全球可再生能源发电装机总量的 0.5%，总装

机容量约为 14.4 吉瓦。2021 年底的累计装机容量比 2010 年高出 44%，装机容量最大的国家包括美国、印度尼西亚、菲律宾、土耳其、新西兰、墨西哥、肯尼亚和意大利。2021 年，全球新增地热发电装机容量约 370 兆瓦，略高于 2020 年新增的 335 兆瓦。以 2022 年最新美元汇率为基准，全球地热电厂的加权平均总安装成本从 2010 年的 2904 美元/千瓦，提高至 2022 年的 3478 美元/千瓦；地热发电的 LCOE 也从 2010 年的 0.053 美元/千瓦时提高至 2022 年的 0.056 美元/千瓦时，但这期间加权平均安装成本和 LCOE 均出现了不同程度的波动，这说明地热发电的成本在技术发展初期暂未出现稳定下降趋势，其成本变化的波动性相比技术较为成熟的光伏发电、风力发电来说更大（见图 5-10）。

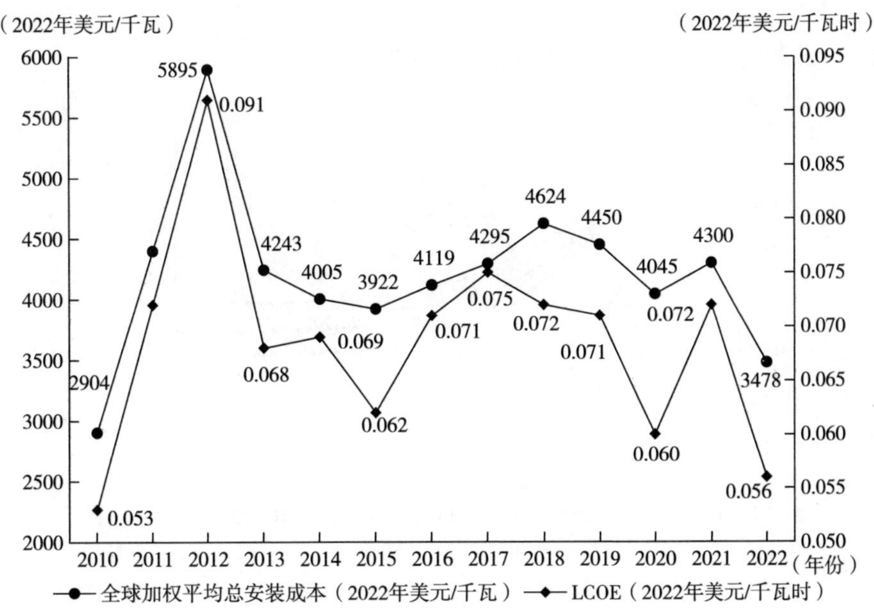

图 5-10　全球地热电厂安装及发电成本

资料来源：IRENA，2023.

根据国际地热协会（IGA）的统计，至 2015 年全球有 34 个国家建有地热电站，总装机总容量达到 18.5 吉瓦，地热发电 10 年内增长率为 13.4%。同时预测利用现有技术，世界地热发电潜力至 2050 年装机容量可望达到 70 吉瓦；若采用新的技术（增强型地热系统 EGS），则装机容量达到 140 吉瓦。若用地热发电替代燃煤发电，至 2050 年将可减少二氧化碳排放每年 10 亿吨，若替代天然气发电则可每年减少 5 亿吨。中国增强型地热系统的具体目标是：初步将 2020 年作为技术成熟期，2035 年形成规模开发，2050 年将地热发电的目标设定为全国总装机容量的 5%～10%。对于地热项目，全球 LCOE 在 2021～2022 年下降了 22%，降至 0.056 美元/千瓦时。这比 2010 年高出 6%，但 2013～2021 年，LCOE 在 0.053 美元/千瓦时至 0.091 美元/千瓦时（IRENA，2023）。

本章基于单因素学习曲线方法预测地热发电 LCOE 成本（见图 5-11），在慢、中、快速技术进步情景下，到 2040 年，全球地热发电平均 LCOE 为 0.031 美元/千瓦时、0.035 美元/千瓦时、0.041 美元/千瓦时；到 2060 年，全球地热发电平均 LCOE 将分别下降至 0.028 美元/千瓦时、0.033 美元/千瓦时、0.039 美元/千瓦时。根据 IRENA 数据，2040 年，全球地热发电 LCOE 成本为 0.041 美元/千瓦时（IRENA，2017），与快速进步情景下的 LCOE 相近。

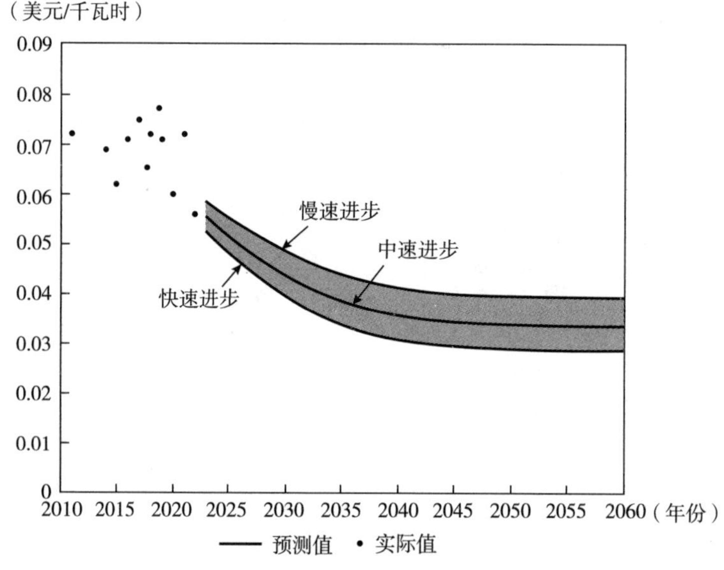

图 5-11 全球地热发电 LCOE 预见

五、本章小结

本章基于第四章的碳中和技术预见方法和模型对零碳电力技术（包括光伏技术、风电技术和地热发电技术）的进行关键技术识别和成本预见。

光伏关键技术包括以发射极钝化和背面接触（PERC）电池为主的晶硅太阳能电池技术、以砷化镓（GaAs）、铜铟镓硒（CIGS）及碲化镉（CdTe）电池为主的薄膜太阳能电池技术、以钙钛矿太阳能电池（PSCs）为代表的新兴光伏技术。其中，钙钛矿太阳能电池（PSCs）被认为是最具潜力的下一代光伏发电技术。在慢、中、快速技术进步情景下，光伏 LCOE 成本由 2022 年的 0.022~0.071 美元/千瓦时下降为 2060 年的 0.002~0.017 美元/千瓦时。

风电技术主要以海上风电为研究对象，关键技术包括海上风电机组技术（叶片设计与变桨、传动链、电机、变流器、主控系统等核心组件）和海上并网输电技术（交流、直流、分频输电技术、多相输电技术等）。未来，大型风机柔性叶片技术及机组的核心控制技术将迅速发展，双馈异步发电技术，直驱式、全功率变流技术将成为未来主流技术。在慢、中、快速技术进步情景下，风电 LCOE 成本由 2022 年的 0.074~0.102 美元/千瓦时下降为 2060 年的 0.02~0.04 美元/千瓦时。

地热发电关键技术主要包括以双工质方式和卡琳娜循环为主的中低温地热资源发电技术、以增强型地热系统为手段的中深层地热资源和干热岩资源发电技术。未来，改善地热发电技术、探明地热发电技术与地热资源条件的适配性是未来地热发电技术的发展趋势。在慢、中、快速技术进步情景下，地热发电 LCOE 成本由 2022 年的 0.056 美元/千瓦时下降为 2060 年的 0.028~0.039 美元/千瓦时。

本章参考文献：

［1］Chen S, Zhang Q, Andrews-Speed P, et al. Quantitative assessment of the environmental risks of geothermal energy: A review［J］. Journal of Environmental Management, 2020, 276: 111287.

［2］IRENA. Deployment, investment, technology, grid integration and socio-economic aspects［J］. 2019a.

［3］IRENA. Future of solar photovoltaic［R］. https://www.irena.org/-/media/Files/IRENA/Agency/Publication/2019/Nov/IRENA_Future_of_Solar_PV_2019.pdf, 2019b.

［4］IRENA. Geothermal Power 2017［R］. https://www.irena.org/-/media/Files/IRENA/Agency/Publication/2017/Aug/IRENA_Geothermal_Power_2017.pdf, 2017.

［5］IRENA. Renewable power generarion costs in 2022［R］. https://www.irena.org/Publications/2023/Aug/Renewable-Power-Generation-Costs-in-2022, 2023.

［6］IRENA. Renewable Power Generation Costs in 2021［R］. https://www.irena.org/publications/2022/Jul/Renewable-Power-Generation-Costs-in-2021, 2022.

[7] Laboratory N R E. Best Research-Cell Efficiency Chart [EB/OL]. https://www.nrel.gov/pv/cell-efficiency.html, 2023.

[8] REN21. Renewables 2023 Global Status Report [R]. https://www.ren21.net/gsr-2023/, 2023.

[9] Sens L, Neuling U, Kaltschmitt M. Capital expenditure and levelized cost of electricity of photovoltaic plants and wind turbines-Development by 2050 [J]. Renewable Energy, 2022, 185: 525-537.

[10] Wu X, Hu Y, Li Y, et al. Foundations of offshore wind turbines: A review [J]. Renewable and Sustainable Energy Reviews, 2019, 104: 379-393.

[11] 迟永宁，梁伟，张占奎，等．大规模海上风电输电与并网关键技术研究综述 [J]. 中国电机工程学报，2016，36（14）：13.

[12] 巩亮，韩东旭，陈峥，等．增强型地热系统关键技术研究现状及发展趋势 [J]. 天然气工业，2022，42（7）.

[13] 黄建．中国风电和碳捕集技术发展路径与减排成本研究——基于技术学习曲线的分析 [J]. 资源科学，2012，34（1）：20-28.

[14] 李根生，武晓光，宋先知，等．干热岩地热资源开采技术现状与挑战 [J]. 石油科学通报，2022，7（3）：343-364.

[15] 刘吉臻，马利飞，王庆华，等．海上风电支撑我国能源转型发展的思考 [J]. 中国工程科学，2021，23（1）：149-159.

[16] 骆超，马春红，刘学峰，等．两级闪蒸和闪蒸——双工质地热发电热力学比较 [J]. 科学通报，2014（11）：1040-1045.

[17] 苗青青，石春艳，张香平．碳中和目标下的光伏发电技术 [J]. 化工进展，2022，41（3）：1125-1131.

[18] 汤广福，罗湘，魏晓光．多端直流输电与直流电网技术 [J]. 中国电机工程学报，2013，33（10）：8-17.

[19] 姚钢，杨浩猛，周荔丹，等．大容量海上风电机组发展现状及关键技术 [J]. 电力系统自动化，2021，45（21）：33-47.

[20] 中国光伏行业协会．中国光伏产业发展路线图 2021 年版 [R]. http://www.chinapv.org.cn/road_map/1016.html，2021.

[21] 舟丹．世界地热发电进展 [J]. 中外能源，2022，27（2）：1.

[22] 自然资源部．青海共和盆地钻获 236℃干热岩 [EB/OL]. https://www.cgs.gov.cn/xwl/cgkx/201708/t20170830_438605.html，2017.

第六章　零碳非电碳中和技术预见与分析

一、本章简介

随着工业化和城市化的加速，全球对能源的需求呈现出持续增长的态势。当前非电能源在全球能源需求中占据超过70%的份额，碳中和情景下，其占比仍将超过50%（IEA，2021）。交通和化工等领域对于燃烧型能源的高度依赖使其难以完全被电力替代，这凸显了非电碳中和技术在能源转型中的关键作用。以氢能作为代表性零碳非电能源正逐渐受到全球关注。氢能目前在全球总能源消费的比例较小，但其增长潜力巨大。许多国家已经开始投资氢能的研发和推广，在未来成为一个重要的能源供应方式。当前全球氢气生产主要来源于化石燃料，这使得氢气的碳排放仍然相对较高。但随着技术的进步，以可再生能源为基础的氢气生产方式有望取得更大的突破。本章重点对氢能技术进行创新预见，重点识别和预测关键核心技术及其成本变化趋势。

二、氢能关键技术识别

氢能技术在实现净零排放过程中不可或缺。自2000年以来，氢需求迅速增长，根据IEA报告，2021年全球氢需求约为9400万吨，相较于2020年增长约5%，相比2020年增长近50%。预计2030年，全球氢需求量达到约1.8亿吨（Committee，2022；IRENA，2018）。从需求来源看，氢气需求到目前为止主要集中在炼油和化工部门的传统应用中，对交通运输、电力生产和工业应用等方面的渗透相对有限。氢能产业链较长，包括上游制氢、中游储运和下游应用三个主要环节，涉及新能源、新材料、新工艺、新技术和新制造等（见图6-1）。

当前全球氢能供应网络正在形成，氢能制备、储运、燃料电池和系统集成等主要技术和生产工艺发展迅速（见图6-2）。其中，可再生能源电解水制氢技术备受关注；盐穴储氢成为长期氢储能的理想选择，车载70兆帕高压气态储氢、低

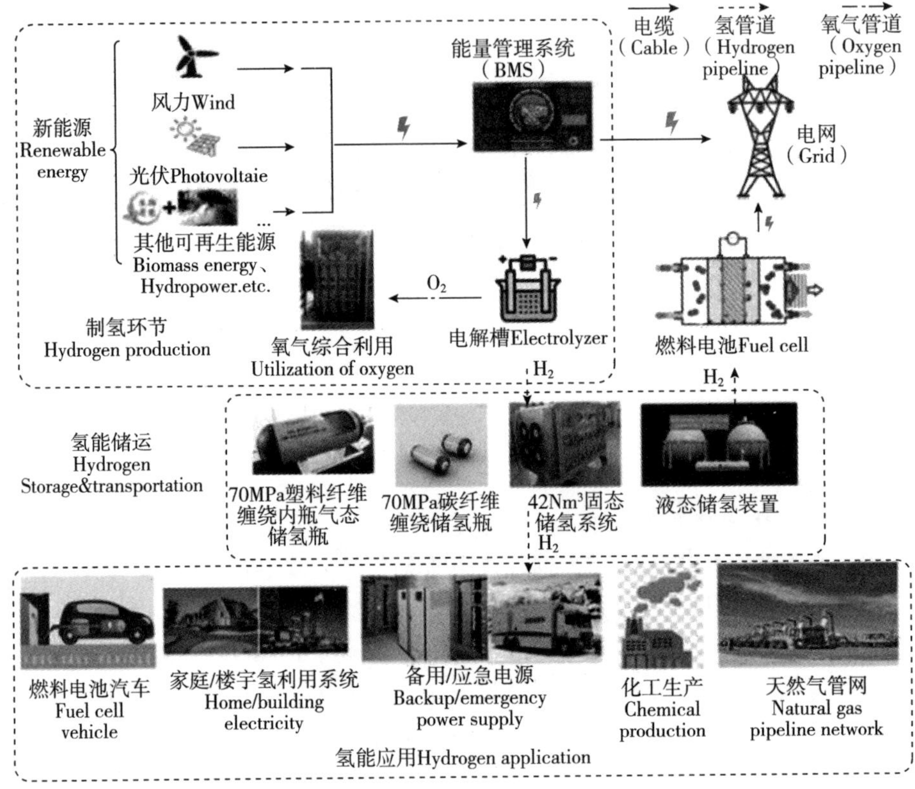

图 6-1　氢能产业链构成

资料来源：LI 等，2021。

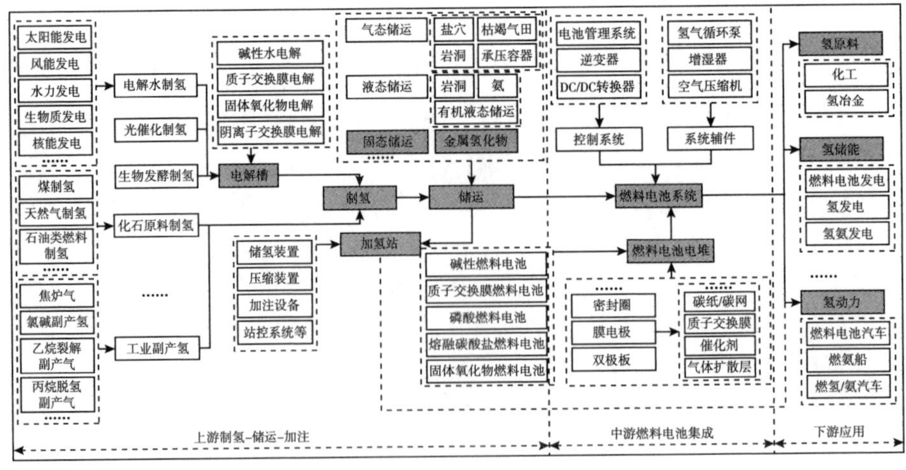

图 6-2　氢能产业链主要技术构成

温液态储氢和金属氢化物固态储氢是目前全球的研发热点。质子交换膜燃料电池是氢能利用技术的研发重点。相对于传统能源技术，氢能技术仍处于发展初期，性能和成本需要进一步提升。

（一）电解水制氢技术

从制氢技术发展看，电解水制氢是当前可再生能源制氢主流路线。根据电解槽设备使用的电解质不同，电解水制氢分为碱性水电解（Alkaline Water Electrolysis，ALK）、质子交换膜（Proton Exchange Membrane，PEM）电解、固体氧化物电解槽（Solid Oxide Electrolysis Cell，SOEC）电解和阴离子交换膜（Anion Exchange Membrane，AEM）电解四种（Anger 等，2014）。其中，ALK 和 PEM 技术成熟度较高，已实现商业化应用。中国 ALK 技术占据全球主要市场，性能接近国际先进水平，已实现兆瓦级制氢应用，并引领世界最大的单槽产氢能力，制氢量可达 1300~1500 标方/小时，能耗为 4.3~4.7 千瓦时/标方氢。清华大学开发的搭载新型复合碱性电解隔膜的电解水制氢系统每标方氢的能耗已超出行业标准，达到 3.98 千瓦时。PEM 技术为国外新建电解制氢项目的首选技术（IRENA，2018）。PEM 水电解制氢规模已迈入 10 兆瓦级别示范应用阶段，并开展 100 兆瓦级别的研发，单槽最大制氢量可到 1000 标方/小时，能耗为 3.8~5 千瓦时/标方氢。中国在该方向上仍处于商业化初期，单槽最大制氢量为 220~275 标方/小时，工业级 PEM 电解槽能耗为 5 千瓦时/标方氢，亟须实现技术突破。SOEC 技术具有能耗低、能量效率高、无须贵金属催化剂等优点，未来将引领可再生能源规模化制氢技术。国际上 SOEC 技术已实现商业化，但规模落后于 AEK 和 PEM。国内 SOEC 技术处于示范阶段。AEM 技术的优势在于将碱性电解槽的低成本和 PEM 技术的优势相结合，但该技术尚在实验室研发阶段。

PEM 水电解制氢技术在实际应用中面临着成本和寿命等关键瓶颈。当前，降低 PEM 电解槽成本的研究重点主要集中在核心组件上，包括催化剂、膜电极、气体扩散层以及双极板等（刘应都等，2021）。

（1）电催化剂。在 PEM 电解槽中，电催化剂的研究主要集中在贵金属如 Ir（铱）、Ru（钌）等及它们的氧化物，以及钛材料为载体的负载型催化剂上。考虑到 PEM 水电解制氢所面临的酸性环境、阳极高电位以及必要的导电性等要求，开发非贵金属催化剂或非金属催化剂的难度相对较大。因此，在一段时间内，Ir 仍然是实际大规模电解槽中主要使用的催化剂。未来，为了降低制氢成本并减少贵金属催化剂的用量，研发超低载量或有序化的膜电极被认为是更为有前景的方法。

（2）隔膜材料。为了提升 PEM 的性能并降低生产成本，可采用增强复合的方法来改善膜的机械性能，从而有利于减少膜的厚度。同时，通过提高膜的离子传导率，可以降低膜的电阻和电解能耗，进而提升整个电解槽的性能。当前，国产的 PEM 产品已经进入了试用阶段，这显示了国内在该领域的研发和应用取得了一定的进展。

(3) 膜电极。PEM 电解水的阳极需在耐受强酸性环境腐蚀以及高电位腐蚀的同时，具备适当的孔洞结构，以便气体和水得以有效通过。同时，通过改善集流器的性能，也有望进一步提升电解槽的整体性能。

(4) 双极板。双极板及流场在电解槽成本中所占的比重较大，因此降低双极板的成本则成为控制整体电解槽成本的关键因素之一。提升电催化剂活性、提高膜电极中催化剂的利用率、改善双极板表面处理工艺、优化电解槽结构，有助于提高 PEM 电解槽的性能并降低设备成本。

(二) 储氢技术

开发新型高效的储氢方式不仅能进一步提高电力系统灵活性，也是克服可再生能源波动性和间歇性的有效方法。从储氢技术发展看，可分为高压气态储氢、地下气态储氢、低温液态储氢、固态储氢技术四类。

结合下游燃料电池车应用的发展，车载 70 兆帕 IV 型高压储氢罐在国外已实现商业化应用，并达到美国能源部要求的车载储氢瓶质量储氢质量密度达到 4.5%（2020）的要求，目前正在朝着储氢质量密度 5.5%（2025 年）和 6.5%（终极目标）的方向发展。中国仍处于研发阶段。目前中国车载高压储氢罐仍以 35 兆帕Ⅲ型为主，质量储氢密度在 4.3%左右，是短距离车型的首选技术。为了使单个储氢规模达到 100 吉瓦时，盐穴储氢是唯一具有技术潜力的方法，目前该技术仍处于发展的初级阶段。2023 年 5 月，奥地利 RAG 公司启动全球首个地下储氢试点项目。美国、日本等国已实现低温液态储氢技术的大规模商业化应用，在储氢技术中的占比达到 70%，而国内液氢还仅限于航天领域，民用很少涉及。全球使用中的最大液氢储罐位于 NASA，容积为 3800 立方米，可存储 227 吨的氢气。麦克德莫特国际有限公司已完成 40000 立方米液氢球罐的设计。金属氢化物固态储氢技术处于产业化初期阶段，尚未达到大规模生产阶段。

(三) 燃料电池技术

从燃料电池技术看，质子交换膜燃料电池占据市场主导地位。电堆、膜电极、催化剂、双极板等是组成燃料电池的关键核心部件（俞红梅等，2021）。

(1) 膜电极组件。在当前的技术发展趋势下，运行温度在 60～100℃的质子交换膜燃料电池（Proton Exchange Membrane Fuel Cell，PEMFC），以纯氢作为燃料，呈现出相对有利的前景。随着规模经济的逐步发展，这种类型的燃料电池成本预计会大幅下降，因此在发展燃料电动汽车领域具备最具优势的选择。另外，在运行温度介于 500～1000℃的固体氧化物燃料电池（Solid Oxide Fuel Cell，

SOFC），则适用于使用氢以及其他碳基燃料。这种类型的燃料电池更适合于热电联产等应用，其高温特性赋予其在特定应用领域的优势。

（2）电催化剂。在氢燃料电池的电堆中，电极上氢的氧化反应和氧的还原反应过程主要受到催化剂的调控。目前，常用的催化剂是担载型催化剂 Pt/C。虽然 Pt 在催化剂中具有优异的活性，其贵金属属性限制了其在商业化中的应用。因此，科研人员开发了如 Pt 与过渡金属合金、Pt 核壳催化剂和 Pt 单原子层催化剂等新型催化剂。为进一步减少 Pt 使用，还探索了无 Pt 的多种催化剂，如单/多层过渡金属氧化物、金属离子掺杂碳基催化剂等。

（3）双极板。具备更优性能和成本优势的金属双极板成为当前的研究热点。金属双极板在机械强度方面表现出色，具备较高的机械稳定性，这使得它们在复杂应力环境下能够更好地保持形状和功能。同时，金属双极板的厚度可以更灵活地调整，有望在紧凑型和高强度要求的应用场景中展现出更大的优势。随着技术的不断进步，金属双极板在氢燃料电池领域的应用前景备受期待。

三、氢能关键技术成本预见与分析

从制氢成本看，目前可再生能源制氢成本平均为 34.5 元/千克，远高于 13.8 元/千克的化石能源耦合 CCUS 技术制氢和 9 元/千克的化石能源制氢（IRENA，2020）。其经济性依赖于可再生能源发电成本的降低，以及随着技术迭代和规模扩张带来的设备成本的降低。美国能源部的数据显示，电价对可再生能源电解水制氢成本的影响更显著。按照目前电解水制氢系统 4.5~5.5 千瓦时/立方米能耗，度电成本下降 0.1 元，每千克氢气的成本平均下降 6.45 元。未来通过学习效率提升、规模化量产以及隔膜催化剂材料的突破，能耗达到 4.0 千瓦时/立方米，则可实现约 24%的制氢成本下降。

本章基于组件学习曲线预测制氢技术成本。图 6-3 为光伏发电电解水制氢技术的成本预见。到 2050 年，光伏发电+PEM 电解水制氢的成本为 8.1~10.9 元/千克，与已有文献预测结果相近（Vartiainen 等，2022）。电解槽成本和用电成本是造成绿氢成本下降的关键因素。在中等学习率情景下，到 2050 年，PEM 电解槽总成本从 2020 年的 11140 元/千瓦下降到 2050 年的 2412 元/千瓦，光伏发电成本从 2020 年的 0.35 元/千瓦时下降到 2050 年的 0.04 元/千瓦时。“光伏+PEM 电解水制氢”成本受上述因素的影响，从 2020 年的 48.12 元/千克下降到 9.19 元/千克，降幅超过 80%。其中电解槽成本下降和光伏发电成本下降分别贡献 57.9%和 19.1%。

四、本章小结

本章基于第四章的碳中和技术预见分析模型对以氢能为代表的零碳非电力技

术进行关键技术识别和成本预见。特别开展了基于组件的单因素学习曲线对未来成本进行预见。根据氢能供应链开展关键技术识别研究，发现可再生能源电解水制氢技术备受关注；盐穴储氢成为长期氢储能的理想选择；车载 70 兆帕高压气态储氢、低温液态储氢和金属氢化物固态储氢是目前全球的研发热点；质子交换膜燃料电池是氢能利用技术的研发重点。相对于传统能源技术，氢能技术仍处于发展初期，性能和成本需要进一步提升。从未来成本预见中发现，在不同技术背景下，以“光伏发电+PEM 电解水制氢”为代表的可再生能源制氢成本为 8.1~10.9 元/千克。

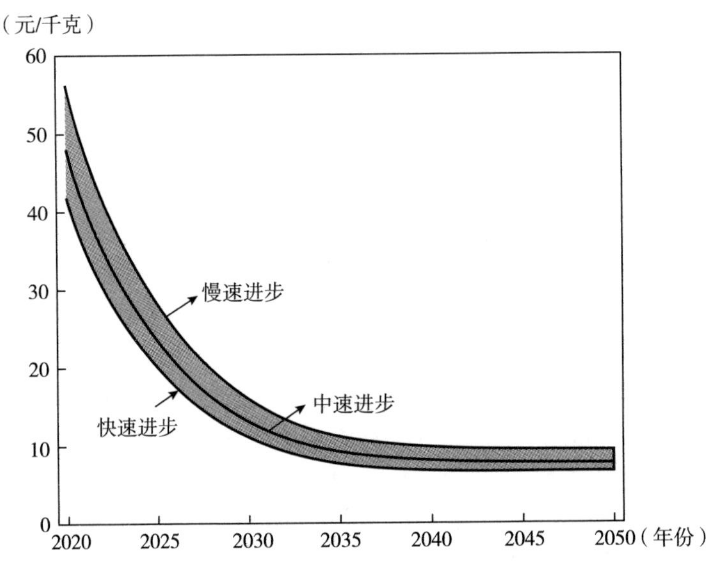

图 6-3　光伏电解水制氢技术成本预见

本章参考文献：

［1］ Anger S, Trimis D. Potential of thermally integrated high-temperature electrolysis and methanation for the storage of energy by Power-to-Gas ［J］. International Gas Union Research Conference, 2014.

［2］ Committee T E E a S. Hydrogen for the de-carbonization of the Resources and Energy Intensive Industries（REIIs）［R］. https：//www. eesc. europa. eu/sites/default/files/files/qe-05-22-134-en-n_0. pdf, 2022.

［3］ IEA. 2050 Net Zero Emissions Roadmap ［R］. https：//iea. blob. core. windows. net/assets/f4d0ac07 - ef03 - 4ef7 - 8ad3 - 795340b37679/NetZeroby2050 -

ARoadmapfortheGlobalEnergySector_Chinese_CORR. pdf，2021.

［4］IRENA. Green hydrogen cost reduction ［R］. https：//www. irena. org/publications/2020/Dec/Green-hydrogen-cost-reduction，2020.

［5］IRENA. 可再生能源发电制氢技术［R］. https：//www. irena. org/-/media/Files/IRENA/Agency/Publication/2018/Sep/IRENA_Hydrogen_from_renewable_power_2018_CN. pdf? la = en&hash = 44D43761635256648D11684641EAD134B958055B，2018.

［6］Li J，Guanghui L，Suliang M，et al. An overview on hydrogen energy storage and transportation technology and its typical application in power system ［J］. Modern Electric Power，2021，38（5）：535-545.

［7］Vartiainen E，Breyer C，Moser D，et al. True cost of solar hydrogen ［J］. Solar RRL，2022，6（5）：2100487.

［8］Wright T P. Factors affecting the cost of airplanes ［J］. Journal of the aeronautical sciences，1936，3（4）：122-128.

［9］俞红梅，邵志刚，侯明，等．电解水制氢技术研究进展与发展建议［J］. 中国工程科学，2021，23（2）：146-152.

第七章　负碳技术预见与分析

一、本章简介

中国在2060年以前实现碳中和的努力有两个重要的内容。首先，以二氧化碳为主的温室气体排放要从2030年的高点持续下降，这是一个能源结构和产业结构剧烈转换的过程。这个过程如果顺利实现，到本世纪中叶中国温室气体排放量将下降到高点时的15%～20%。其次，剩余的温室气体排放量包含两个部分：一是在工业生产中“不得不排放”的部分；二是减排成本高的部分。这两部分都需要用技术成熟、减排成本较低的负碳技术加以抵消，才能实现碳中和目标。由此可见，以CCUS技术为代表的负碳技术对实现碳中和目标具有托底作用，然而该技术尚处于研发与应用的早期阶段，面临着高成本、高能耗、技术进步不确定等多种难题，并且其未来的技术进步程度还决定着其减排的成本与潜力。因此，本章旨在梳理目前CCUS技术的发展现状，并应用技术演进的S型曲线以及技术学习曲线方法对CCUS进行技术预见与分析，重点识别和预测关键核心技术及其成本变化趋势。

二、CCUS关键技术识别

CCUS技术是指将二氧化碳从能源利用、工业过程等排放源或空气中捕集分离，通过罐车、管道、船舶等运输技术输送到适宜的场地加以利用或封存，最终实现二氧化碳减排的技术手段。CCUS按产业链环节可以分为排放源上游——二氧化碳捕集、中游——二氧化碳运输、下游——二氧化碳利用和二氧化碳封存（见图7-1）。其中，排放源二氧化碳捕集主要包括化石燃料电厂、工业过程、水泥、钢铁、直接空气捕集等；二氧化碳运输主要包括短距离罐车运输、长距离大规模的管道运输以及离岸的船舶运输等；二氧化碳利用可以进一步分为地质、化工和生物利用三类；二氧化碳封存包括陆上地质封存和离岸海底封存。

CCUS是一系列技术的集合，产业链各环节存在多种子技术，主要的技术分

类如图 7-2 所示。基于第四章的关键技术识别方法，低成本和低能耗碳捕集技术、二氧化碳不同类型运输方式、二氧化碳作为能源载体开展碳耦合转化利用以及多联产碳利用物质转化是未来 CCUS 技术发展的关键技术。

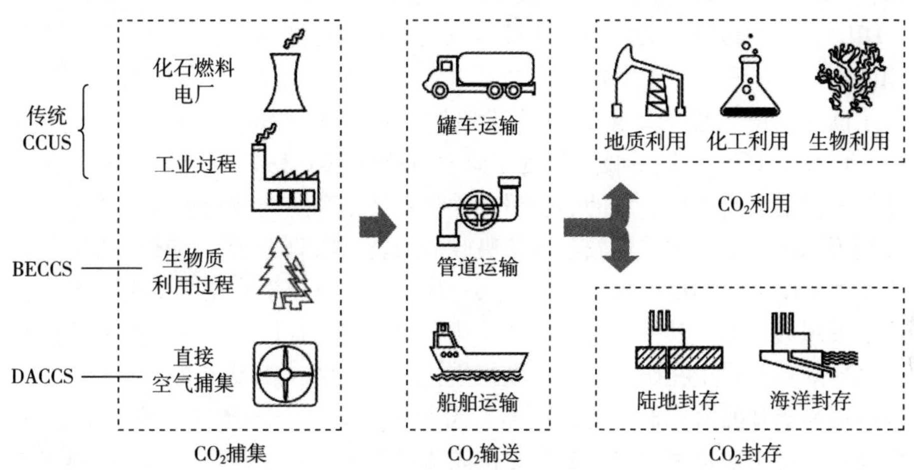

图 7-1 CCUS 技术环节

资料来源：张贤等，2023。

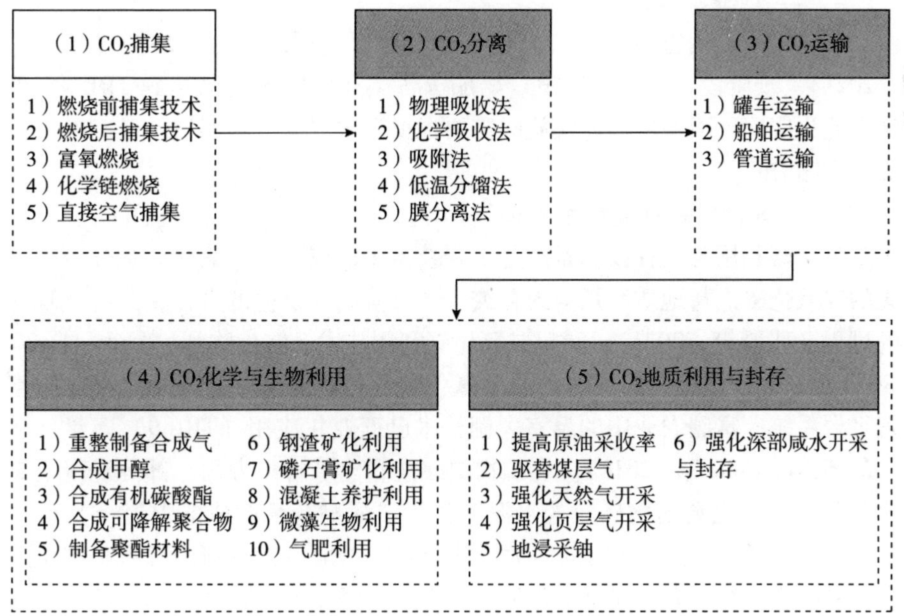

图 7-2 CCUS 主要技术构成

（一）低成本低能耗的二氧化碳捕集技术

二氧化碳捕集技术指利用吸收、吸附、膜分离、低温分馏、富氧燃烧等方式将不同排放源的二氧化碳进行分离和富集的过程（张贤等，2021；Lin 等，2022）。现阶段，大部分液体溶剂技术已经达到 TRL6（Technology Readiness Level，TRL），其中传统胺类溶剂、物理吸收法等技术已经达到 TRL 9，具备商业化应用能力。固体吸附中的变压吸附技术以及膜分离法中的天然气膜法处理技术也具备了商业化应用能力，但是电化学吸附、室温离子液体（Room Temperature Ionic Liquids，RTIL）膜等技术仍处于研发阶段（TRL 1-3）。当前，碳捕集技术正从第一代主要基于单一胺的燃烧后化学吸收技术和燃烧前物理吸收技术，逐步发展到第二代技术，如采用胺基两相吸收剂的新型吸收方法、金属有机框架的吸附技术和增压富氧燃烧技术。同时，第三代技术如电化学和化学链燃烧等，也开始逐渐展现其潜力。其中，富氧燃烧、化学链燃烧和直接空气捕获为关键技术。

全球众多公司正在研发与示范碳捕集技术，包括：新型溶剂如离子液体、相变吸收剂和氨基酸盐；低温分离技术；溶剂—膜的复合碳捕集系统；变压/变温吸附技术；使用如金属有机框架的先进固体吸附剂；富氧燃烧；化学链燃烧和电化学等第二、第三代碳捕集技术。特别是在钢铁、水泥、发电和制氢等能源密集型行业，针对点源的碳捕集技术已成为研究焦点。

（二）二氧化碳运输

二氧化碳运输指将捕集的二氧化碳运送到可利用或封存场地的过程（张贤等，2021）。现阶段，罐车、管道、船舶等各类运输技术均已达到 TRL 9，可以开展商业化应用。而项目具体实施时需要根据运输规模、距离以及已有基础设施来确定运输方式。

（三）二氧化碳利用与封存技术

二氧化碳利用与封存技术是通过工程技术手段或利用二氧化碳理化特征，将捕集的二氧化碳进行地质利用与封存或生产具有商业价值的产品，最终实现碳减排的过程（张贤等，2021）。针对二氧化碳利用技术，在生物利用方面，自 20 世纪 80 年代起，中国就开始了植物的二氧化碳利用研究，并开发了二氧化碳富集装置平台系统，富碳农业中的温室大棚技术已商业化应用（TRL 9）多年（杨果等，2016；Patricio 等，2017）。在矿物碳酸盐和建筑材料方面，部分混凝土制备技术（如由二氧化碳固化硅酸盐水泥和替代二元黏合剂制成的混凝土）已达到 TRL 9。2021 年，华新水泥与湖南大学共同开发了世界首条利用二氧化碳生产混凝土制品的生产线（赖一楠等，2022）。其他利用二氧化碳制备矿物碳酸盐和建筑材料的技术均尚未达到商业化应用条件。在燃料和化学品方面，多数技术已经达到 TRL 6，此外，利用二氧化碳制备甲醇、聚丙烯和聚乙烯技术已达到 TRL 9

（Chauvy 等，2019；Dechema，2017；Oliveira 等，2021；Hoppe 等，2018）。其中，2012 年，冰岛碳循环利用公司（CRI）建成世界首座二氧化碳加氢制甲醇项目并商业投产，此后，多个国家开展了相关项目建设，至 2021 年底，全球现存及规划中的项目达 29 项，其中 7 项年产能超过 10 万吨（IRENA，2021）。此外，安阳顺利环保科技有限公司商业投资 7 亿元的年产甲醇 11 万吨和联产 LNG 7 万吨二氧化碳加氢制甲醇项目于 2020 年 7 月动工，项目建成投产后将对中国二氧化碳加氢制甲醇技术的大规模商业应用具有重大示范效应（IRENA，2021）。

针对二氧化碳封存技术，二氧化碳强化石油开采（CO_2-EOR）技术在国际上已经商业化应用（TRL 9）超过 50 年，而在中国仍处于工业示范阶段（IEA，2020）。但是 CO_2-EOR 技术依然是中国利用最广泛的二氧化碳封存技术，且具有约 51 亿吨的二氧化碳封存潜力（蔡博峰等，2021；Ma 等，2022）。此外，虽然深部咸水层封存技术的经济性低于 CO_2-EOR 技术，但由于其巨大的储存潜力，也成功应用于多个大规模项目中（蔡博峰等，2021；Li 等，2017）。另外，驱替煤层气（ECBM）等技术尚低于 TRL 6，其达到商业化应用条件的差距较大（GCCSI，2021；Cho 等，2019）。

三、CCUS 关键技术成本预见与分析

本章利用第四章基于组件的双因素学习曲线进行 CCUS 关键技术成本预见。CCUS 技术分成了碳捕集（Carbon capture，CC）和 CO_2-EOR 两个环节。

不同情景下两个技术环节不同关键部件的资本成本如图 7-3 所示。碳捕集环节的资本成本主要包括 CCUS 改造期间因为购买及安装固定碳捕集设备等所产生的费用。在慢、中、快（S、M、F）三种发展速度的情况下，到 2060 年，二氧化碳捕获组件的成本降低潜力最大，成本降低率分别为 34.7%、55.1%、74.3%。

对于 CO_2-EOR 技术，其两个组成部分的成本下降趋势相似，并一直保持较慢的下降速度。到 2060 年，注入组件和生产分离组件的资本成本将分别降低 17.7%、20.9%、24.1%和 22.6%、26.6%、30.3%。

不同情景下不同关键部件的运维成本如图 7-4 所示。碳捕集环节运行与维护成本主要是每捕集 1 吨二氧化碳的能耗成本、捕集材料消耗成本、人工成本、设备维护成本等。到 2060 年，二氧化碳捕获组件具有最大的成本降低潜力和最快的成本降低率，在慢、中、快情景下，成本降低率分别为 6.7 美元/兆瓦时、8.8 美元/兆瓦时、10.2 美元/兆瓦时，成本下降率分别为 51.5%、67.2%、78.3%。

对于 CO_2-EOR 技术，到 2060 年，生产和分离组件的成本降低潜力最大，成本降低速度最快，在不同情景下其运维成本降低幅度分别为 3.0 美元/吨、3.5 美元/吨、4.0 美元/吨，成本降低率分别为 27.9%、32.7%、37.1%。

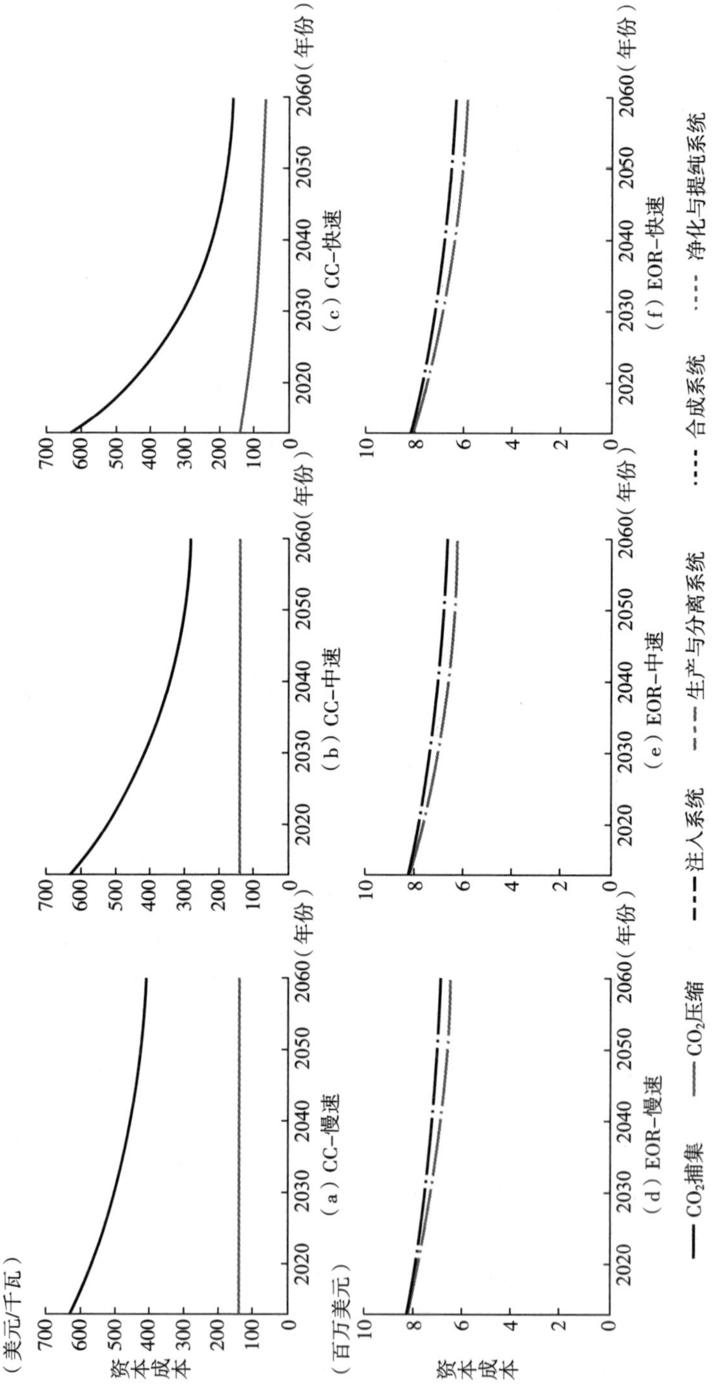

资本成本（美元/千瓦）

（a）CC-慢速

（b）CC-中速

（c）CC-快速

资本成本（百万美元）

（d）EOR-慢速

（e）EOR-中速

（f）EOR-快速

CO_2捕集　CO_2压缩　注入系统　生产与分离系统　合成系统　净化与提纯系统

图 7-3　不同情景下关键组件的资本成本

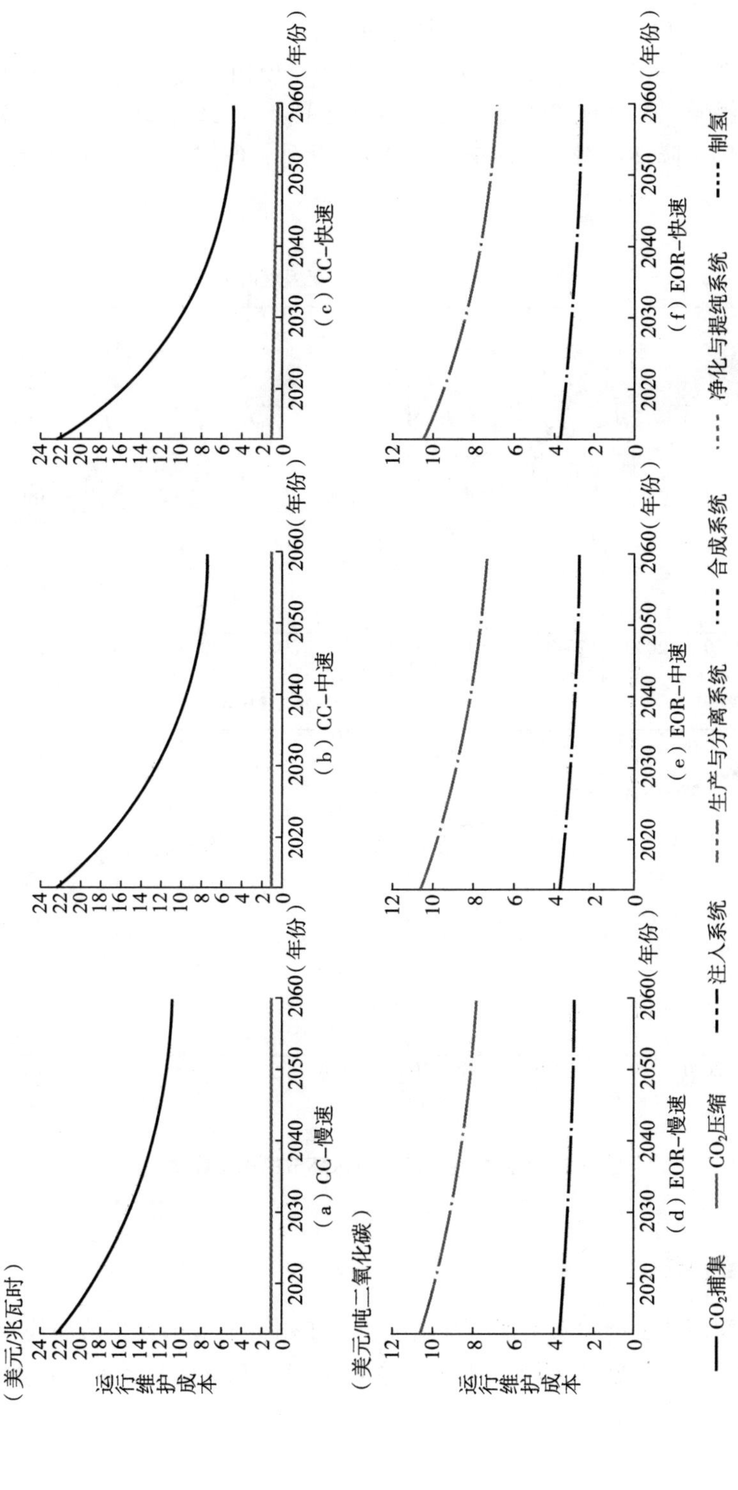

（美元/兆瓦时）运行维护成本

（a）CC–慢速

（b）CC–中速

（c）CC–快速

（美元/吨二氧化碳）运行维护成本

（d）EOR–慢速

（e）EOR–中速

（f）EOR–快速

（年份）

—— CO_2捕集　—— CO_2压缩　- · - 注入系统　- - - 生产与分离系统　···· 合成系统　···· 净化与提纯系统　···· 制氢

图 7–4　不同情景下关键组件的运维成本

不同情景下，CC 技术和 CO_2-EOR 技术的资本成本和运维成本如图 7-5 所示。到 2060 年，CC 技术的资本成本将分别降低 28.4%、45.1%、70.2%，运维成本将分别降低 49.1%、64.0%、77.0%。作为一项相对成熟的技术，CO_2-EOR 的成本降低缓慢。到 2060 年，资本成本将分别下降 20.2%、23.8%、27.2%，运维成本将分别下降 26.6%、31.1%、35.4%。此外，CC 技术具有最大的资本成本降低潜力。

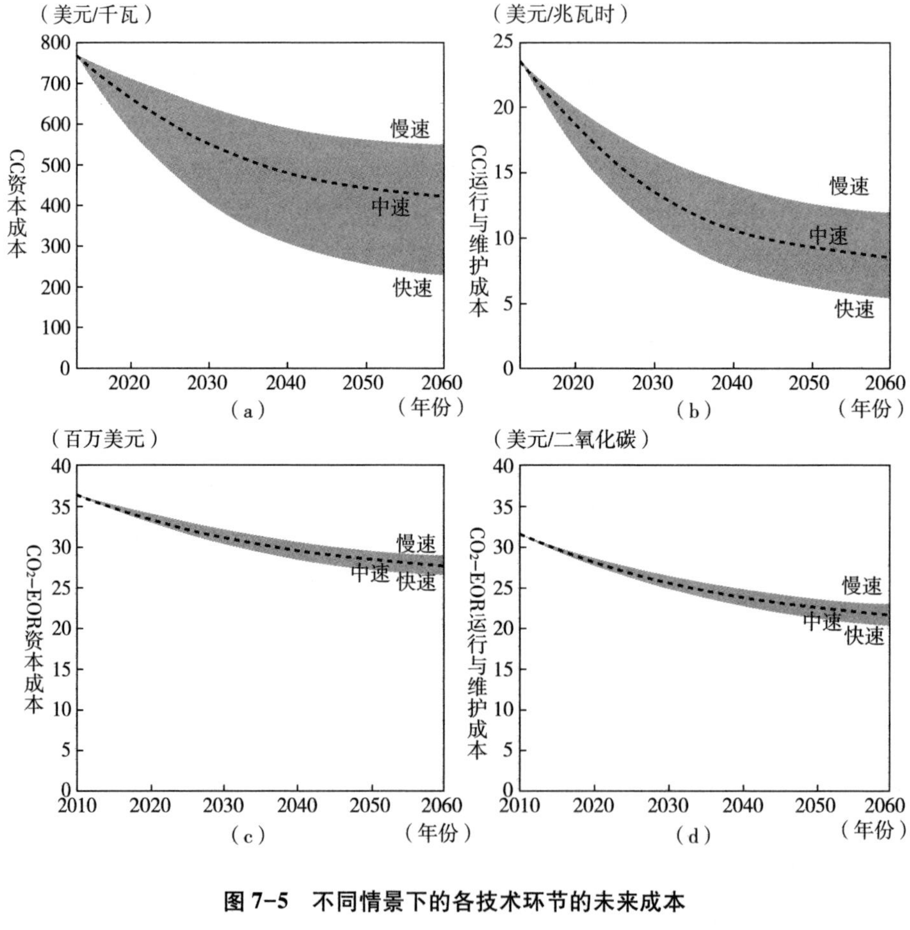

图 7-5　不同情景下的各技术环节的未来成本

四、本章小结

本章在第四章关键技术识别的基础上，基于组件的双因素学习曲线对 CCUS 关键技术进行成本预见。CCUS 关键技术包括低成本和低能耗碳捕集技术、二氧化碳不同类型运输方式、二氧化碳作为能源载体开展碳耦合转化利用以及多联产碳利用物质转化是未来 CCUS 技术发展的关键技术。在慢、中、快速技术进步情景下，结果表明 CCUS 各环节技术均具有较大的成本下降潜力，不同情景下不同技术的成本下降幅度在 30%~80%。

本章参考文献：

［1］Chauvy R, Meunier N, Thomas D, et al. Selecting emerging CO_2 utilization products forshort - to mid - term deployment［J］. Applied Energy, 2019, 236: 662-680.

［2］Cho S, Kim S, Kim J. Life-cycle energy, cost, and CO_2 emission of CO_2-enhanced coalbed methane (ECBM) recovery framework［J］. Journal of Natural Gas Science and Engineering 2019, 70: 102953.

［3］Dechema. Low carbon energy and feedstock for the European chemical industry (DECHEMA Gesellschaft für Chemische Technik und Biotechnologie e. V.)［R］. 2017.

［4］GCCSI. Technology Readiness and Costs of CCS［R］. Melbourne: Global CCS Institute, 2021.

［5］Global CCS Institute (GCCSI). Technology Readiness and Costs of CCS-Global CCS Institute, 2021.

［6］Hoppe W, Bringezu S, Wachter N. Economic assessment of CO_2-based methane, methanol and polyoxymethylene production［R］. Journal of CO_2 Utilization 2018, 27: 170-178.

［7］IEA. Energy technology perspectives 2020: Special report on carbon capture, utilization and storage［R］. Paris: IEA, 2020.

［8］IRENA. Reaching Zero with Renewables: Capturing Carbon［R］. 2021.

［9］Lin Q, Zhang X, Wang T, et al. Technical Perspective of Carbon Capture, Utilization, and Storage［J/OL］. Engineering 2022.

［10］Ma J, Li L, Wang H, et al. Carbon capture and storage: History and the road ahead［J/OL］. Engineering 2022.

［11］Oliveira Machado Dos Santos C, Van Dril Awn. Decarbonisation options for Large Volume Organic Chemicals Production SABIC Geleen［R］. 2021.

［12］Patricio J, Angelis-Dimakis A, Castillo-Castillo A, et al. Region prioritization for the development of carbon capture and utilization technologies［J］. Journal of CO_2 Utilization, 2017, 17: 50-59.

［13］蔡博峰，李琦，张贤，等．中国二氧化碳捕集利用与封存（CCUS）年度报告（2021）——中国 CCUS 路径研究［R］．北京：生态环境部环境规划院，中国科学院武汉岩土力学研究所，中国 21 世纪议程管理中心，2021.

［14］赖一楠，陈克新，郝亚楠，等．我国学者实现用工业尾气 CO_2 制备混凝土砖应用贯通［EB/OL］．2022（2022-4-27）．https：//www.nsfc.gov.cn/publish/portal0/tab448/info83200.htm.

［15］杨果，陈瑶．中国农业源碳汇估算及其与农业经济发展的耦合分析［J］．中国人口·资源与环境，2016，26（12）：171-176.

［16］张贤，李阳，马乔，等．我国碳捕集利用与封存技术发展研究［J］．中国工程科学，2021（23）：70-80.

［17］张贤，杨晓亮，鲁玺，等．中国二氧化碳捕集利用与封存（CCUS）年度报告（2023）［R］．中国 21 世纪议程管理中心，全球碳捕集与封存研究院，清华大学，2023.

第三篇

碳中和技术投资决策优化建模与应用

碳中和技术投资决策是求解碳中和技术落地应用规模、时机和价值。为了解决技术成本高且演进规律识别困难、市场和政策等因素不确定性大、投资者决策灵活性与消费者行为有限理性等带来的投资决策关键难题，亟须构建碳中和技术投资决策优化方法，并通过数值模拟求解碳中和技术最优投资决策。

本篇包括第八章到第十二章。第八章梳理了碳中和技术投资决策的基本理论和方法。其中，基本理论包括静态投资理论、动态投资理论、不确定性条件投资理论、外部性、产权与科斯定理、企业声誉与绿色声誉、有限理性与羊群效应等；主要方法包括静态投资、动态投资、敏感性分析、决策树分析、实物期权、博弈与市场均衡、有限信息与演化博弈、社会网络等。对于生产端碳中和技术，投资决策主要基于静态投资、动态投资以及不确定性条件投资等理论方法求解其项目经济性和最优投资时机；而对于消费端碳中和技术产品来说，主要基于行为决策、绿色声誉、有限理性、演化博弈、社会网络模型等影响用户购买行为的理论和方法优化用户的投资决策。在第九章到第十二章中，基于第一篇中对碳中和技术的分类和梳理以及第二篇对碳中和技术成本的预见结果，从生产端和消费端两方面选取代表性碳中和技术，针对性地构建考虑投资者决策灵活性的生产端技术项目投资决策优化模型以及考虑消费者行为的消费端技术产品投资决策优化模型。进而求解集中式可再生能源发电技术、户用光伏技术、地热供暖技术、CCUS技术的最优投资决策，并通过数值模拟和情景分析为碳中和技术投资落地提供理论方法支撑和决策支持。

第八章　碳中和技术投资决策理论与方法

一、本章简介

碳中和目标的提出对碳中和技术的创新研发、布局规划和项目投资等方面提出了更迫切和更精细的要求。近年来，中国政府也出台了一系列政策规划旨在推动碳中和技术创新发展和落地应用，如《“十四五”能源领域科技创新规划》中提出将围绕碳捕集利用与封存、新型储能和氢能等重点领域，适时布局一批共性技术平台。因此，为了降低能耗强度和碳排放强度、提高能源利用效率和推动清洁能源发展，亟须碳中和技术的快速创新发展与大规模落地应用，构建投资决策优化方法并通过数值模拟为其提供理论支撑和决策指导。

碳中和技术的投资决策优化面临技术成本高且演进规律识别困难、市场政策等因素不确定性大、投资不可逆性高与消费者行为有限理性等关键挑战。因此，如何在考虑上述多维不确定性及决策灵活性下进行技术项目投资决策优化是亟待解决的关键问题。同时，不同于其他商品，碳中和技术产品由于其市场波动的剧烈性以及本身存在的战略性，使得碳中和技术产品价格的金融属性不断增强。另外，碳中和技术市场又受地缘政治、国际合作等一系列复杂因素影响，使碳中和技术项目投资逐渐成为一个综合性问题。本章基于投资者特征以及技术产品扩散特征，进一步将碳中和技术分为生产端和消费端，其中，生产端技术的投资决策主要以企业为投资主体，具有投资规模大、回收期长等特点；消费端技术的投资扩散主要由个体用户为投资主体，具有行为异质性和有限理性等特点。本章分别针对生产端和消费端技术，梳理其投资决策的基本理论和方法。

二、碳中和技术投资决策的基本理论概述

（一）静态投资理论

静态投资理论主要特点是不考虑资金时间价值，主要内容包括静态投资回收

期和会计收益率的计算（郑建国，2008）。静态投资回收期是指从项目建设期开始，直到收回初始投资所需的时间。若时间短于能源行业平均投资回收期，则选择投资该项目，否则放弃该项目的投资。会计收益率以会计报表上收益率等财务指标为决策依据，若该比率大于能源行业部门的平均收益率，则可以执行该项目的投资；否则应放弃该项目的投资（Lumby 和 Jones，2001）。静态投资理论起源最早，容易理解，且计算简单。但与此同时，静态投资理论的局限性也最大，无论是静态投资回收期还是会计收益率都忽略了资金的时间价值，也未能考虑未来项目投资价值的变化，很容易导致错误的投资决策，因此这种方法在实际生活中常常要与其他投资理论一起使用。

（二）动态投资理论

相较于静态投资决策理论，动态投资理论的进步之处在于其考虑了资金的时间价值。现金流贴现的概念由 Fisher 在 1930 年首次提出，之后 Williams（1938）提出了公司或项目的现金流贴现估值模型，并认为在计算公司或项目的投资价值时应通过现金贴现来衡量。目前常用的动态投资决策理论主要内容包括净现值、内部收益率和动态投资回收期的计算（成其谦，2010）。项目的净现值等于其整个生命周期内所有未来现金流的现值之和减去初始投资成本，如果净现值大于 0，则可以投资；如果小于 0，则放弃投资；如果等于 0，则两者皆可。内部收益率是通过计算使能源项目净现值等于零时的预期收益率，并比较其与能源行业平均收益率的大小，若高于行业基准值，则该项目值得投资；若比行业平均值低，则放弃该项目的投资（Rothwell 和 Gómez，2003）。动态投资回收期是在静态投资回收期的基础上考虑资金的时间价值，即回收期为从投资开始，到净现值等于 0 时的时间。

（三）不确定性条件下投资理论

随着投资环境的日益复杂化和多变化，技术投资价值存在极大不确定性，导致企业和投资者难以做出正确的投资决策。为此，学者们相继提出了投资理论以帮助企业和投资者在不确定条件下也能对技术项目的投资做出正确判断，主要包括敏感性分析、决策树分析和实物期权理论。

敏感性分析常用于不确定环境下分析某关键变量变化对项目投资决策的影响，其依托于确定性分析，并通过逐一改变关键变量值揭示其对项目投资价值的影响程度与规律。敏感性分析方法有利于帮助企业和投资者找到影响项目价值的最关键因素，通过预测关键因素的变化趋向来判断项目价值的变化，从而为其投资决策提供可靠的依据。不足的是，敏感性分析一般都默认关键参数为离散分布，且不随时间发生变化，因此考虑的不确定性是有限的。

决策树分析采用树形图来描述能源项目在各时间点的未来收益变化，最后通过计算和比较投资在各种结果条件下的损益值，为企业和投资者提供决策依据。决策树分析中随机变量的变化可能有限，一般假设其未来变化只存在上升和下降两种可能，即二叉树决策分析，或存在上升、不变和下降三种可能，即三叉树决策分析。决策树中各种状态出现的概率一般根据项目前期资料或其他相似项目数据和经验推断得出，因此也存在一定局限性。

实物期权理论是在金融期权理论的基础上结合实物资产特征而诞生的。实物期权理论认为项目的投资价值会随着时间发生波动，且投资者在投资环境不明朗时期拥有延迟、放弃、合并、缩小或扩大等项目投资行为操作的权利，直到风险降低，投资环境变得更加有利以后才选择进入市场。因此，实物期权理论不仅弥补了传统投资决策理论未考虑不确定性的不足，同时其也考虑了管理者投资多阶段决策的灵活性，从而能全面精准地评估不确定环境下项目的投资价值，为企业和投资者的投资决策提供科学依据（郝军章等，2020；高俊峰等，2017；王擎等，2018）。

（四）行为决策理论

行为决策理论研究主要放松了传统行为决策理论中对于决策者的“完全理性”假设，将决策者的主观认知和心理过程等有限理性因素考虑进来，承认了决策者的认知能力有限和信息获取能力有限，因而该理论下的决策会与完全理性下的最优策略有偏差，但却更符合现实。在这一理论的发展过程中，经济学与心理学、社会学、人类学等多学科不断融合，获得了丰富的理论成果。在分析消费者行为决策的研究中，最主要的理论之一即为计划行为理论（Theory of Planned Behavior）。该理论是由 Icek Ajzen 提出的，其核心观点是行为态度、主观规范、感知行为控制共同作用形成了行动意向，而行动意向又与感知行为控制一道在很大程度上决定了付诸实践的行动（Ajzen，1991）。另外，计划行为理论还认为个体特征及社会因素也会通过影响行为态度、主观规范和感知行为，最终间接影响到行动意向和实际行为。特别地，随着复杂网络研究的发展，社会因素对个体行为决策的影响得到了越来越多的关注和认识（Lieberman 等，2005；Campbell，2013）。

在碳中和技术投资决策领域，存在着许多态度—行为分离、偏离经济最优决策的现象。例如，对于分布式可再生能源，特别是居民户用分布式可再生能源而言，虽然有高额补贴支持，但并未能带动居民的购买安装热情（Wang 等，2018）。而通过行为决策理论分析，提出更具针对性的助推机制，也是本书关于分布式可再生能源电力发展激励政策研究的落脚点。

（五）企业声誉理论与绿色声誉

企业声誉一直是国内外学者经久不衰的研究课题，对于其定义，至今仍没有形成统一的表述：Klein 和 Leffler（1981）认为，声誉是企业对自身合约执行绩效的一种保障，而非在第三方监管下的保障。Davies 等（2003）将声誉定义为身份和形象二者的结合，前者指企业内部员工对于企业的认知，后者指企业外部人员，包括消费者、社会大众、投资者等社会主体如何看待企业。

而 Schwaiger（2004）认为之前学界对于企业声誉的认识大多比较片面，只是从情感或认知的单层维度出发，并在总结已有研究的基础上提出了声誉的二维定义，认为声誉是企业内外部利益相关者对其的一种由理性认知和情感反应综合而成的态度。现有对于企业声誉评价的定性或定量的研究大致被分为以下三种主要流派：①基于企业内外部人员对于企业经营的预期，筛选影响声誉的主要因素；②基于社会大众识别到的企业的不同特征，确定影响声誉的主要因素；③基于企业内外部人员对公司持积极或消极态度的原因，筛选影响声誉的主要因素。

对声誉的建模研究首先由 Kreps、Milgrom、Roberts 以及 Wilson 提出，即基于博弈论的 KMRW 声誉模型。他们通过将信息不对称和声誉引入重复博弈，只要博弈重复次数足够多，有限次重复博弈的参与者就会倾向于在博弈初期建立愿意合作的声誉，合作行为就会频繁出现。在引入无限次重复博弈后，囚徒困境就可以被打破。KMRW 模型表明，现阶段的良好声誉有可能在未来带来更高收益，只有在有限次重复博弈快结束时，博弈参与者才会选择不再合作。声誉、贴现因子以及博弈期数都将形成对博弈参与者行为约束的隐形条件。考虑到现实中的持续经营假设（Going Concern Assumption 或 Continuing Operations Assumption），相当于无限次博弈，因此企业如果期望未来获得更多收益，那么就必须通过前期树立良好的企业声誉，并且一直维持下去。

而随着可持续发展目标的提出，生态环保的重要性毋庸置疑。在注重传统声誉的同时，绿色声誉的理念也受到越来越多的关注。综合以上对企业声誉的诠释，本书对绿色声誉的定义提出了进一步的规范：绿色声誉标志着企业对于未来可持续发展目标的一种关注，从内部而言代表着员工对于企业生态环保贡献度的认知，从外部而言代表着利益相关者对于企业在生态环保方面作出的评价，是企业体现差异化竞争优势的重要因素。Elkington（1998）提出了企业行为需要满足的三重底线，即企业盈利底线、环境责任底线与社会使命底线；除了要关注和定期披露企业的经济效益外，三重底线原则强调某企业经营还需要考虑到社会需求与期望、定期汇报其社会责任和环保生态相关业绩，并将经济、社会、环境三者的平衡作为企业进行社会活动的目标。

对于本章所关注的第三方投资企业（如银行、基金、众筹平台、P2P 平台等）来说，绿色声誉、绿色管理则更为重要。2002 年国际金融公司、花旗银行以及荷兰银行等联合发起赤道原则（Equator Principle），赤道原则主要强调金融机构对环境及社会相关风险承担的非强制性责任，并高度关联联合国所提出的可

持续发展目标（SDGs）以及巴黎协定（Paris Agreement）等气候合约，EP4 中更是将应对气候变化作为更新调整的重点。赤道原则首次把金融机构融资过程中的环境和社会责任明确化，为金融机构及投资者提供了务实的操作准则。除部分机构加入赤道原则外（如兴业银行），中国金融机构在环境责任方面主要通过绿色信贷进行推动。环保部、保监会、银监会等部门联合布局了包括绿色金融、绿色证券、绿色保险以及绿色信贷在内的绿色项目融资支持体系。为绿色项目提供融资支持既是金融类企业机构需要承担的社会责任，也是其提升自身声誉、提高经济效益、防控信贷风险的内在要求。

（六）有限理性理论与羊群效应

在古典经济学中，从事经济社会活动的人类主体往往被抽象地描述为"完全理性人"或"经济人"，每一个从事经济社会活动的人所采取的行为决策目标均为以最小的经济成本代价谋得最大的经济利益，即利己主义与趋利避害原则。完全理性人假设隐含四种前提条件：①理性人对于自身的决策环境具备完备或近乎完备的信息；②理性人的偏好确定且稳定；③理性人可以准确计算出每种决策的收益得失，并据此做出最优决策；④最优方案总是可得的。而随着经济学、行为科学、心理学的不断发展，这一假设为古典经济学研究提供了重要基础，同时也引来了各种讨论和改进建议。有限理性（Bounded Rationality）假设，即参与经济社会活动的主体在决策时的理性程度是有限的，上述完全理性的四种前提条件往往并不能同时实现。作为有限理性早期的主要倡导者之一，Simon（1955）也指出了新古典经济学理论假设的两条主要的局限性：①未来情景与目前的状况并不一定一致；②对所有备选决策的完备信息不一定总能实现，决策者往往只能实现满意，而无法达到最优。这一假设的提出体现了人类对于环境的时变性、复杂性、不确定性认知的不断演变与深化。

尽管众多学者提出了对理性人假设的质疑，但有限理性的范畴十分广泛，对于其具体界定，目前学界并没有集中的认识。人的心理机制导致了有限理性的存在与产生，作为经济社会活动主体的人本身的判断能力、预测能力、识别能力、信息处理能力都是有限的，所追求的价值观与目标之间也可能存在偏差。而 Aumann（1997）则认为虽然决策模型大多同时具有信息不对称和信息不完全的特征，但它们应属于超无限理性模型，并非有限理性模型。Güth 等（1982）区分了个人行为与博弈规则的不同理性范畴，并将博弈规则的理性视作一种有限理性。Rubinstein（1998）将人类理性的不完整称为有限理性。虽然没有统一的结论，但有限理性与完全理性假设并不是完全对立的，只是在认知水平与现实程度上进一步拓展和深化了理性人假设的研究范畴。

有限理性理论自被提出并发展至今，已经拓展出众多研究分支以及应用场景。例如，前景理论（Prospect Theory）：人的决策主要取决于眼前结果与预想的未来收益前景的差距，并非收益结果本身；框架效应（Framing Effect）：对于一个在客观上相同的问题，不同的外在呈现形式、不同的描述将导致产生不同的决策结果（Tversky 和 Kahneman，1981）。

此外，羊群效应（Herd Effect）在投资的实践及相关研究中均十分常见，主要被用来描述决策主体的从众心理，决策主体会受到他人决策的影响，从而做出趋同的决策（Banerjee，1992）。羊群效应也称为从众效应，其原指羊群成群地移动、迁徙、觅食等活动的一种现象，即领头羊占据群体的主要注意力，整个羊群都会不断模仿领头羊。延伸至人类领域，羊群效应是指在一个群体内不需要刻意协调而仅通过自主学习和模仿，个体之间观念或行为表现逐渐一致、跟从大众的现象。其产生的原因主要包括：①信息相似性。人群中关注相同的信息，采用相似的技术、方法或策略做出行为决策，这种情况下不同人很可能基于相同外部信息做出相似反应，表现出羊群效应。②信息不完全。不同个体获取信息的途径和能力各不相同，导致一部分个体获得更多有效消息，而其余个体为了趋利避害，往往通过观察别人的行为来推测其私有信息，进而做出相似行为，表现出羊群效应。③委托代理。代理人为了维护自身名誉并获取相对于别的代理人相似的报酬，往往会做出跟随第一个代理人决策的行为，表现出羊群效应。

三、碳中和技术投资决策的基本方法概述

（一）静态投资方法

静态投资方法的评价指标是在不考虑时间因素对货币价值影响的情况下，直接通过现金流量计算出来的经济评价指标。其特点是计算简便适于短期投资项目和逐年收益大致相等的项目，也适合对方案进行概略评价。

1. 总投资收益率

项目达到设计生产能力后正常年份的年息税前利润或运营期内年平均息税前利润（Earnings Before Interest and Tax，EBIT）与项目总投资（Total Investment，TI）的比率。

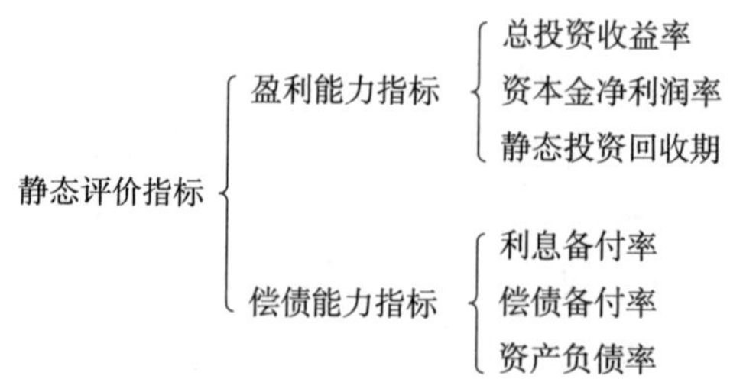

图 8-1　静态投资方法的评价指标

$$ROI=\frac{EBIT}{TI}\times 100\% \tag{8-1}$$

式中：ROI 指总投资收益率；$EBIT$ 即项目正常年份的年息税前利润或运营期内年平均息税前利润；年息税前利润 =净利润+所得税费用+利息费用；TI 是项目总投资。总投资收益率高于同行业的收益率参考值，表明用总投资收益率表示的盈利能力满足要求。

2. 项目资本金净利润率

项目达到设计生产能力后正常年份的年净利润或运营期内年平均净利润（Net Profit，NP）与项目资本金（Equity Capital，EC）的比率。

$$ROE=\frac{NP}{EC}\times 100\% \tag{8-2}$$

式中：ROE 是项目资本金净利润率；NP 是项目正常年份的年净利润或运营期内年平均净利润；EC 是项目资本金。项目资本金利润率高于同行业的净利润率参考值，表明用项目资本金净利润率表示的盈利能力满足要求。

3. 静态投资回收期指标

在不考虑资金时间价值的条件下，以方案的净收益回收项目总投资（包括建设投资和流动资金）所需要的时间。

$$\sum_{t=0}^{P_t}(CI-CO)_t=0 \tag{8-3}$$

式中：CI 即投资项目第 t 年的现金流入；CO 投资项目第 t 年的现金流出；P_t 为静态投资回收期。

4. 利息备付率

利息备付率是指投资方案在借款偿还期内的息税前利润（$EBIT$）与应付利息（PI）的比值，它从付息资金来源的充裕性角度反映投资方案偿付债务利息的保障程度。

$$ICR=\frac{EBIT}{PI} \tag{8-4}$$

式中：PI 是计入总成本费用的应付利息。利息备付率高，表明利息偿付的保障程度高。利息备付率应大于 1，并结合债权人的要求确定。

5. 偿债备付率

$$DSCR=\frac{EBITDA-T_{AX}}{PD} \tag{8-5}$$

式中：EBITDA（Earnings Before Interest，Taxes，Depreciation and Amortization）是息税前利润加折旧和摊销；T_{AX} 即企业所得税；PD 指应还本付息金额，包括还本金额和计入总成本费用的全部利息。偿债备付率越高，表明可用于还本付息资金保障程度高。利息备付率应大于 1，并结合债权人的要求确定。

6. 资产负债率

是指投资方案各期末负债总额（TL）同资产总额（TA）的比率。

$$LOAR=\frac{TL}{TA}\times 100\% \tag{8-6}$$

适度的资产负债率，表明企业经营安全、稳健，具有较强的筹资能力，也表明企业和债权人的风险较小。一般来讲，资产负债率应在国家所发布的行业建设项目偿债能力测算与协调参数结果中资产负债率的合理区间，有利于风险与收益的平衡。

（二）动态投资方法

动态投资方法基于动态评价指标进行决策。动态评价指标是在分析项目或方案的经济效益时，对发生在不同时间的效益、费用，计算其资金的时间价值，将现金流量进行等值化处理后计算的评价指标。动态评价指标能全面反映投资方案整个计算期的经济效果适于计算期较长的项目，适于处在终评阶段的投资方案的评价。

- 动态评价指标
  - 动态投资回收期
  - 净现值
  - 净现值率
  - 净年值
  - 内部收益率
  - 费用现值与费用年值

图 8-2　动态投资方法的评价指标

1. 动态投资回收期

在考虑资金时间价值的条件下，以方案的净收益回收项目全部投入资金所需要的时间。

$$\sum_{t=0}^{P_t}(CI-CO)_t(1+i_c)^{-t}=0 \tag{8-7}$$

动态投资回收期一般从项目建设开始年算起，如果从项目投产开始年计算，应予以特别注明。动态投资回收期与折现率有关，若折现率不同，其反映的投资回收年限就不同，当折现率为零时，动态投资回收期就等于静态投资回收期。

2. 净现值

净现值即按设定的折现率，将项目计算期内各年发生的净现金流量折现到项目开始实施时的现值之和。

$$NPV=\sum_{t=0}^{n}(CI-CO)_t(1+i_c)^{-t} \tag{8-8}$$

当投资项目的 NPV 大于等于 0 时，说明该项目能满足投资收益率要求的盈利水平，故在经济上是可行的。当投资项目的 NPV 小于 0 时，说明该项目不能满足投资收益率要求的盈利水平，故在经济上是不可行的。

3. 净现值率

净现值率是项目净现值与项目全部投资现值之比。

$$NPVR=\frac{NPV}{I_p}=\frac{\sum_{t=0}^{n}(CI-CO)_t(1+i_c)^{-t}}{\sum_{t=0}^{n}I_t(1+i_c)^{-t}} \tag{8-9}$$

单一方案：NPVR≥0，则方案应予以接受；若 NPVR <0，则方案应予以拒绝。寿命期相同多方案进行评价：净现值率越大，方案的经济效果越好。

4. 净年值

净年值也称为等额年值、等额年金，是以设定折现率将项目计算期内净现金流量折算而成的（1~n 年）等额年值。

$$NAV=NPV(A/P,\ i_c,\ n) \tag{8-10}$$

对于单方案，NAV≥0，投资方案在经济上可以接受；NAV<0，投资方案在经济上应予拒绝。多方案比选时，NAV 越大的方案相对越优。

5. 内部收益率

内部收益率是使投资方案在计算期内各年净现金流量的现值之和等于零时的收益率。

$$\sum_{t=0}^{n}(CI-CO)_t(1+IRR)^{-t}=0 \tag{8-11}$$

$IRR>i$，说明投资方案在满足基准收益率要求的盈利外，还能得到超额收益，故方案可行；$IRR<i$，方案不可行。

（三）敏感性分析方法

敏感性分析是考察项目所涉及的各种不确定性因素的变化对项目基本方案经济评价指标的影响，从中找出敏感因素，确定其敏感程度，据此预测项目可能承担的风险的一种分析方法。敏感性分析包括单因素敏感性分析和多因素敏感性分析。

敏感性分析的主要步骤包括：①选择需要分析的不确定性因素；②确定不确定性因素变化程度；③选择经济效果评价指标；④计算不确定性因素的敏感性分析指标；⑤对敏感性分析的结果表述。

敏感性分析指标主要包括敏感度系数和临界点。其中，敏感度系数是指项目评价指标变化的百分率与不确定性因素变化的百分率之比。敏感度系数高，表示项目效益对该不确定性因素敏感程度高。计算公式如下：

$$S_{AF}=\frac{\Delta A/A}{\Delta F/F} \tag{8-12}$$

式中：S_{AF} 指敏感度系数，$\Delta A/A$ 代表项目效益的变化率，$\Delta F/F$ 代表不确定性因素的变化率。

临界点是指不确定性因素的变化使项目由可行变为不可行的临界数值，是项目允许不确定因素向不利方向变化的极限值。

敏感性分析在一定程度上就各种不确定因素的变动对投资项目经济效果的影响做了定量描述，有助于决策者了解方案的风险，有助于确定在决策过程中及方案实施过程中需要重点研究与控制的因素。敏感性分析没有考虑各种不确定因素在未来发生变化的概率，可能影响分析结论的准确性。

（四）决策树分析方法

决策树分析法采用树形图来描述能源项目在各时间点的未来收益变化，最后通过计算和比较投资在各种结果条件下的损益值，为企业和投资者提供决策依据。

首先需要绘制决策树：①画一个方框作为出发点，即决策点；②从决策点引出若干直线，表示该决策点有若干可供选择的方案，在每条直线上标明方案名称，即方案枝；③在方案枝的末端画一个圆圈，即自然状态点或机会点；④从状态点再引出若干直线，表示可能发生的各种自然状态，并表示出现的概率，即状态分枝或概率分枝；⑤在概率分枝的末端画一个小三角形，写上各方案在每种自然状态下的收益值或损失值，即可能结果点。

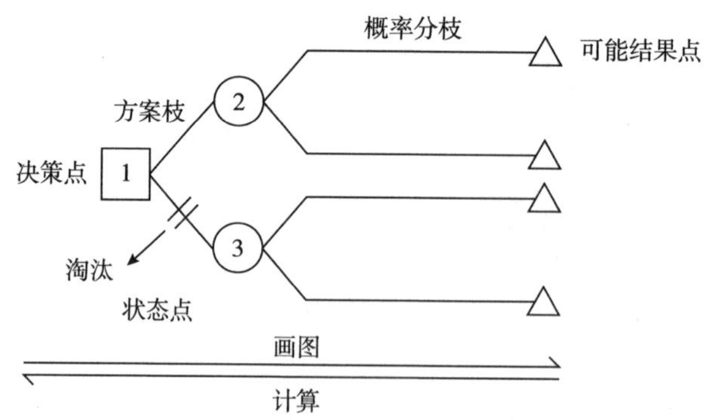

图 8-3 决策树分析方法

决策树法求解步骤包括：①列出方案。通过资料的整理和分析，提出决策要解决的问题，针对具体问题列出方案。②根据方案绘制决策树。决策树按从左到

右的顺序进行绘制。③计算各方案损益的期望值。损益的期望值应从决策树的最右端的结果点开始计算。期望值的计算公式为：损益期望值 = $\sum$（各种自然状态的概率×收益值或损益值）。④方案的选择。在各决策点上比较各方案的损益期望值，以其中最大者为最佳方案。

（五）实物期权方法

实物期权是用金融期权的思路来审视和处理不确定性环境下非金融资产投资的一种分析方法与战略决策工具。期权交易的具体内容是：期权购买者通过支付一定费用（一般为合同交易额的1%~5%）给期权卖出者，取得以合同约定的价格在交割期买入或卖出股票的权利，包括不买不卖的权利（如果价格对买期权者不利）。期权持有者只有权利而没有义务，这种权利和义务的不对称性实际上既提供了一种保险，又提供了巨大的获利空间。未来的不确定性越大，期权的价值就越大。如果资产含有期权，那么资产的风险越大，其价值可能也越大。实物期权来源于金融期权，但又有所区别。表 8-1 比较了实物期权与金融期权的相似和差异。

表 8-1　实物期权与金融期权比较

实物期权	金融期权
期权价值（灵活决策创造项目价值）	期权价值（期权权利创造的价值）
项目未来现金流的价值/新技术投入创造的价值	股票现价
项目价值波动性/产品价格波动性/生产成本波动性/其他不确定因素	股价波动性
投资成本	执行价格
投资期	执行期
折现率	无风险利率

1. 实物期权种类

实物期权可以分为基础期权和复合期权，其中复合期权由 2 个或以上基础期权组成。基础期权包括推迟投资期权、扩张投资期权、收缩投资期权、放弃期权、增长期权和转换期权 6 种。

（1）推迟投资期权。项目的持有者有权推迟对项目的投资，从而获取更多的信息或技能，以解决项目所面临的一些不确定性。当产品的价格波动幅度较大或投资权的持续时间较长时，推迟期权的价值较大，较早投资意味着失去了等待的权利。

（2）扩张投资期权。项目的持有者有权根据项目实际进展情况在未来的时间内增加项目的投资规模，即在未来时间内，如果项目投资较好，则投资者有权扩张投资规模。

（3）收缩投资期权。收缩投资期权是与上述扩张投资期权相反的实物期权，即项目的持有者有权在未来的时间内减少项目的投资规模。

（4）放弃期权。项目的持有者在未来时间内，如果项目的收益不足以弥补成本或市场条件变坏，则投资者有权放弃对项目的继续投资；如果投资者在投资某一项目后，市场情况变坏，则投资者可以放弃对项目的继续投资，以控制继续投资的可能损失。

（5）增长期权。项目投资者通过预先投资作为先决条件或一系列相互关联项目的联结，获得未来成长的机会（如新产品、新市场等），而拥有在未来一段时间进行某项经济活动的权利。

（6）转换期权。指项目投资者对项目投入要素或产出品进行转换的能力。该期权的获得既取决于生产技术和过程的选择，也依赖于许多非技术的因素。

2. 实物期权的构建

尽管碳中和技术开发项目一般涉及多个期权，并且不同技术项目需考虑的不确定因素差别较大，因此投资者在决策时不仅需考虑多重不确定因素，还会通过多阶段投资以增加决策的灵活性，从而规避损失（曹先磊，2020；王喜平等，2019；黄守军等，2017）。基于此，可以分别构建 Black-Scholes 模型、多因素期权模型和多因素多期权模型。

在实物期权理论下，项目总价值等于传统净现价值与期权价值之和，即

$$TV=V_{NPV}+V_{RO} \tag{8-13}$$

3. 实物期权的优势

相对于传统投资决策方法，实物期权在技术投资价值识别方面的优势主要来源于：

（1）未来的市场机会。碳中和技术投资具有初始成本高、风险大等特点，以传统 DCF（Discounted Cash Flow）分析的结果，这类投资往往难以得到决策者的支持。但是，碳中和技术投资的潜在战略价值高，未来市场发展潜力大。在考虑未来市场机会的基础上进行碳中和技术投资可能是企业购买的一种最具价值的期权。市场机会在最初的时候并不是显而易见的。很多时候最开始的碳中和技术投资，其意图并不仅是盈利，最重要的是发掘潜在市场并占有先行优势，仅仅基于 DCF 分析来评估这种战略方案的合理性是非常困难的。

（2）管理人员的柔性策略。管理人员把握和适应不可预测的市场变化的能力是难以用静态的 DCF 分析来反映的。如在低油价时期，石油生产企业通过减

少产量和延期决策保持长期竞争优势。针对碳中和技术投资，前期资本过大的投入实际上是购买一种期权，它促使碳中和技术企业能够在它的开发决策中综合大量经验教训和各种最新的信息。当最终市场有利时，执行这种期权，从而使它比竞争对手更好更快地适应市场要求，进而扩大市场份额。若最终市场释放出不利的信息，管理人员可通过柔性策略以适应市场，规避风险和损失。

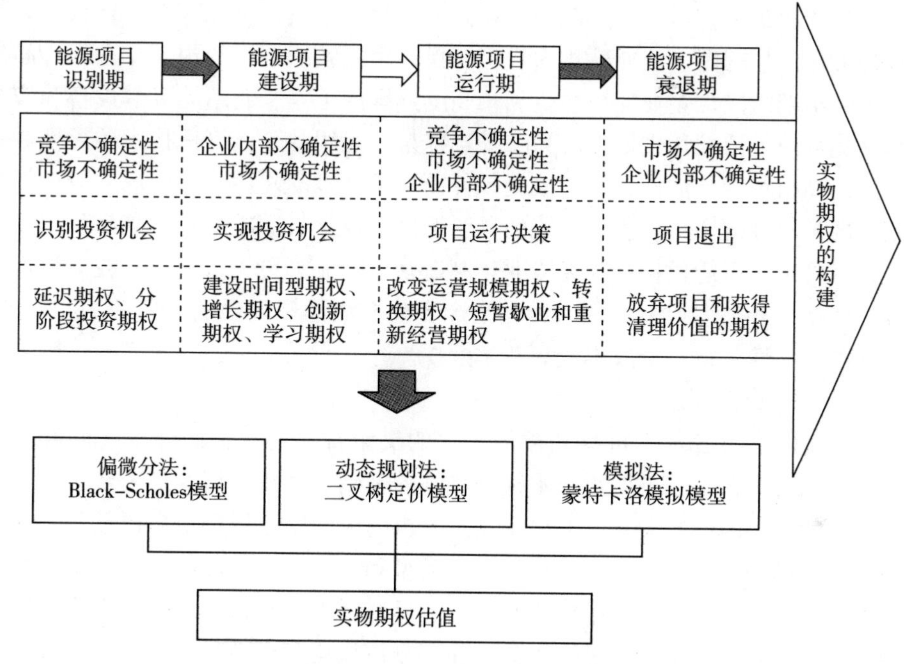

图 8-4　实物期权构建及求解

（3）多阶段投资。碳中和技术投资周期长、阶段多，如油田开发包括勘探评价、钻井工程、地面建设以及生产与运营等多个阶段。因此，把一项碳中和技术投资方案划分为几个连续的阶段，在每一个阶段结束以后，根据所获得的最新信息，对方案的前提假设和实施情况进行审查。审查的结果有以下几种情况：一是环境条件已经发生根本性的变化，方案已经失去了继续实施的必要，停止投资，出售和处理资产；二是环境条件正如先前所预计的一样，方案继续在原有的规模上实施；三是环境条件比预计的还好，应该加大投资、强化战略，以充分利用巨大的市场机会。方案的每一个阶段应该被看作是后一阶段的期权，具有明显阶段性的长期投资方案比短期方案具有更大的期权价值。

（4）合作或并购。碳中和技术企业合作或者并购的出现不外乎这样的原因：一方企业预计到了伴随着巨大不确定性的某一市场机会，但是，自身在资源、能力上存在着难以克服的困难。通过与自己具有互补优势的企业进行并购或者合作，降低承担风险，从而获得这一市场的看涨期权。如中海油通过对加拿大尼克森的并购，获得了加拿大油气资源的开采权力和免费页岩气开采技术，并购后中海油的油气产量将提高 20%左右，相当于在购买一项看涨期权。

（5）灵活性。战略评价面临的一个巨大困难是预测市场的需求。在碳中和技术投资的决策中，保持生产系统的灵活性，将可以获得由此带来的期权。如果市场形势比预计的好，企业就扩大生产规模；反之就缩小生产规模。在新产品生命周期的早期阶段，企业应该尽量利用高度熟练的工人、通用的工具设备和较少的自动化，使灵活性达到最大。另一种选择是，运用基于计算机技术的柔性制造系统来提高组织的灵活性，通过改变软件而不是昂贵的硬件，生产数量较少但品种较多的零部件或产品。生产系统的灵活性使企业具有适应众多产品品种生产的优势，尽管这样可能比投资高度专业化制造系统的成本更大，但是，在灵活性方面增加的投资将大大提高管理人员在当今变化莫测的环境中的适应能力。由此，以上两种灵活性获得了低成本或高效率期权。

（六）市场均衡模型

各个市场参与者基于自身利益最大化的决策常会与社会总体最优间存在偏差。因此，需要在优化模型对技术细节刻画的基础上，在模型中进一步考虑这些市场参与者之间的博弈关系。而满足这一要求的模型中，使用最广泛的是市场均衡模型。市场均衡模型分为一般市场均衡模型和部分市场均衡模型。一般市场均衡模型由于要考虑经济活动中的所有部门，且数据需求严格，难以也没有必要对所有市场参与者的技术细节进行刻画。而部分市场均衡模型只需要刻画研究关注的市场参与者，因此对于研究可再生能源政策这类仅作用于特定行业的政策十分方便。部分市场均衡的原理和利用互补模型进行求解的方法在 Gabriel 等出版于 2012 年的著作中做了系统而详细的介绍（Gabriel 等，2012）。

在可再生能源电力研究领域，该模型也被广泛应用。例如，Helgesen 和 Tomasgard 构建了一个多区域部分均衡模型，并在纳什—古诺市场竞争假设下对电力市场和绿证市场同时予以出清（Helgesen 和 Tomasgard，2018）。Rudik 开发了一个用于分析绿证交易下公司行为的博弈模型（Rudik，2018）。

（七）有限信息和演化博弈模型

研究关于发展集中式可再生能源的投资决策，往往不需要涉及个人，只需考虑政府和企业的决策即可。而分布式可再生能源的利用更多出现在个体层面，如小型企业、村落，甚至单个家庭，对于此类用户而言，由于其本身获取信息和影响政策的能力十分有限，其决策过程往往存在着模仿和学习过程，而非基于完全理性的最优决策。这是传统假设的完全信息的博弈模型无法刻画的，因此，关于分布式可再生能源投资决策的研究将采用演化博弈模型。这种模型在研究一个产品、政策推广之初消费者接受度的变化方面有较大优势。

演化博弈论（Evolutionary Game Theory）是对传统博弈理论的完善和发展，其从系统的角度出发，将群体行为的演化看作一个动态过程。演化博弈模型体现了个体行为到群体行为的形成机制，既包含了微观个体行为，又刻画了宏观群体趋势。在演化博弈过程中，博弈主体根据其可以观察到的信息，以获得更高的收益为目标，对自身的策略选择不断修改。演化博弈理论放松了传统博弈理论中对于博弈参与者“完全理性”的假设，即演化博弈中，不再要求参与者必须明确自身各种决策中的最优决策，而只需要通过模仿、学习、突变等过程，动态达到均衡状态，而这一系列动态过程往往需要多期完成。这些改进使得演化博弈理论更符合现实，特别是普通人在获取信息能力有限的情况下的决策过程。

在演化博弈理论中，博弈双方由于有限理性，博弈方一般不会立刻做出最优策略，而是继续对策略失误不断改正和学习，从而使所有博弈方的策略趋向于某个稳定的策略，即演化稳定策略。而描述某一特定策略在一个种群中被采用的频数或频度的动态微分方程即复制动态方程，其基本形式表示为：

$$\frac{d_{x_i}}{d_t}=x_i[(u_{s_i}, x)-u(x, x)] \tag{8-14}$$

式中：x_i 为群中采用纯策略 s_i 的比例，(u_{s_i}, x) 表示采用纯策略时的适应度，$u(x, x)$ 表示平均适应度。

演化博弈在能源政策研究领域的应用较多，大部分现有研究中，往往考虑的是双策略或三策略演化博弈模型，随着博弈主体和策略选择的数量增加，模型的复杂度大幅上升，多策略（多于3）的演化博弈模型在理论求解中需要较强的限定（Duong 和 Han，2016），对于较为复杂的实际问题，特别是与复杂网络结合后，往往只能通过数值模拟求解（倪顺江，2009）。

（八）非理性因素和社会网络上的市场扩散模型

在现实决策中，有许多风险因素和非理性因素，不同用户会有不同的感知，而往往这些非理性因素会影响商品的推广或行为的学习。因此，对于分布式光伏市场扩散的刻画，可以使用市场扩散模型。

Bass 于 1969 年最先提出了市场扩散的模型框架，Bass 模型考虑了一类商品在具有一定购买潜力的社会网络中总计的首次购买增长率。在基本的 Bass 模型中，社会网络是完全连接的，且每个节点是同质的。在每一个时间点，会有两种因素导致新的购买行为：一是外部影响，诸如广告、促销等；二是市场内部影响，如购买者和潜在购买者之间的交流等。Bass 模型假设未购买者购买新产品的概率正比于已有购买者的数量。随着社会的进步，基础的 Bass 模型的假设已经无法刻画现实。因此，1990 年之后，关于市场扩散模型的研究不断在扩展 Bass 模型的框架来反映新产品增长的复杂度，许多新的影响因素被考虑了进来，如网络外部性和社会信号：网络外部性是指一个消费者使用该产品的效用随着使用者人数的增加而增加，如购买 DVD 播放器的人数会随着 DVD 碟片数量的增加而增加（Binken 和 Stremersch，2009）；而社会信号则是指那些用于推断是否采用了新产品的社会信息，通过购买新产品，消费者释放出社会差异或群体认同的信号。

另外，复杂社会网络的影响也被考虑到市场扩散理论中。社会网络指以人、人的群体或社会单元为节点构成的集合，这些节点之间具有某种接触或相互作用模式。基于这一定义，现实当中如人际关系网络、论文合著网络、演员合作网络、邮件联络网络、消费者网络、企业网络、供应链网络等均属于社会网络的例子。早期社会网络分析主要基于统计学、概率论、图论、随机过程等方法，通过社会调查构建网络并进行分析。但由于真实世界的网络往往巨大而复杂，使用这些方法仅能考察较小规模的社会网络及其特征，因此被认为是小样本和不精确的。到 20 世纪末，随着计算机科学和互联网的发展，处理由大量基本单元组成的复杂系统成为可能，推动了社会网络研究的进步。可以通过互联网数据库获取大量的大型数据，再使用计算机技术进行分析。如 Watts 和 Strogatz（1998）研究中根据在线互联网电影数据库 IMDB 的数据构建的演员合作网络就达到 225226 个节点，平均度达到 61。与传统社会学研究中的社会网络相比，由大体量数据绘制出的实际社会网络结构的复杂度大幅上升。并且从这些网络中发现一些新的、共同的、在小规模社会网络分析中难以观察到拓扑结构性质推动了社会网络研究在结构和动力学过程方面的深入发展，进一步形成了“复杂社会网络”这一研究方向。1998 年和 1999 年在《Science》和《Nature》上的两篇开创性文献标志着复杂网络理论的兴起：首先是 Watts 和 Strogatz 提出了单参数的小世界网络模型（Small-World）（简称 WS 模型），该网络模型介于规则网络和随机网络之间，并在二者间建立了桥梁，该类网络具有大集聚程度和小最短路径特性，因此命名“小世界”。接着，Barabasi 和 Alber（1999）提出了无标度网络模型（Scale-Free）（简称 BA 模型），用以描述实际网络的另一个突出的结构特征——度分布的幂律特征，称为无标度（Scale-Free）网络。该类网络具有度分布的异质性，即网络中大量节点度数不高（连线不多），少数节点度数很高（连线非常多）。

复杂网络有以下特征：网络的结构和拓扑特征复杂；不断演化，网络节点不断地增加，节点之间的连接不断增长；网络动力学复杂，具有分岔和混沌等非线性动力学行为且在不停变化。目前，复杂网络理论的主要进展集中在网络结构测

度、网络模型和网络动力学三个方面（见图 8-5）。

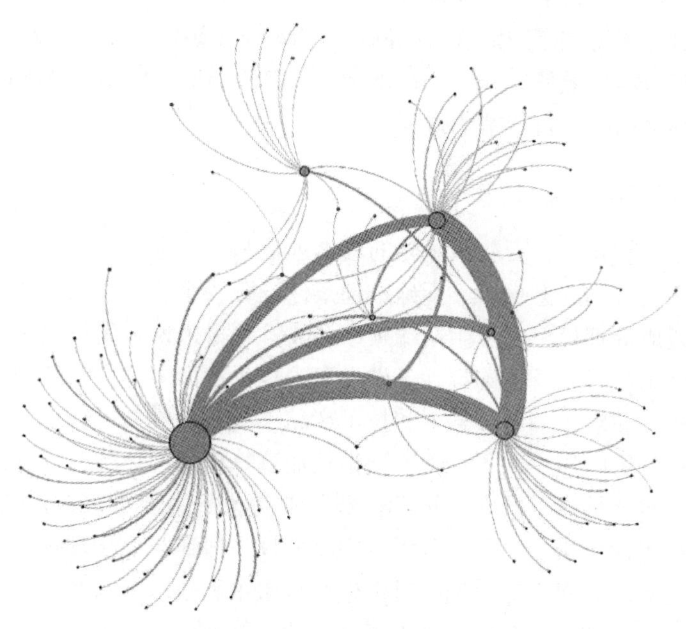

图 8-5　社会网络结构

复杂网络动力学是复杂网络研究的最终目标。目前可大致分为网络故障与稳定性、传播过程和同步控制等几个领域，其中，基于网络结构的扩散行为如计算机病毒在计算机网络上的蔓延，传染病在人群中的传播，知识、谣言或信息在社会中的扩散，行为的涌现与传播等引起了较多关注，这一行为本质是一种服从某种规律的网络传播行为（Cowan 和 Jonard，2004）。在复杂网络理论出现之前，相关研究并未关注网络的拓扑结构，而直接选择最容易分析的规则网络或者随机网络。而大量研究表明，网络结构特征对发生在其上的动力学特性至关重要。复杂网络上的同步、扩散、搜索等各种动力学行为都在很大程度上受到拓扑结构的影响，不同结构的网络，其动力学行为表现出明显的、本质上的差异，尤其是复杂网络上的扩散动力学更是与规则网络和随机网络上的情况完全不同，这使得传统研究结论不断面临质疑。

复杂网络理论的兴起对技术扩散理论具有深远的影响，最为明显的复杂网络的理论和实证成果完善了现有技术扩散模型，使其解释力度更强。复杂网络对技术扩散理论模型的影响主要表现在以下几个方面：重构了以 Bass 模型为代表的混合影响扩散模型的框架；完善了阈值扩散模型；促进了网络博弈模型的建立，推动了网络上的博弈行为研究。

近年来，社会网络上的市场扩散模型在包含分布式可再生能源在内的绿色产品市场扩散研究中得到了广泛应用。例如，Fan 等（2018）研究了政府补贴策略对新能源汽车市场扩散的影响。Cassidy 等（2015）研究了智能家居设备通过终端用户间的社会网络进行传播的过程。

四、本章小结

本章对碳中和技术投资决策优化的基本理论和方法进行了介绍。其中，基本理论包括静态投资、动态投资、不确定性条件投资、企业声誉与绿色声誉、有限理性与羊群效应等理论。对于生产端碳中和技术项目来说，其投资决策主要基于静态投资、动态投资以及不确定性条件投资等理论从而测算求解其项目经济性和最优投资时机；而对于消费端碳中和技术产品来说，主要基于行为决策、绿色声誉、有限理性等影响用户购买行为的理论从而测算模拟用户的投资决策。

进一步，本章梳理了碳中和技术投资决策优化的主要方法，包括静态投资、动态投资、敏感性分析、决策树分析、实物期权、博弈与市场均衡、有限信息与演化博弈、社会网络等方法模型。对于生产端碳中和技术项目来说，实物期权模型可以考虑技术、市场、政策等多维不确定性，能够最大化项目全寿命周期的总价值，并确定执行每个投资决策的最佳时机，恰好在投资碳中和技术时需要这种能灵活处理不确定性的方式，并为管理者制定在未来不可预见的事件下采取多阶段动态决策的路线图，从而尽量降低风险。对于消费端碳中和技术来说，由于消费端技术产品的主要投资者是个体用户，而用户在做投资决策时会收到周围人的影响，并且也与自身的性格、行为特征有关，而博弈均衡模型、社会网络模型等可以考虑消费者自身的异质性和有限理性因素，以及用户之间的行为互动，是用于消费端碳中和技术投资决策的主流方法。

本章参考文献：

［1］Ajzen I. The theory of planned behavior［J］. Organizational Behavior and Human Decision Processes, 1991, 50（2）: 179-211.

［2］Aumann R J. Rationality and bounded rationality［J］. Games and Economic Behavior, 1997, 21（1-2）: 2-14.

［3］Banerjee A V. A simple model of herd behavior［J］. The Quarterly Journal of Economics, 1992, 107（3）: 797-817.

［4］Barabási A-L, Albert R. Emergence of scaling in random networks［J］. Science, 1999, 286（5439）: 509-512.

[5] Bass F M. A new product growth for model consumer durables [J]. Management Science, 1969, 15 (5): 215-227.

[6] Binken J L G, Stremersch S. The effect of superstar software on hardware sales in system markets [J]. Journal of Marketing, 2009, 73 (2): 88-104.

[7] Campbell A. Word-of-Mouth communication and percolation in social networks [J]. American Economic Review, 2013, 103 (6): 2466-2498.

[8] Cassidy A, Strube M, Nehorai A. A framework for exploring social network and personality-based predictors of smart grid diffusion [J]. IEEE Transactions on Smart Grid, 2015, 6 (3): 1314-1322.

[9] Cowan R, Jonard N. Network structure and the diffusion of knowledge [J]. Journal of Economic Dynamics and Control, 2004, 28 (8): 1557-1575.

[10] Davies G, Chun R, Silva R V, et al. Corporate reputation and competitiveness [M]. Psychology Press, 2003.

[11] Duong M H, Han T A. On the expected number of equilibria in a multi-player multi strategy evolutionary game [J]. Dynamic Games and Applications, 2016, 6 (3): 324-346.

[12] Elkington J. Partnerships from cannibals with forks: The triple bottom line of 21st-century business [J]. Environmental Quality Management, 1998, 8 (1): 37-51.

[13] Fan R, Dong L. The dynamic analysis and simulation of government subsidy strategies in low-carbon diffusion considering the behavior of heterogeneous agents [J]. Energy Policy, 2018, 117: 252-262.

[14] Fisher I. The theory of interest [M]. Macmillan, 1930.

[15] Gabriel S A, Conejo A J, Fuller J D, et al. Complementarity modeling in energy markets [M]. Springer Science & Business Media, 2012.

[16] Güth W, Schmittberger R, Schwarze B. An experimental analysis of ultimatum bargaining [J]. Journal of Economic Behavior & Organization, 1982, 3 (4): 367-388.

[17] Helgesen P I, Tomasgard A. An equilibrium market power model for power markets and tradable green certificates, including Kirchhoff's Laws and Nash-Cournot competition [J]. Energy Economics, 2018 (70): 270-288.

[18] Klein B, Leffler K B. The role of market forces in assuring contractual performance [J]. Journal of Political Economy, 1981, 89 (4): 615-641.

[19] Lieberman E, HAUERT C, NOWAK M A. Evolutionary dynamics on

graphs [J] . Nature, 2005, 433 (7023): 312-316.

[20] Lumby F, Jones C. Fundamentals of investment appraisal [M] . Thomson Learning, 2001.

[21] Rothwell G, Gómez T. Electricity economics: regulation and deregulation [M] . Wiley-IEEE Press, 2003.

[22] Rubinstein A. Modeling bounded rationality [M] . MIT Press, 1998.

[23] Rudik I. Tradable credit markets for intensity standards [J] . Economic Modelling, 2018 (72): 202-215.

[24] Schwaiger M. Components and parameters of corporate reputation——an empirical study [J] . Schmalenbach Business Review, 2004, 56 (1): 46-71.

[25] Simon H A. A behavioral model of rational choice [J] . The Quarterly Journal of Economics, 1955, 69 (1): 99-118.

[26] Tversky A, Kahneman D. The framing of decisions and the psychology of choice [J] . Science, 1981, 211 (4481): 453-458.

[27] Wang G, Zhang Q, Li Y, et al. Policy simulation for promoting residential PV considering anecdotal information exchanges based on social network modelling [J] . Applied Energy, 2018 (223): 1-10.

[28] Watts D J, Strogatz S H. Collective dynamics of "small-world" networks [J] . Nature, 1998, 393 (6684): 440-442.

[29] Williams J B. The theory of investment value [M] . Harvard University Press, 1938.

[30] 曹先磊．碳交易机制下造林碳汇项目投资时机与投资期权价值分析 [J]．资源科学，2020，42（5）：825-839.

[31] 陈福集，黄江玲．基于演化博弈的网络舆情传播的羊群效应研究 [J]．情报杂志，2013，32（10）：1-5.

[32] 成其谦．投资项目评价 [M]．中国人民出版社，2010.

[33] 高峻峰，蒋兰，冯薇，等．新兴技术商业化的实物期权价值及投资决策 [J]．管理工程学报，2017，31（4）：72-77.

[34] 郝军章，吴优，张印鹏．工业技术创新投资决策研究——基于实物期权方法 [J]．技术经济与管理研究，2020（7）：27-32.

[35] 黄守军，余波，张宗益．基于实物期权的分布式风电站投资策略研究 [J]．中国管理科学，2017，25（9）：97-106.

[36] 倪顺江．基于复杂网络理论的传染病动力学建模与研究 [D]．清华大学，2009.

［37］王擎，席代金，邓光军．企业价值、银行债务价值和信贷配给——基于实物期权的分析方法［J］．投资研究，2018，37（5）：128-141.

［38］王喜平，赵齐，谭锡崇，等．基于模糊实物期权的燃煤电厂 CCS 投资决策研究［J］．工业技术经济，2019，38（12）：148-155.

［39］郑建国．技术经济分析［M］．中国纺织出版社，2008.

第九章　集中式可再生能源发电技术投资决策优化

一、本章简介

可再生能源是指风能、太阳能、水能、生物质能、地热能、海洋能等非化石能源。这些可再生能源通常能以电力的形式开发出来，由于电力的能源品级较高，且利于传输，因此具有很高的利用价值（国家发展改革委等，2022）。考虑到水电的成本已经处于较低水准且规模大，对于投资需求较低，因此，本章将主要关注以风电和光伏发电为代表的非水可再生能源电力。

可再生能源电力按照规模和接入电网的电压等级可以分为集中式和分布式两种。其中，集中式可再生能源电力接入电压较高，需要通过输配电网传输至用户侧，电网公司在其中充当交易商的角色，而分布式可再生能源电力往往位于用户侧，可以直接使用或仅通过当地的配电网调度即可到达终端电力用户，电力消费者同时成为电力生产者，如果自发自用，可离网运行，而对于全额上网或余电上网模式，电网公司也仅需充当电网运营商的角色。

为了模拟集中式可再生能源电力技术的投资决策，本章构建了基于多区域多市场均衡的投资决策模型，该模型基于电力生产商、交易商和电网运营商的行为决策进行了建模刻画，并对不同品类电力的交易进行了区分。此外，不同能源种类电力的交易也得到了区分。该模型可以处理不同省份的政策和资源的异质性，从而更准确地刻画了交易商为满足可再生能源配额目标，集中式可再生电力在不同省之间的投资决策优化方案。

二、集中式可再生能源电力投资决策优化建模与求解

（一）模型框架

本章假设每个省，有且仅有一个电力生产商和一个电力交易商，模型结构如图 9-1 所示（Zhang 等，2018；Wang 等，2016）。各省的生产商是该省所有发电

机组的集合，而交易商则是该省的电力零售商的集合。另外有一个中国唯一的电网运营商，反映了中国国家电网和南方电网的垄断局面。电力生产商可以通过电力市场向电力交易商售电。电网运营商则无歧视地销售电力传输服务。该模型考虑了非水和含水可再生能源配额制。可再生能源配额目标应由各省电力交易商完成。交易商之间可以在中国绿证市场交易绿证。上述所有主体均以自身利益最大化（或成本最小化）为目标。

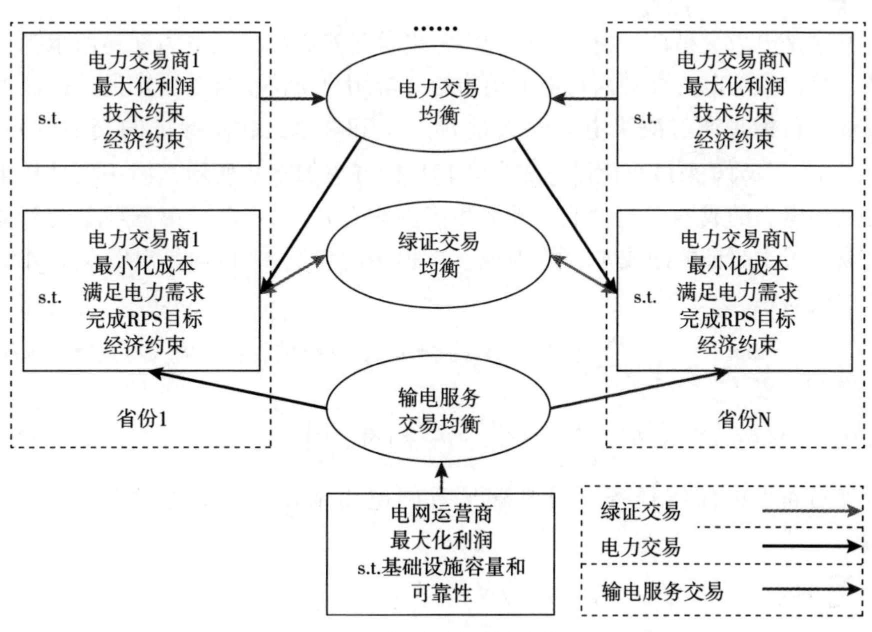

图 9-1　电力市场模型结构

（二）模型构建

以下是各个主体面临的优化问题和市场出清条件（Wang 等，2019）。

首先是电力生产商。省份 R 的生产商需要通过决策在年份 Y 的新增发电技术 G 装机容量 $nc_{R,Y}^{G}$ 和由省份 R 所发并售给省份 R' 的电量 $ps_{R,R',Y}^{G}$ 来实现利润最大化。其目标方程如式（9-1）所示。其中，除了折现率外，其余四项分别是售电的总收益、新增装机容量的资本成本、运维成本和燃料成本。

$$\max_{nc_{R,Y}^{G},ps_{R,R',Y}^{G}} \sum_{Y}\left\{\sum_{G,\ R'} ep_{R,\ R',\ Y}^{G} \times ps_{R,\ R',\ Y}^{G} - \sum_{G}\left[\frac{I}{(1+I)\times\left[1-(1+I)^{LIFE^{G}}\right]}\times FC^{G}\times\sum_{Y'=2018}^{Y} nc_{R,\ Y'}^{G}\right] - \sum_{G} OMC^{G}\times\left(\sum_{Y'=2018}^{Y} nc_{R,\ Y'}^{G}+IC_{R,\ Y}^{G}\right) - \sum_{G,\ R',\ Y} ps_{R,\ R',\ Y}^{G}\times VC_{R}^{G}\right\}\times\left(\frac{1}{1+I}\right)^{Y-1} \tag{9-1}$$

发电机组的扩张和运行受到资源、技术和政策约束，可以体现为容量因子约束。式（9-2）和式（9-3）分别刻画了各类发电机组容量因子的下界和上界。下述所有约束方程中公式后括号中的希腊字母代表该约束条件的对偶变量。

$$\sum_{R'} ps^{G}_{R,R',Y} \geqslant \left(\sum_{Y'=2018}^{Y} nc^{G}_{R,Y'} + IC^{G}_{R,Y}\right) \times \underline{CF^{G}} \times 8760(\alpha^{G}_{R,Y})\ \forall G,\ R,\ Y \tag{9-2}$$

$$\sum_{R'} ps^{G}_{R,R',Y} \leqslant \left(\sum_{Y'=2018}^{Y} nc^{G}_{R,Y'} + IC^{G}_{R,Y}\right) \times \overline{CF^{G}} \times 8760(\beta^{G}_{R,Y})\ \forall G,\ R,\ Y \tag{9-3}$$

其次是电力交易商。由于中国的零售电价是管制的，且电力交易商承担保供任务，可以认为电力交易商将电力销售给终端用户所得收益是固定的，因此电力交易商的目标是通过决策电力购买量 $pb^{G}_{R,R',Y}$ 和非水、含水绿证的交易量 $cs^{NH}_{R,Y}$，$cb^{NH}_{R,Y}$，$cs^{HI}_{R,Y}$，$cb^{HI}_{R,Y}$ 来最小化供电成本。其目标方程如下式所示，第一项是从生产商处购买电力的成本（包含电力成本和传输成本），第二项、第三项是与其他电力交易商买卖绿证的净成本。特别地，方程中的参数 IT 指的是对购买省外绿证征收的交易税。

$$\min_{pb^{G}_{R,R',Y},cs^{NH}_{R,Y},cb^{NH}_{R,Y},cs^{HI}_{R,Y},cb^{HI}_{R,Y}} \sum_{Y} \left[\sum_{G,\ R'} (ep^{G}_{R',R,Y} + tp_{R',R,Y}) \times pb^{G}_{R,R',Y} + (cb^{HI}_{R,Y} \times cp^{HI}_{Y} \times (1+IT) - cs^{HI}_{R,Y} \times cp^{HI}_{Y}) + (cb^{NH}_{R,Y} \times cp^{NH}_{Y} \times (1+IT) - cs^{NH}_{R,Y} \times cp^{NH}_{Y})\right] \times \left(\frac{1}{1+I}\right)^{Y-1} \tag{9-4}$$

交易商承担保供任务，需要满足省内电力需求，约束方程如式（9-5）所示。

$$\sum_{R',\ G} pb^{G}_{R,R',Y} \times TEF_{R',R} = D_{R,Y}(\gamma_{R,Y})\ \forall R,\ Y \tag{9-5}$$

可再生能源消纳配额约束如式（9-6）所示，非水和含水可再生能源配额目标均应通过购买可再生能源电力或购买省外绿证完成。超额购买的可再生能源电力则可在中国绿证市场上售出。

$$\sum_{RG} (pb^{RG}_{R,R',Y} \times TEF_{R',R}) + cb^{NH}_{R,Y} - cs^{NH}_{R,Y} \geqslant D_{R,Y} \times RPS^{NH}_{R,Y}(\delta_{R,Y})\ \forall R,\ Y \tag{9-6}$$

$$\sum_{HG} (pb^{HG}_{R,R',Y} \times TEF_{R',R}) + cb^{HI}_{R,Y} - cs^{HI}_{R,Y} + \sum_{RG} (pb^{RG}_{R,R',Y} \times TEF_{R',R}) + cb^{NH}_{R,Y} - cs^{NH}_{R,Y} \geqslant D_{R,Y} \times RPS^{HI}_{R,Y}(\varepsilon_{R,Y})\ \forall R,\ Y \tag{9-7}$$

为避免通过倒卖绿证套利，该模型对绿证销售添加了如式（9-8）所示约束条件，即交易商仅可以销售其购买的超额可再生能源电力折算的绿证。

$$cs^{NH}_{R,Y} \leqslant \sum_{RG,\ R'} pb^{RG}_{R,R',Y} \times TEF_{R',R}(\epsilon_{R,Y})\ \forall R,\ Y \tag{9-8}$$

$$cs^{NH}_{R,Y} + cs^{HI}_{R,Y} \leqslant \sum_{RG,\ R'} pb^{RG}_{R,R',Y} \times TEF_{R',R} + \sum_{HG,\ R'} pb^{HG}_{R,R',Y} \times TEF_{R',R}(\theta_{R,Y})\ \forall R,\ Y \tag{9-9}$$

另外，为研究省外绿证购买配额的效果，该模型对绿证的购买添加了如式

(9-10) 所示约束条件，即仅有一定比例的可再生能源配额目标可以通过购买省外绿证完成。其中，IQ 即为外生给定的购买配额。

$$cb_{R,Y}^{NH} \leqslant D_{R,Y} \times RPS_{R,Y}^{NH} \times IQ \tag{9-10}$$

$$cb_{R,Y}^{NH} + cb_{R,Y}^{HI} \leqslant D_{R,Y} \times RPS_{R,Y}^{HI} \times IQ(\vartheta_{R,Y}) \ \forall R,\ Y \tag{9-11}$$

最后是电网运营商通过决策电网传输服务的供给量 $ts_{R,R',Y}$ 来最大化自身利润。其目标函数如式 (9-12) 所示。

$$\max_{ts_{R,R',Y}} \sum_{R,R',Y} ts_{R,R',Y} \times (tp_{R,R',Y} - TVC_{R,R'}) \times \left(\frac{1}{1+I}\right)^{Y-1} \tag{9-12}$$

电网运营商面临的唯一约束是电网传输容量约束，即提供的传输服务量小于最大传输容量，如式 (9-13) 所示。

$$0 \leqslant ts_{R,R',Y} \leqslant TCAP_{R,R'} \times 8760 \tag{9-13}$$

除三类市场主体的优化目标外，如式(9-14)所示，该模型还包含了电力市场、绿证市场和电网传输服务市场三个市场的市场出清条件，这些市场出清条件保证了所有市场的供需平衡。其中，电力交易价格 $ep_{R,R',Y}^{G}$，非水绿证价格 cp_{Y}^{NH}，含水绿证价格 cp_{Y}^{HI} 和电网传输费 $tp_{R,R',Y}$分别是这些市场出清条件的对偶变量。

$$\begin{aligned}
& ps_{R,R',Y}^{G} = pb_{R',R,Y}^{G}(ep_{R,R',Y}^{G}) \ \forall G,\ R,\ R',\ Y \\
& \sum_{R} cs_{R,Y}^{NH} = \sum_{R} cb_{R,Y}^{NH}(cp_{Y}^{NH}) \ \forall Y \\
& \sum_{R} cs_{R,Y}^{HI} = \sum_{R} cb_{R,Y}^{HI}(cp_{Y}^{HI}) \ \forall Y \\
& ts_{R,R',Y} = \sum_{G} pb_{R',R,Y}^{G}(tp_{R,R',Y}) \ \forall R,\ R',\ Y
\end{aligned} \tag{9-14}$$

上述多区域多市场均衡模型通过结合市场出清条件和三类市场主体优化问题的 KKT 条件求解。该模型在一般代数模型系统（General Algebraic Modeling System，GAMS）中编程为混合互补问题，并由 PATH solver 求解。

三、集中式可再生能源电力投资决策分析

（一）数据与参数设置

本章模型中所有出现的代数符合的含义均由表 9-1 的参数和变量与上下标组合而成。

表 9-1 参数与变量释义

类别	符号	含义
下标	Y，Y′	规划时间段内的年份
	R，R′	中国 29 个省或地区，其中京津冀视为一个整体地区，不考虑港澳台地区
	NH/ HI	非水/含水可再生能源配额

续表

类别	符号	含义
上标	G	所有发电技术
	NG	不计入可再生能源配额的发电技术（煤电、气电、核电）
	HG	仅计入含水可再生能源配额的发电技术（水电）
	RG	计入非水可再生能源配额的发电技术（风电、光伏电）
参数	I	折现率（%）
	LIFE	发电机组寿（年）
	FC	新增发电机组固定成本（亿元/吉瓦）
	VC	发电机组的变动/燃料成本（亿元/吉瓦时）
	OMC	运营维护成本（亿元/吉瓦）
	TRCAP	省间传输容量（吉瓦）
	TRVC	省间电力传输成本（亿元/吉瓦时）
	TREF	省间输电效率（%）
	D	电力需求（吉瓦时）
	IC	发电机组初始装机量（吉瓦）
	$\overline{CF}/\underline{CF}$	发电机组容量因子上/下限（%）
	IT	对购买省外绿色证书征从价税（%）
	IQ	对购买省外绿色证书限定配额（%）
	RPS	可再生能源配额（%）
变量	nc	新增装机容量（吉瓦）
	ps/pb	生产商向交易商出售/交易商从生产商处购买的电力（吉瓦时）
	cs/cb	交易商出售/购买的所有绿色证书（吉瓦时）
	ts	电网运营商电力传输服务供应量（吉瓦时）
	ep	电力价格（亿元/吉瓦时）
	cp	绿证价格（亿元/吉瓦时）
	tp	电力传输费（亿元/吉瓦时）

本章分析了不实施可再生能源配额制（NR），同时实施可再生能源配额制与中国自由绿证交易市场（FTR）和仅实施可再生能源配额制而没有中国绿证交易市场（NTR）三种情景下，可再生能源电力投资决策带来的新增装机量（见表 9-2）。

（二）结果分析

使用非水可再生能源电力消费的基尼系数评估分配不公平性。图 9-2 展示了

这三种情景的洛伦兹曲线和相应的基尼系数。结果表明，允许中国自由绿证交易显著增加了可再生能源配额制度（Renewables Portfolio Standards，RPS）政策效益省间分配的不公平性，基尼系数从0.146增加到0.558。

表9-2　情景设置

情景	绿证交易规制	描述
NR	基准情景	不实施RPS政策
FTR	自由交易	实施RPS和自由绿证交易政策
NTR	无交易	不允许省间绿证交易

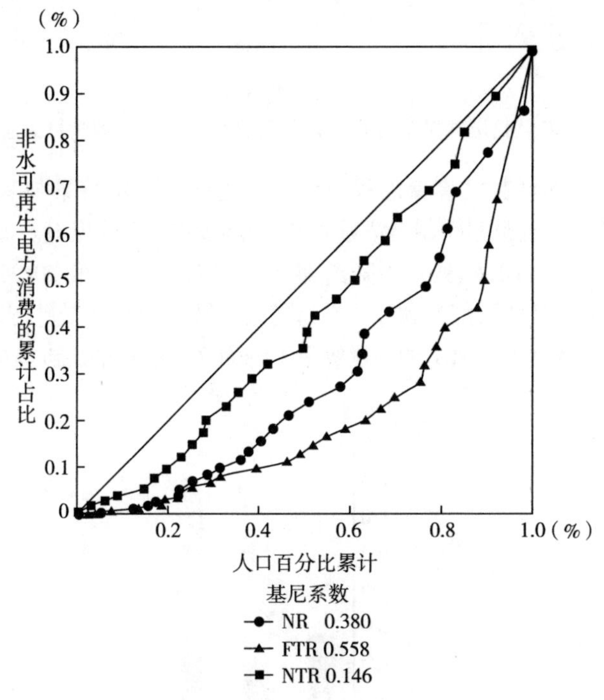

图9-2　各省非水可再生能源电力消费量洛伦兹曲线

减少二氧化碳排放是发展可再生能源的好处之一。图9-3比较了FTR情景和NTR情景下所有省份和地区的二氧化碳减排分布。结果表明，当存在中国绿证交易市场（FTR情景）时，80.2%的碳减排集中在京津冀地区，而当没有绿证市场时（NTR情景），分配更加均匀。

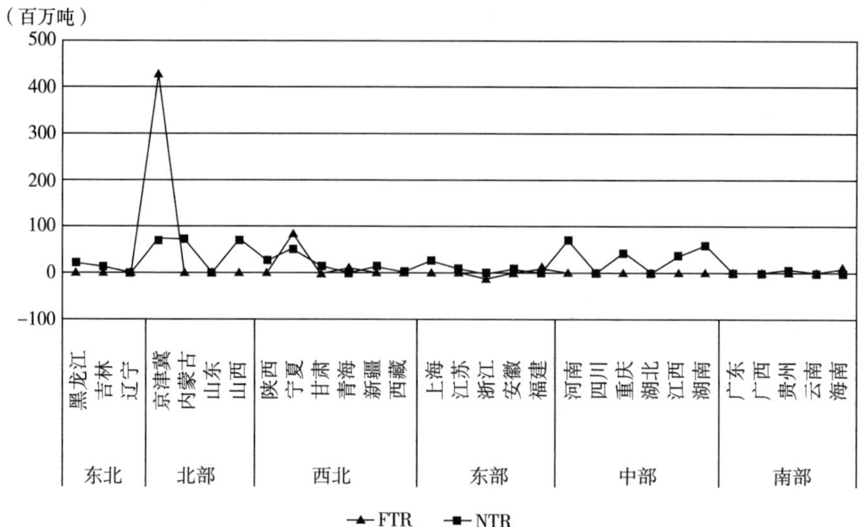

图 9-3　二氧化碳减排量分布（以无可再生能源配额制情景为基准）

图 9-4 展示了新增装机容量的投资结果。通过将 NR 情景与其他情景进行比较，可以发现可再生能源配额制会激励可再生能源电力代替煤电。新增装机容量中的煤电比例从 59.5%（NR 情景）下降到 24.1%（FTR 情景）和 20.9%（NTR 情景）。另外，通过将省外绿证购买配额和绿证交易税收情景与 FTR 情景进行比较，可以看出随着这些法规力度的增加，风电的新增容量下降而光伏的新增装机容量增加。

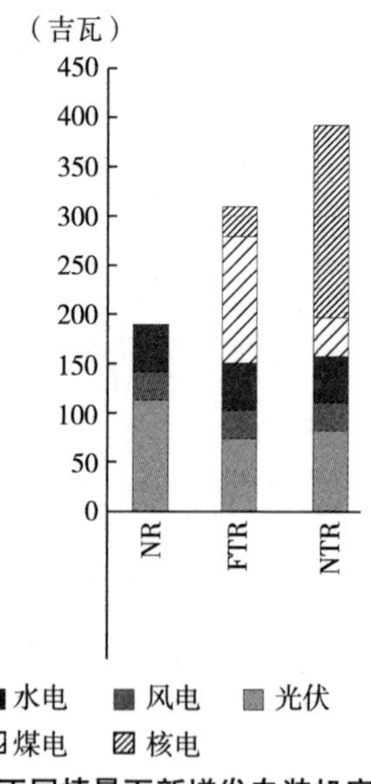

图 9-4　不同情景下新增发电装机容量组合

四、本章小结

本章基于第二篇中光伏、风电技术成本预见结果，构建了基于多区域多市场均衡的投资决策模型，该模型将电力生产商、交易商和电网运营商的行为决策进行了建模刻画，并对不同品类电力的交易进行了区分。此外，不同能源种类的电力的交易也得到了区分。该模型可以处理不同省份的政策和资源的异质性，从而更准确地刻画了交易商为满足可再生能源配额目标，需要直接购买可再生能源电力或购买省外绿证的行为。

进一步，本章分析了不实施可再生能源配额制，同时实施可再生能源配额制与中国自由绿证交易市场和仅实施可再生能源配额制而没有中国绿证交易市场三种情景下，集中式可再生能源电力投资的新增装机量。在 FTR 情景下，风电和光伏的新增装机容量分别为 128. 61 吉瓦和 31. 22 吉瓦，在 NTR 情景下分别为 39. 64 吉瓦和 195. 16 吉瓦。当存在绿证交易市场（FTR 情景）时，80. 2%的碳减排集中在京津冀地区，而当没有绿证市场时（NTR 情景），分配更加均匀。

本章参考文献：

［1］ Wang G, Zhang Q, Li Y, et al. Corrective regulations on renewable energy certificates trading: pursuing an equity-efficiency trade-off ［J］. Energy Economics, 2019, 80: 970-982.

［2］ Wang G, Zhang Q, Li Y, et al. Efficient and equitable allocation of renewable portfolio standards targets among China's provinces ［J］. Energy Policy, 2019, 125: 170-180.

［3］ Wang G, Zhang Q, Li H L, et al. Multi-region optimal deployment of renewable energy considering different interregional transmission scenarios ［J］. Energy, 2016, 108: 108-118.

［4］ Zhang Q, Wang G, Li Y, et al. Substitution effect of renewable portfolio standards and renewable energy certificate trading for feed-in tariff ［J］. Applied Energy, 2018, 227: 426-435.

［5］ 国家发展改革委，国家能源局，财政部，等. “十四五” 可再生能源发展规划 ［S］. 2022.

第十章　分布式户用光伏技术投资决策优化

一、本章简介

光伏发电作为可再生碳中和技术之一，非常适合用于户用分布式发电。然而，户用分布式光伏市场仍处于前期发展阶段，目前依然面临用户接受低的挑战。为了揭示户用分布式光伏接受度低的原因，本章对天津、山东、山西、河南和湖南等几个省份的居民进行了调查，这些省份拥有丰富的太阳能资源和地方政策支持，居民极有可能从户用分布式光伏中获利。但是由于缺乏关于光伏的准确认知而对利润和风险的担忧成为了阻止居民用户安装户用分布式光伏的主要原因（Li 等，2018）。

因此，本章构建了着重刻画多用户信息交换的基于社会网络的户用光伏投资决策模型。与已有的主要考虑从众心理或行为传染的研究不同，本章模型还在决策过程中考虑了投资户用分布式光伏的收益和损坏可能性的传闻信息（Anecdotal Information）。在投资决策过程中，居民可以从他们的邻居或朋友的经验中获得关于户用分布式光伏收益风险不确定性的信息，最终求解得到用户投资户用光伏的最优决策方案。

二、户用光伏投资决策优化建模与求解

（一）投资者社会网络构建

社会网络中的单个家庭被表示为复杂网络中的节点。居民之间的相互了解，成为节点之间的连线。人们对户用光伏的态度和其他信息在社会网络上进行传播。如图 10-1 所示，每个节点（以深灰色节点为例）将收集来自所有连接节点（由浅灰色节点表示）的建议以及连接节点中来自安装者的利润和质量信息。

信息传播对网络的拓扑结构很敏感。然而，不断变化的社会网络的结构难以

准确描述。鉴于这种局限性，评估社会网络干预政策的影响需要进行模拟研究，对诸多不确定性进行情景分析，而不是仅仅关注预测工具（Stephens 等，2012）。此外，文献研究了不同网络拓扑结构的影响，并指出拓扑类型的变化不会改变创新扩散的趋势（Mccoy 和 Lyons，2014）。因此，在本章中，为简化起见，假设居民间的社会网络结构为 Barabasi-Albert 无标度网络，其特征在于度的幂律分布及其长尾。在现实中，亲朋好友间通过互联网进行的日常通信都服从无标度网络特征。本章使用计算机模拟生成网络，而不像文献中通过调研获得真实数据的另一个原因是，本章关注于对社会网络进行政策干预的影响，这种政策干预可能会改变网络的结构（Du 等，2016）。此外，当代表家庭的节点数过多时，在真实社会网络上进行实验也很困难。这也是当模型对具体细节敏感但只需要分析总体的趋势时一种常见的处理方式（Valente，2012）。

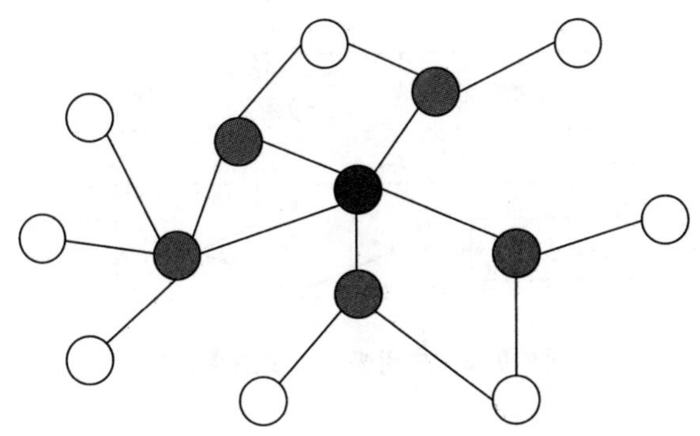

图 10-1 居民用户间的社会网络

（二）投资者决策过程刻画

用户决策过程见图 10-2，社会网络中的每个节点都被分配一个二元变量来表征用户的当前安装状态，$d_{i,t}=0\ or\ 1$ 表示未安装或安装，一旦安装，就不能放弃（Mccullen 等，2013）。考虑到邻避效应导致的居民态度与行为不相符（Devine-Wright，2014），本章引入了代表每个居民态度的另一个二元变量：$att_{i,t}=0 or 1$，分别表示负面态度或正面态度。只有正面态度的居民才会向朋友（即连接的节点）推荐户用分布式光伏。具体而言，态度和安装状态不需要彼此一致，这意味着光伏用户可能持有负面态度，或者持正面态度的居民不安装户用光伏（Zhang 等，2018；Wang 等，2017）。

式（10-1）和式（10-2）描述了投资安装决策的规制。

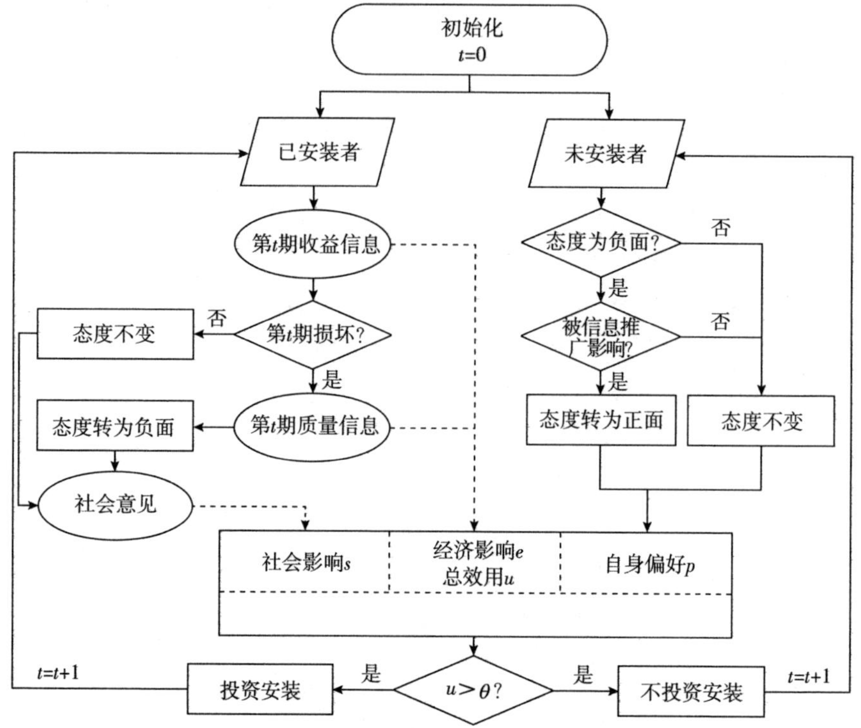

图 10-2　户用光伏投资决策过程

$$D_{i,t+1}=\begin{cases}1, & if\ \ d_{i,t}=1\\ 1, & if\ \ d_{i,t}=0\ and\ \ u_{i,t+1}>\theta_i\\ 0, & otherwise\end{cases} \tag{10-1}$$

$$u_{i,t+1}=\alpha_i\times e_{i,t}+\beta_i\times s_{i,t}+\gamma_i\times p_{i,t} \tag{10-2}$$

式中：$u_{i,t}$ 是户用光伏对节点 i 在时期 t 的总效用，由经济因素、社会效应和个人偏好三方面因素组成。α_i、β_i 和 γ_i 是相应的权重，满足 $\alpha_i+\beta_i+\gamma_i=1$。在每一期，用户做一次决策，如果安装光伏的效用超过阈值（θ_i），则选择安装。

效用函数的三方面因素解释如下：

经济因素是居民在每一期对安装户用光伏的利润的预期，可以用式（10-3）计算：

$$e_{i,t}=ERev_{i,t}-EProb_{i,t}\times BC-FC \tag{10-3}$$

式中：$ERev_{i,t}$ 和 $EProb_{i,t}$ 是预期收益和预期损坏概率，可从传闻信息的交换过程中获得；FC 是固定成本；BC 是电池板损坏造成的成本。如果提供保险，则可以如式（10-4）所示，损坏造成的损失下降。

$$BC' = BC \times (1 - R_{cov}) \tag{10-4}$$

式中：R_{cov} 是保险的赔付率。

社会影响是指所有相邻节点态度的平均值，如式（10-5）所示。

$$s_{i,t} = \sum_j c(i, j) \times att_{j,t} / \sum_j c(i, j) \tag{10-5}$$

式中：二元变量 $c(i, j) = 1$ *or* 0 表示节点 i 和 j 是否相邻。

随着科技进步，在线信息交流越来越普遍，对在线信息的管理也更加容易。该模型中用参数 R_{neg} 表示负面信息（例如，本章的调研发现的谣言和故意抹黑信息等）的比例，如果超过一定比例，政府网络监测部门和光伏公司的营销部门可以通过删除谣言和发布正面宣传信息等手段来进行干预。这种干预可以用式（10-6）表示。

$$s_{i,t} = \max(R_{neg}, \sum_j c(i, j) \times att_{j,t} / \sum_j c(i, j)) \tag{10-6}$$

个人偏好是居民自身对户用光伏的态度，如式（10-7）所示。这个因素衡量的是“独立”的社会行为（Nail 等，2013），表示居民在一定程度上倾向于按自身偏好行动。

$$p_{i,t} = att_{i,t} \tag{10-7}$$

为刻画媒体广告和教育等信息推广手段（Information Campaign，IC）的效果，模型中加入了参数 P_{att}，用来表示信息推广将未安装用户的态度从负面改变为正面的概率，如式（10-8）所示。

$$P(att_{i,t+1} = 1 \mid att_{i,t} = 0, \ d_{i,t} = 0) = P_{att} \tag{10-8}$$

考虑到电网公司收购户用光伏上网电力一般每月结算一次，因此该模型按照每月一次的频率更新安装光伏的收益信息。该模型中的时间步长设为一个月。

（三）信息传播过程设定

1. 收益信息

由于光照资源、天气的波动性以及太阳能电池板老化导致的发电效率下降，光伏发电量并不稳定。但是光伏企业往往倾向于宣传理想状态下的最大发电量，这对居民来说可信度较低。因此，居民通常会根据可获取的已有用户的经验来对收益做出预期。如果一个居民相邻节点均未安装户用分布式光伏，那么他只能相信光伏企业。这可以通过式（10-9）来刻画。

$$ERev_{i,t} = \begin{cases} \dfrac{\sum_j c(i, j) \times amr_{j,t} \times d_{j,t}}{\sum_j c(i, j) \times d_{j,t}}, & if \sum_j c(i, j) \times d_{j,t} > 0 \\ DEFAULT, & if \sum_j c(i, j) \times d_{j,t} = 0 \end{cases} \tag{10-9}$$

式中：$DEFAULT$ 是光伏公司宣传的收入；$amr_{j,t}$ 是节点 j 在 t 时期安装的太阳能电池板的平均月收入，可由式（10-10）和式（10-11）计算。

$$amr_{i,t} = \sum_{t'=ins_i}^{t} rev_{i,t'} / (t - ins_i) \tag{10-10}$$

$$rev_{i,t} = uh_{i,t} \times FIT \tag{10-11}$$

式中：$rev_{i,t}$ 是节点 i 在时期 t 的实际收益；$uh_{i,t}$ 为节点 i 在时期 t 户用光伏的利用小时数；ins_i 是节点 i 决定安装户用光伏的时期。

2. 质量信息

光伏板可能因冰雹而损坏，安装时也可能会损坏屋顶。当这种情况发生时，居民用户将遭受巨大损失，所以大多数居民非常关注风险。因此，本模型中居民对户用光伏损坏的初始预期风险概率设为 1。如果有朋友安装户用光伏，那么居民用户可以根据他们朋友的户用光伏的表现来更新他们的预期风险概率。更新规则如式（10-12）所示：

$$EProb_{i,t} = \begin{cases} 1, & \forall \sum_j c(i,\ j) \times d_{j,\ t} = 0 \\ 1, & \forall \sum_j c(i,\ j) \times d_{j,\ t} \times q_{j,\ t} > 0 \\ \max\left(0,\ EProb_{i,\ t-1} - \dfrac{1}{12}\right), & \forall \sum_j c(i,\ j) \times d_{j,\ t} > 0 and \sum_j c(i,\ j) \times d_{j,\ t} \times s_{j,\ t} = 0 \end{cases} \tag{10-12}$$

式中：二元变量 $q_{j,t}=1$ 或 0 分别表示节点 j 的户用光伏在时期 t 中是否损坏。在这个模型中，假设用户的某朋友的户用光伏运行良好一年（12 期），该用户将下调其对风险的预期线性下降到 0。

如式（10-13）所示，在模型中用概率 P_{qua} 来描述户用光伏受损的随机概率。

$$P(q_{i,t+1} = 1 \mid q_{i,t} = 0,\ d_{i,t} = 1) = P_{qua} \tag{10-13}$$

三、户用光伏投资决策分析

为了分析干预措施如何通过社会网络中的传闻信息传播促进户用光伏的安装，本章利用上述模型，选取了 2016 年北京农村的经济和技术数据，并假设了社会网络参数来进行案例研究。模型范围设定为 48 个周期，代表 48 个月。

（一）数据与情景设置

1. 太阳辐射

月平均太阳辐射数据等气候数据来自 NASA LaRC POWER 项目支持的 NASA

Langley 研究中心大气科学数据中心地面气象和太阳能（SSE）网站（Stackhouse，2011）。

对于模型中每个安装户用光伏的节点，在每个时期都有一个服从正态分布的随机误差 $\sigma_{i,t}$ 表示光伏板的发电效率和天气条件的波动。

2. 户用光伏技术和经济数据

考虑到农村屋顶的可用面积约为 40 平方米，每个家庭可以安装功率为 3 千瓦的太阳能光伏板。电池板的寿命是 25 年。户用光伏技术的未来成本数据基于第二部分光伏技术预见中的预测结果。

上网电价为 0.88 元/千瓦时，由于目前交叉补贴政策带来了低居民电价，居民将产出的所有电力出售给电网，以自发自用余电上网模式可以赚到更多的钱（Bertsch，2017）。根据调研数据的估计，损坏造成的损失约为 5000 元/户。损坏损失主要包含屋顶维修和光伏板的更换成本。假设年贴现率为 8%。

3. 社会网络数据

如表 10-1 所示，假设社会网络中有 1000 个节点，网络的初始度为 10，这表示每个居民平均有 10 个朋友或邻居，并且只与这些人讨论关于户用光伏的相关信息。宣传活动可以在一年内改变节点态度的概率 P_{att} 假定为 0.2，这是一家在线视频公司在线广告的平均值，但是，广告效果可能差别很大，影响广告效果的因素包括广告量和播放渠道，这些因素都与广告投资直接相关——投资越多，位置越显著、播放越频繁，效果越明显。因此，基于一系列政策情景对 P_{att} 做了敏感性分析，以反映对宣传活动的不同投资力度。

表 10-1 初始社会网络参数

参数	节点数	广告改变用户态度的概率	网络平均度
数值	1000	0.2	10

效用权重（α_i，β_i，γ_i）被设定为（0.7，0.2，0.1），这意味着当居民作出安装决策时，经济因素起到更重要的作用。另外，通过对节点分配不同的阈值来体现居民的可支配收入的异质性。在这个模型中，所有居民的阈值被平均分为两类（低门槛，高门槛）=（0.45，0.7），这一阈值分类是根据家庭收入水平、住房条件以及个人喜好的综合情况做出的选择。根据本章的参数配置，低门槛（0.45）的居民是高收入群体，只要自身态度积极，他们就会安装户用光伏；而高门槛（0.70）的居民是低收入群体，除非他们对户用光伏风险的预期概率接近零，并且绝大部分邻居建议安装，否则他们不会安装。假设本章中涉及的政策干预手段不会改变居民的阈值。

4. 情景设置

本章利用构建的户用光伏投资决策模型，模拟了光伏企业等可以实施的不同户用光伏投资决策激励策略，这些干预措施来源于能源和环境领域已经应用过的措施或其他产品领域的营销策略。

除了无干预的基准情景之外，本章共研究了两种不同的激励策略情景：

（1）信息筛选。政府广泛使用信息筛选来防止有害谣言的传播，公司使用信息筛选来阻止商品的负面反馈。由于居民对光伏并不熟悉，因此诸如“光伏辐射会危害人类健康”和“户用光伏只是光伏企业骗钱手段”等传言正在社会网络上蔓延。阻止这种谣言，并提供正面的信息，有助于促进户用光伏的安装。信息筛选的强度可以通过社会网络上负面信息的容忍比率来衡量。

（2）交流增强。互联网帮助人们更便利地进行沟通。人们可以通过使用论坛（Bulletin Board System，BBS）和社交软件（Social Networking Services，SNS）（如微信或 Twitter）更轻松地分享信息。这一趋势可以通过增加社会网络平均度来体现。交流增强通常来自光伏社区组织，包括对促进户用光伏安装做出贡献的正式或非正式的组织或公民团体。

表 10-2　情景设置和参数赋值

情景	干预	参数
基础情景	无	初始参数
信息筛选	控制负面信息的比例在一定比例之下	R_{neg} = 0，20，40，60，80，100（%）
沟通增强	通过加强线上交流或建立光伏组织等形式增加节点之间的沟通	平均度 = 3，5，10，20，50，100

居民的初始状态，包括对户用光伏的态度和初始安装率，是描述户用光伏市场成熟度水平的重要指标。因此，为了验证不同初始状态（反映不同市场条件）下模拟结果的稳健性，本章进行了敏感性分析，如表 10-3 中所列。

表 10-3　用户初始状态的敏感性分析

参数	含义	数值
初始安装率	模拟开始时户用光伏的安装率	0~100%，步长 10%
初始积极态度率	在模拟开始时，对户用光伏持有积极态度的用户比例	0~100%，步长 10%

（二）结果分析

该模型通过 Python 实现，NetworkX 包用于构建网络。对于每种情景，模拟

1000 次以得出足够稳定的平均安装率。对于每次模拟，均会基于前述规则和假设以及每个初始网络参数重新创建社会网络，以避免网络结构导致的偏差。

信息相关干预措施对于推动户用光伏的安装很有效。本章比较了两种类型的信息类干预措施：针对谣言以及在社会网络上传播的故意的负面信息的筛选，以及社会网络本身的加强。

1. 信息筛选的效果

图 10-3 显示了信息筛选的效果，只要干预力度足够大，信息筛选可以显著促进户用光伏的安装。根据模拟结果，可容忍负面信息比例大于 40%时措施无效（$R_{neg}\leqslant 0.6$）。

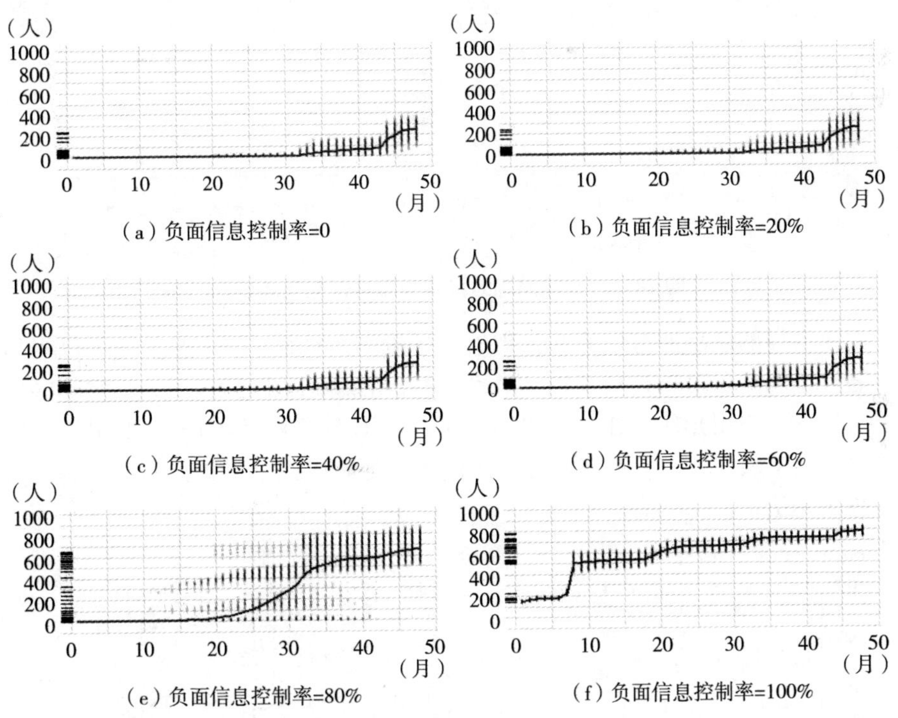

图 10-3　信息筛选对投资安装户用光伏的影响

2. 沟通增强的效果

沟通增强对投资户用光伏的影响见图 10-4。根据模拟结果，增强社会网络平均度会降低户用光伏的安装率，这意味着沟通增强会成为户用光伏扩散的新的障碍。原因是风险厌恶的居民将更关注负面信息。这种现象通常被称为“好事不出门，坏事传千里”。

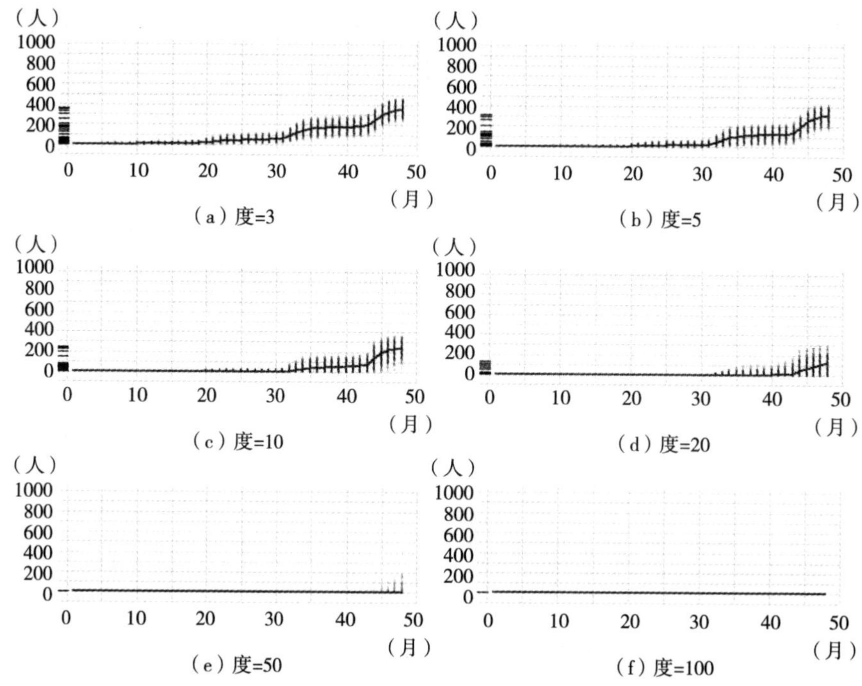

图 10-4　沟通增强对投资安装户用光伏的影响

沟通增强的影响通过敏感性分析进行了测算，如图 10-5 所示。可以得出结论，随着户用光伏市场日趋成熟（表现为在没有额外激励措施时，越来越多的居民也自愿安装户用光伏，并对光伏系统持有正面态度），沟通增强的阻碍效应渐渐消失。结果表明，只有在户用光伏扩散的早期阶段，户主频繁和大范围的沟通才是户用光伏扩散的障碍。

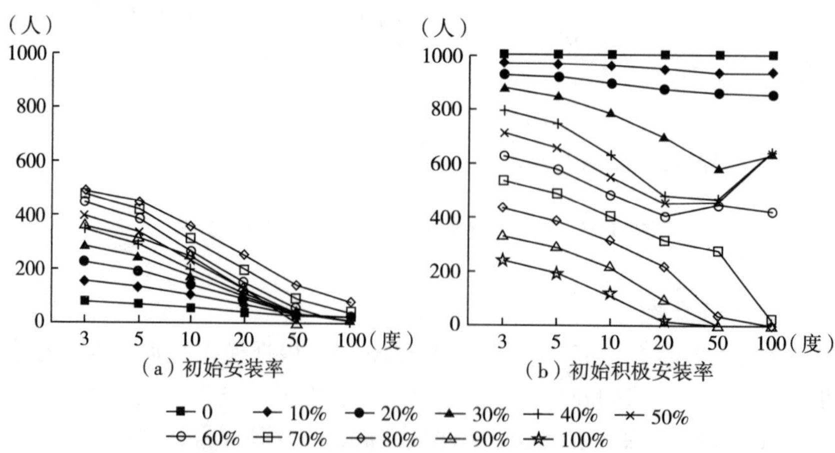

图 10-5　初始安装率和初始积极态度率对沟通增强效果的敏感性分析

四、本章小结

本章基于行为决策、有限理性等理论，结合第二篇中光伏技术成本预见结果，以每个用户作为投资者，构建了基于社会网络的户用光伏投资决策模型。模型中每个投资者以总效用最大进行决策，效用由经济因素、社会因素和个人偏好三方面因素组成，并且每个投资者会受到其周围投资者决策的影响。

进一步，本章考虑光伏企业可以实施的不同户用光伏投资决策激励策略，设置了信息筛选和交流增强两种策略情景，进而以农村屋顶光伏为案例，分析户用光伏项目最优投资决策。结果发现阻止居民光伏负面传闻和恶意诋毁的信息筛选只有在其他措施力度足够强时才能起作用。但对信息传播的控制可能会产生副作用，如低品质品牌不能及时向公众公开。因此，信息筛选这一干预措施应该谨慎使用。社会网络平均度增加所代表的交流增强，会成为投资安装户用光伏的阻碍。因此，在大多数潜在用户不熟悉光伏的早期阶段，需要采取其他干预措施。随着越来越多的居民用户安装户用光伏并持有正面态度时，该阻碍效益随之减弱。

本章参考文献：

[1] Bertsch V, Geldermann J, Lühn T. What drives the profitability of household PV investments, self-consumption and self-sufficiency? [J]. Applied Energy, 2017, 204: 1-15.

[2] Devine-Wright P. Renewable energy and the public: from nimby to participation [M]. Routledge, 2014.

[3] Du F, Zhang J, Li H, et al. Modelling the impact of social network on energy savings [J]. Applied Energy, 2016, 178: 56-65.

[4] Li Y, Zhang Q, Wang G, et al. A review of photovoltaic poverty alleviation projects in China: Current status, challenge and policy recommendations [J]. Renewable and Sustainable Energy Reviews, 2018, 94: 214-223.

[5] Mccoy D, Lyons S. Consumer preferences and the influence of networks in electric vehicle diffusion: An agent-based microsimulation in Ireland [J]. Energy Research & Social Science, 2014, 3: 89-101.

[6] Mccullen N, Rucklidge A, Bale C, et al. Multiparameter models of innovation diffusion on complex networks [J]. SIAM Journal on Applied Dynamical Systems, 2013, 12 (1): 515-532.

[7] Nail P R, Di Domenico S I, Macdonald G. Proposal of a double diamond

model of social response [J]. Review of General Psychology, 2013, 17 (1): 1-19.

[8] Stackhouse P W. Surface meteorology and solar energy [R]. 2011.

[9] Stephens E M, Edwards T L, Demeritt D. Communicating probabilistic information from climate model ensembles—lessons from numerical weather prediction [J]. Wiley Interdisciplinary Reviews: Climate Change, 2012, 3 (5): 409-426.

[10] Valente T W. Network interventions [J]. Science, 2012, 337(6090): 49-53.

[11] Zhang Q, Wang G, Li Y, et al. Policy simulation for promoting residential PV considering anecdotal information exchanges based on social network modelling [J]. Applied Energy, 2018, 223: 1-10.

[12] Wang G, Zhang Q, Li H L, et al. Study on the promotion impact of demand response on distributed PV penetration by using non-cooperative game theoretical analysis [J]. Applied Energy, 2017, 185: 1869-1878.

第十一章　地热供暖技术投资决策优化

一、本章简介

在全球气候变暖的严峻形势下，积极促进可再生能源的发展是中国长期执行的战略方针，而双碳目标、雾霾肆行和冬季气荒逐渐将地热资源推向发展的新高潮。中国政府颁布了《关于加快浅层地热能开发利用促进北方采暖地区燃煤减量替代的通知》以推进地热供暖的快速发展。然而，《中国地热能发展报告（2018）》显示无论是地热资源供暖还是发电，其实际发展情况都远远低于政府设定的发展目标（自然资源部中国地质调查局等，2018）。

目前地热资源发展受阻，主要是因为其前期投资成本大、不确定性高和相关激励政策扶持力度不够。并且，地热投资对地质专业知识和数据的要求高，技术风险因素种类多，且不确定因素变化并不符合几何布朗运动的规律，这违背了 Black-Scholes 期权模型的前提假设，缺乏相关的科学评估方法为其提供决策支持。

因此，本章基于地热成本预见结果，并基于地温梯度和岩石渗透率等地质因素，结合水热耦合（Thermal-Hydrological-Chemical-Mechanical，THCM）模型对项目的热产量和运营成本进行预测和计算，探索性地结合地质学科和实物期权理论，构建了基于实物期权的投资决策模型对不确定环境下的水热型地热资源的投资策略进行分析，对促进地热能源快速稳定发展、改善中国能源结构具有理论意义和应用价值。

二、地热供暖技术投资决策优化建模与求解

（一）地热供暖项目的期权特性分析

基于地热资源投资者决策的灵活性，其具有的期权特性包括延迟/放弃期权、扩张/收缩期权、终止期权和多阶段复合期权等多种期权特性（Chiasson 等，2000），具体表现为：

（1）延迟/放弃期权特性，是指在地热资源产业发展初期，地热产品价格机制尚不明确，技术研发投入严重不足，政府扶持力度也不充分，投资者可以延迟进入地热资源市场，直到项目的不确定性逐渐降低，不利因素完全消失，再选择合适的时机进行投资。同时，也可直接放弃项目的投资。

（2）扩张/收缩期权特性，是指在投资者进入地热资源市场后，可根据实际收益情况决定是否扩大投资力度或缩小投资力度。若投资者认为地热资源项目的收益可观，且未来存在上升的可能，则可追加投资；否则，则会缩小投资，以减少损失。

（3）终止期权特性，是指地热资源项目管理者拥有终止项目的权利，如若地热开发项目发生巨大亏损或严重事故时，企业的投资者可以选择终止该项目，即关闭地热供暖设备，退出地热产业。

（4）多阶段复合期权特性，是指由于地热资源项目开发周期长，阶段多且每一阶段面临的不确定性和风险不尽相同，投资者在每个阶段都需要对项目进行重新估值和评价，若评价结果良好，则开始下一阶段的投资或生产。地热资源项目投资的各阶段在时间上存在明显序列性，只有当上阶段顺利完成后下阶段才能正式开始，因此每一阶段的决策都需要预测下一阶段的项目价值。

尽管地热资源开发项目一般涉及多个期权，但对于投资者而言，延迟期权足以反映其在高度不确定环境下决策的灵活性，可为地热开发项目创造最大的投资价值。但对于不同类型的地热资源，其面临的不确定性程度不一，如浅层地热资源对地质的依赖性较低，面临的地质不确定性较小，需考虑的不确定因素较少；而水热型地热资源则不同，地质不确定性对项目投资价值的影响不容忽视，其面临的不确定因素较多。因此投资者在决策时不仅需考虑多重不确定因素，还会通过多阶段投资以增加决策的灵活性，从而规避损失。

由于地热资源投资具有较高不确定性和决策灵活性，传统的项目评估方法在分析其投资决策时存在诸多局限性。为了充分考虑不确定性和决策灵活性的影响，本章基于实物期权理论框架构建了地热资源投资决策的多因素期权模型，并创新性地结合地质科学领域中热储层的水热耦合模型，将地质因素纳入地热资源项目的投资决策框架中，从而量化地质不确定性对地热资源投资决策的影响。基于上述构建的地热资源投资决策的实物期权模型理论框架，识别水热型地热供暖项目的风险因素，并构建了与之相对应的投资决策模型，模拟分析了不同地质情景下地热资源的投资决策结果。

（二）多因素期权模型构建

考虑到水热型地热资源项目建设周期对投资价值的影响，将其生命周期 T_L 划分为建设期 T_1 和运营期 T_2，此时项目价值可表示为：

$$NPV_t = \sum_{i=t+T_1+1}^{t+T_L} e^{-r(i-t)} \pi_i - \sum_{j=t+1}^{t+T_1} e^{-r(j-t)} I_j \tag{11-1}$$

式中：r 为折现率，I_j 为固定资本投资成本，项目每年的净现金流 π_i 主要来自主营业收入供暖收入和碳交易收入（CDM 收入）减去变动成本和其他费用，可表示为：

$$\pi_i = (Q \cdot P_{h,i} + Q_c \cdot P_{car,i} - VC_i \cdot Q - E_i) \cdot (1-\tau_g) \tag{11-2}$$

式中：Q 为表示供暖面积，$P_{h,i}$ 表示 i 时刻单位面积供暖价格，$P_{car,i}$ 为 i 时刻碳价，Q_c 为碳减排量，VC_i 为 i 时刻变动成本，τ_g 为企业所得税率，其他费用 E_i 包括矿产资源补偿费、资源税和增值税各项税费。

不同于浅层地热资源供暖（制冷）项目，水热型地热资源项目的收入不包括供冷收入。另外，由于售水收入占总营业收入的比例较小，因此也不予以考虑。如上文所述，水热型地热资源供暖项目的投资价值受到多个不确定因素的影响，本章假设供暖价、碳价和变动成本三个不确定因素服从几何布朗运动，因此其投资价值亦可表示为：

$$NPV_t(P_h, P_{car}, VC) = e^{-rT_1}(1-\tau_g) E_{P_h, P_{car}, VC}\left[\int_0^{T_2} Q \cdot P_{h,t} e^{-rt} dt + \int_0^{T_2} \varphi_c Q \cdot P_{car,t} e^{-rt} dt - \int_0^{T_2} Q \cdot VC_t e^{-rt} dt - \int_0^{T_2} E_t \cdot e^{-rt} dt\right] - \int_0^{T_1} I_t \cdot e^{-rt} dt] \tag{11-3}$$

（三）不确定因素建模

基于水热型地热资源开发特点，本章考虑了地质、市场、技术和政策等多种不确定因素，又由于每一类不确定因素变化规律皆不相同，因此对不同类因素提出了不同假设和情景，具体如下：

1. 地质不确定因素

影响水热型地热资源供暖功率的因素很多，地热流体输出温度和流量是两个最关键因素。其中，流体的输出温度主要取决于地温梯度，而流体流量则受最小主应力和渗透率的限制。由于现有勘探技术的局限性，在进行储层勘探之前存在许多地质不确定性使开发者无法准确获得地温梯度和渗透率的精准数据。因此，在本章中我们基于地温梯度与渗透率两个参数设置地质情景，以准确测量地质不确定性对水热型地热资源供暖项目运行和维护成本的影响。

2. 市场不确定因素

关于诸如价格这一类因素的不确定性建模，之前的大多数研究者采用几何布朗运动来描述这类市场和技术因素的变化规律（Zhang 等，2019；Chen 等，2019）。尽管中国的供暖价格目前受到中国政府的严格监管，但是随着能源市场化改革进程的加速，地热供暖价格将越来越趋向于市场导向发展。因此，可采用几何布朗运动对水热型地热资源项目面临的市场类不确定因素进行刻画与建模。本章考虑的不确定因素包括供暖价、碳价，即：

$$dP_{car,t}=\mu_c \cdot P_{car,t}dt+\sigma_c \cdot P_{car,t}dz \tag{11-4}$$

$$dP_{h,t}=\mu_h \cdot P_{h,t}dt+\sigma_h \cdot P_{h,t}dz \tag{11-5}$$

式中：μ_c 和 σ_c 分别为碳交易价格的漂移率和波动率；μ_h 和 σ_h 分别为供暖价格的漂移率和波动率。

另外需要说明的是，几何布朗运动仅适用于衡量表观具有明显上升或下降趋势的因素，而不适用于基本保持稳定，随时间变化在平均价值附近上下波动的因素。而随着全国碳交易市场的建立与发展，碳价将完全捕捉市场供需关系并反映其真实价值。根据古典经济学，在完全成熟的市场，商品价格始终围绕其内在价值上下波动。因此，本章假设 2030 年中国碳排放达到峰值之后，碳的市场交易价格会服从均值回复运动，满足以下公式：

$$dP_{car,t}=\varpi_c(\overline{P_{car}}-P_{car,t}) \cdot P_{car,t}dt+\sigma_c' \cdot P_{car,t}dz \tag{11-6}$$

式中：ϖ_c 为平均回归速度，σ_c'为碳价波动率，$\overline{P_{car}}$ 代表回归水平。

（四）THCM 建模

水热耦合模型（THCM）最早由 Kolditz 和 Clauser（1998）提出，描述地下渗流场和传热场（Kolditz 和 Clauser，1998）。地下多孔介质中岩石与流体之间的传热主要以传导和对流的形式进行，因此可以用傅立叶传热定律来描述传热过程。鉴于此和已有研究，本章基于傅里叶传热定律和达西定律构建了水热耦合模型，并假设：①地层是具有均质和各向同性性质的连续多孔介质；②忽略重力和毛细管力的作用；③地层水饱和，并且多孔介质中的流体流动遵循达西定律。因此，该模型的热传递成分可以用局部热平衡方程描述，这意味着多孔介质损失的热量等于流体吸收的热量，如下所示：

$$(\rho_p \cdot C_p)_{eff}\frac{\partial T_e}{\partial t}+\rho_w C_w v \cdot \nabla T_e+\nabla \cdot (-k_{eff} \cdot \nabla T_e)=Q_h \tag{11-7}$$

式中：ρ_p 是多孔介质中固体部分的密度，C_p 是多孔介质中固体部分的比热容，Q_h 是多孔介质中地下元素产生或损失的热量，T_e 是多孔微体的温度，t 为时间，ρ_w 和 C_w 是流体的密度和比热容，v 是地下流体速度，$(\rho_p \cdot C_p)_{eff}$ 是多孔介质的有效体积热容，k_{eff} 是有效热导率。有效体积热容可以通过体积平均法计算：

$$(\rho_p C_p)_{eff}=\frac{1}{n}\sum_{i}^{n}\left[\theta_{pi}\rho_w C_w+(1-\theta_{pi})\rho_{pi}C_{p,pi}\right] \tag{11-8}$$

式中：θ_{pi}，ρ_{pi} 和 $C_{p,pi}$ 分别是多孔介质中固体部分 i 的体积分数，密度和比

热容。同样，有效导热系数也可以通过体积平均法计算：

$$k_{eff}=\frac{1}{n}\sum_{i}^{n}\left[\theta_{pi}k_{w}+(1-\theta_{pi})k_{pi}\right] \tag{11-9}$$

式中：k_w 是多孔介质中固体部分 i 的导热系数。地层的初始温度可以根据地热梯度来计算，地下传热场的初始条件是：

$$T_e(x, y, z)\big|_{t=0}=T_{e0}=dT_e\cdot H \tag{11-10}$$

式中：dT_e 代表地热梯度，H 为地热井的深度。由于多孔介质中流体的流动状态可以看作层流，因此可以使用达西定律描述。该定律适用于低雷诺数的层流状态，中深部地热层中以压力为主的饱和流可以基于达西定律表达为：

$$v=-\frac{K}{\mu}\cdot\nabla p_r \tag{11-11}$$

式中：K 是多孔介质的渗透率，μ 是流体动力黏度，p_r 是压力，将达西定律代入以下连续性方程：

$$\frac{\partial}{\partial t}(\theta_p\rho_w)+\nabla(v\cdot\rho_w)=Q_f \tag{11-12}$$

式中：θ_p 是多孔介质的孔隙率，Q_f 是多孔介质元件中的质量流量。在地热开发过程中，为了保证供热的稳定性，采用了等速注入生产的方法，渗流场的初始条件为：

$$\begin{cases}p_r(x, y, z)\big|_{t=0}=p_{r,0}\\ v_{inj}=\overline{v_{inj}}\\ v_{pro}=\overline{v_{pro}}\end{cases} \tag{11-13}$$

式中：$p_{r,0}$ 是地层的初始压力，v_{inj} 和 v_{pro} 分别是流体的注入速率和生产速率，$\overline{v_{inj}}$ 和 $\overline{v_{pro}}$ 是两个内生参数。产出的质量流主要受地层的最小主应力限制，随着质量流生产的增加，地热井底部注入压力也将增加。如果底部注入压力超过地层中的最小主应力，则可能破坏储热器的密封性，导致地下水泄漏，地下水位下降等。因此，在一定质量流量下的井底压力不应超过储层的最小主应力：

$$p_{inj}\leqslant p_{\min} \tag{11-14}$$

式中：p_{inj} 是地热井底部的注入压力，$p_{\min}$ 是地层的最小主应力。通过 THCM 模型测算的从地热井获得的热量输出为：

$$Q_p=C_w(T_{e,out}-T_{e,in})\cdot Q_f \tag{11-15}$$

式中：$T_{e,out}$ 是注入温度，$T_{e,in}$ 是生产温度。随着生产的继续，当流体温度不足以维持供暖负荷时，有必要打开热泵以补充加热能力。补热地热泵的功耗成本 C_{supply} 为：

$$C_{supply}=\frac{(Q_d-\eta_p Q_p)}{1000\cdot COP}\cdot d_h\cdot h_h\cdot P_e \tag{11-16}$$

式中：Q_d 是设计的热负荷，η_p 是传热系数。为了在生产井和注入井之间产生压力差以使流体向地下流动，需要向水泵和流体施加压力。加热系统中水泵的功耗成本 C_{pump} 可以表示为：

$$C_{pump}=P_e\cdot\sum(PC\cdot h_h) \tag{11-17}$$

式中：PC 是每个泵的功耗。另外，运行和维护成本中的人力成本主要包括工人的工资，因此维护劳动力的成本 C_{labor} 可以表示为：

$$C_{labor}=N_L W \tag{11-18}$$

式中：N_L 是员工的数量，W 是员工工资。因此，水热型地热项目的单位面积运营和维护成本 VC 为：

$$VC=\frac{C_{supply}+C_{pump}+C_{labor}}{Q} \tag{11-19}$$

（五）模型求解

由于水热型地热资源供暖项目面临的不确定因素众多且不严格服从几何布朗运动，因此本章选择采用多因素期权模型分析其投资策略与激励政策。多因素期权模型可通过最小方差 Monte Carlo 模拟方法进行求解，其目标函数和最优投资时机为：

$$F=\max NPV_t(P_{h,t},\ P_{car,t},\ VC_t),\ t\leq T_I \tag{11-20}$$

$$t^*=\inf\{t\mid F-NPV_t=0\} \tag{11-21}$$

根据多因素期权模型的求解步骤，确定参数 $M=10000$，可求出该多因素期权模型的最优投资时机和投资价值。

三、地热供暖项目投资决策分析

（一）数据与情景设置

中国地形复杂多样，不同地区的地层特征存在明显差异。本章根据河北省的水热型地热数据，假设项目的平均井深为 1350 米。同时，本章假设项目所在区域的地温梯度为 3℃/100 米，渗透率为 0.84d。基于初步确定的数据，以 0.3℃/100 米为地热梯度变化幅度，以 0.13 平方微米为渗透率变化幅度，设计了 9 种情景，如表 11-1 所示。

表 11-1　地温梯度和渗透率参数设置

地质情景	地温梯度（℃/100 米）	渗透率（d）	注入速率（千克/秒）	生产速率（千克/秒）	井深（米）
I	2.7	0.71	60	60	1350

续表

地质情景	地温梯度（℃/100米）	渗透率（d）	注入速率（千克/秒）	生产速率（千克/秒）	井深（米）
Ⅱ	2.7	0.84	70	70	1350
Ⅲ	2.7	0.97	80	80	1350
Ⅳ	3	0.71	60	60	1350
Ⅴ	3	0.84	70	70	1350
Ⅵ	3	0.97	80	80	1350
Ⅶ	3.3	0.71	60	60	1350
Ⅷ	3.3	0.84	70	70	1350
Ⅸ	3.3	0.97	80	80	1350

图 11-1 为 THCM 模型的地层几何模型示意图，其长度、宽度和高度均为 500 米，注入井与生产井之间的距离为 250 米。同时，该地层模型分为三层，三层的厚度从上到下分别为 150 米、200 米和 150 米，每一层具有不同的物理性质。其中，第二层是流体在地下交换热量的主要区域，该区域具有最大的孔隙和最高的渗透率。另外，多孔介质中固体部分的密度、热导率和热容量如表 11-2 所示，可通过地质勘探获得，模型中使用的主要技术参数如表 11-3 所示。

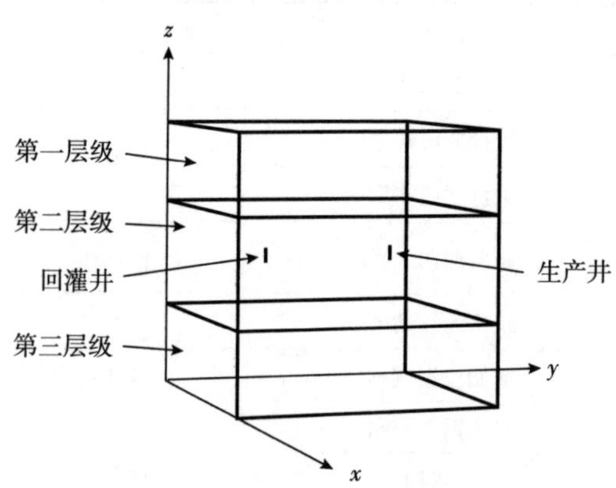

图 11-1　地层几何模型示意

表 11-2　地层的主要物理参数

层级	热导率（瓦/（米·K））	密度（千克/立方米）	热容量（焦耳/千克·K^{-1}）	孔隙度
1	2	1.3×103	900	0.1
2	3	1.9×103	850	0.4
3	3.5	2.3×103	850	0.3

表 11-3　主要技术参数

参数	含义	值	单位
Q	供暖面积	221×10^4	平方米
n	井的数量	28	—
Q_d	工程设计的热负荷	884×10^5	瓦
$T_{e,\ in}$	注入流体温度	297	开尔文（K）
p_{min}	地层最小主应力	11	兆帕
η	传热系数	0.95	—

如表 11-3 所示，水热型地热资源项目的供热面积为 221×10^4 平方米，单位供热负荷为 40 瓦/平方米，总供热负荷为 884×105 瓦，注入水温度为 297 开尔文，地层的最小主应力为 11 兆帕。水的物理性质会随温度而变化，因此水的密度、动态黏度和比热可表示为温度的函数，本章将 COMSOL 软件中内置的水相关参数作为本模型的参数。另外，板式换热器的系数为 95%，即地热井产生的热量中 95%可通过板式换热器提供给用户侧（Zou 和 Chen，2011）。

表 11-4　主要经济参数

参数	含义	值	单位
μ_c	碳价的漂移率	0.04	—
σ_c	碳价的波动率	0.03	—
ϖ_c	碳价回归速度	1.6	—
$\overline{P}_{car}$	碳价回归水平	116	元/吨
$\sigma_c{}'$	碳价的波动率	5	—
I	初始投资成本	2.18	亿元
S	单位面积补贴	50	元/平方米
T_I	投资期	2019~2040	—
M	模拟次数	10000	—

关于不确定因素的基本参数如表 11-4 所示，主要包括碳价、初始投资成本和变动成本的参数。参考欧洲的碳价水平 10~20 欧元，假设中国碳排放达峰后其回归水平为 116 元/吨（约 15 欧元）（关锌，2014）。由于水热型地热资源供暖的前期投资成本高，因此单位面积补贴为最高档 50 元/平方米。

（二）结果分析

中国政府制定的供暖价格不足以覆盖地热企业的成本，预计还需很长时间才能完全实现市场化。作为中国新的供暖来源，与传统的燃煤供暖和天然气供暖相比，公众对地热供暖的认知度较低，因此采取了统一的低价策略来吸引消费者。然而，从长远来看，供热行业将经历由管制向市场化的过渡（Li 等，2015）。因此，地热供暖价的发展趋势将经历以下两个阶段：严格监管和市场导向。在第二阶段，使用 GBM 来表征供热价格的不确定性。供热价格的模拟路径如图 11-2 所示，在 2018 年至 2025 年的第一阶段，供热价格由政府控制。此后，随着市场的逐步放开，供暖价格急剧上升，并且由于市场的成熟度和完整性，价格的增长率将下降。

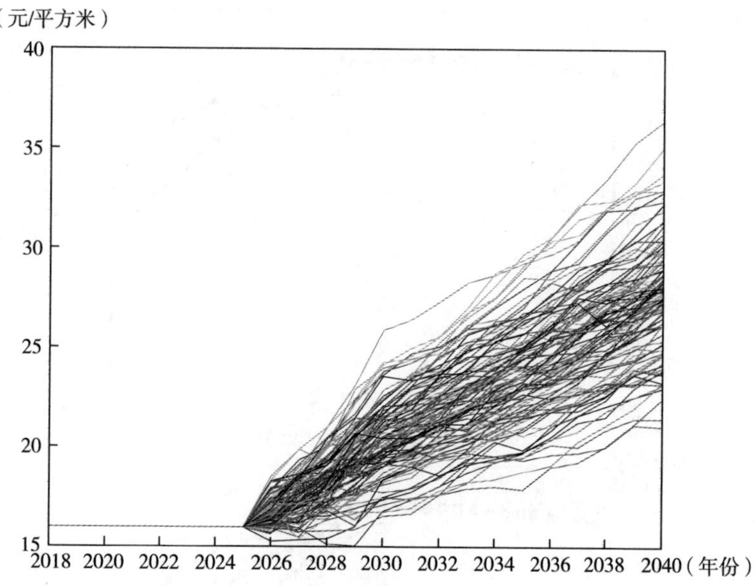

图 11-2　供暖价模拟结果

图 11-3 展示了采用 THCM 模型模拟不同地质情景下生产井温度随时间变化。通过比较不同情景的温度—时间曲线，发现地热梯度会影响初始生产温度，而渗透率与温度下降速率呈负相关系，即渗透率越大，温度随时间下降速率越慢。根据温度—时间曲线，可计算不同情景对应的运营成本。如图 11-4 所示，情景Ⅰ的单位面积运营成本最高，为 15.56 元/平方米，情景Ⅸ的单位面积运营成本最低，为 7.85 元/平方米，而最常见的地质情景即情景Ⅴ的单位面积运营成本为 11.91 元/平方米。

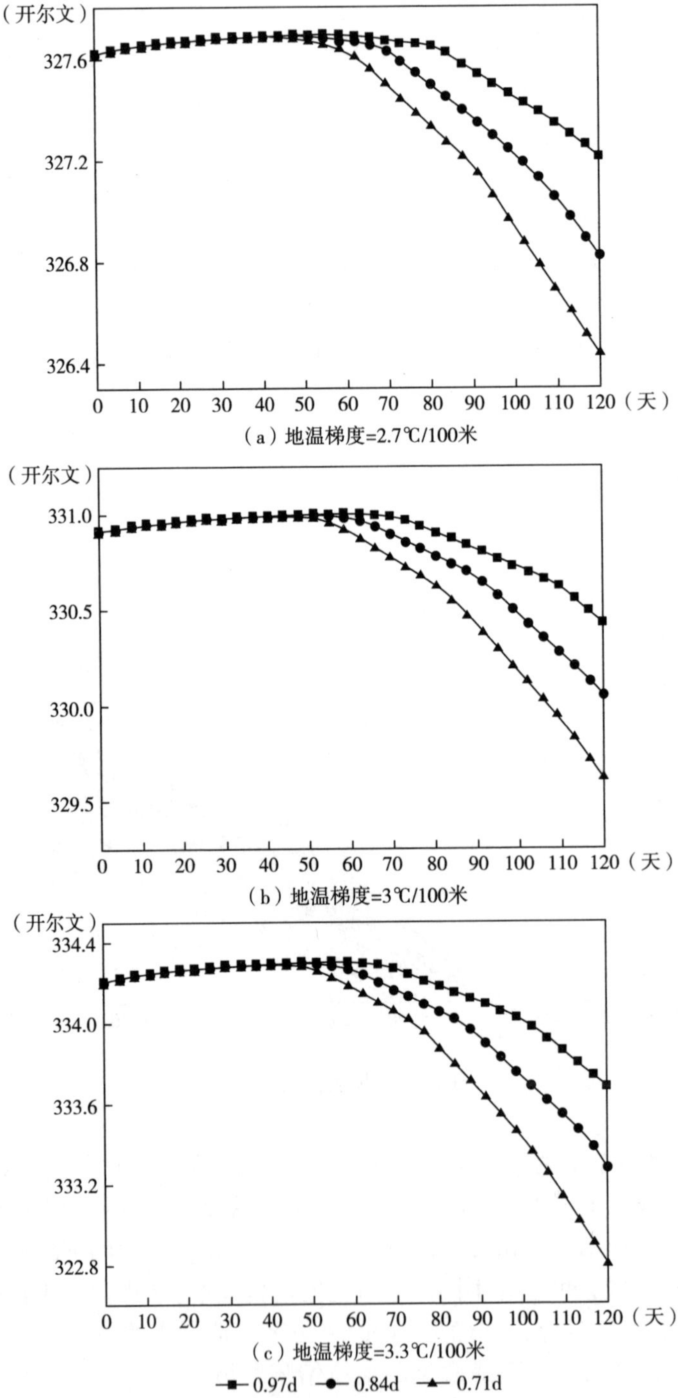

（a）地温梯度=2.7℃/100米

（b）地温梯度=3℃/100米

（c）地温梯度=3.3℃/100米

图 11-3 双井系统时间—温度曲线

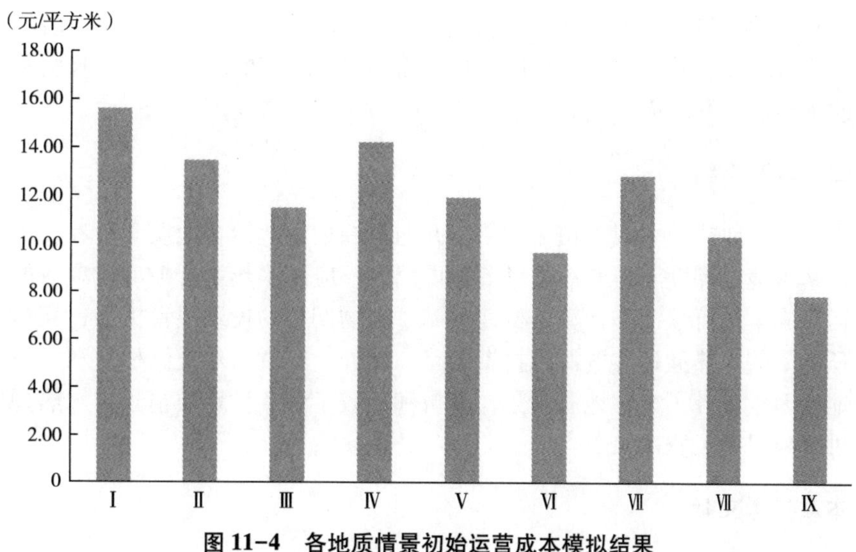

图 11-4　各地质情景初始运营成本模拟结果

图 11-5 显示了不同地质情景下水热型地热资源项目的最优投资策略。其中，只有情景Ⅵ（地温梯度为 3℃，渗透率为 0.97d）和情景Ⅸ（地温梯度为 3.3℃，渗透率为 0.97d）的水热型地热资源项目可以在 2020 年进行投资，且投资价值分别为 11.3 元/平方米和 21.4 元/平方米。而其他地质参数的水热型地热项目，则需要等待市场、技术和政策环境更加明朗后进行投资。根据模型模拟结果，其他

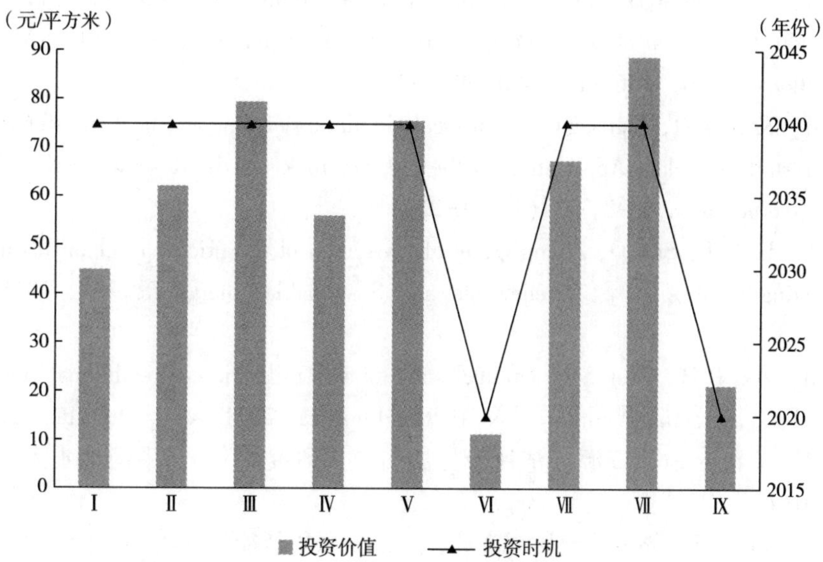

图 11-5　不同地质情景下水热型地热资源最优投资策略

情景的水热型地热资源项目的最优投资时机为 2040 年。这说明目前国内环境不利于水热型地热资源的开发与发展，政府需要出台相应的政策措施以吸引资本注入，改善当前不利局面。

四、本章小结

本章基于地热技术成本预见结果，并通过探索性地结合地质学科和实物期权理论，基于地温梯度和岩石渗透率等地质因素，应用水热耦合模型对项目的热产量和运营成本进行预测和计算，构建了基于实物期权的投资决策模型，探讨了不确定环境下的水热型地热资源的投资策略。此外，本章针对地温梯度和岩石渗透率等地质因素设计了 9 种地质情景，分析和比较了这 9 种地质情景中水热型地热资源供暖项目的投资决策。

本章参考文献：

[1] Zhang Qi, Chen Siyuan, Tan Zhizhou, Zhang Tiantian, Benjamin Mclellan, Investment strategy of hydrothermal geothermal heating in China under policy, technology and geology uncertainties, Journal of Cleaner Production, 2019, 207: 17-29.

[2] Chen Siyuan, Zhang Qi, Hailong Li, Benjamin Mclellan, Tan Zhizhou, Investment decision on shallow geothermal heating & cooling based on compound options model: A case study of China. Applied Energy, 2019, 254, 15: 113655.

[3] Chiasson A D, Rees S J, Spiter J D. A preliminary assessment of the effects of groundwater flow on closed-loop ground-source heat pump systems [J]. ASHRAE Transactions, 2000, 106 (1): 380-393.

[4] Kolditz O, Clauser C. Numerical simulation of flow and heat transfer in fractured crystalline rocks: Application to the hot dry rock site in Rosemanowes (U. K.) [J]. Geothermics, 1998, 27 (1): 1-23.

[5] Li H L, Sun Q, Zhang Q, et al. A review of the pricing mechanisms for district heating systems [J]. Renewable and Sustainable Energy Reviews, 2015, 42: 56-65.

[6] Zou P H, Chen S L. Optimal study of step utilization of geothermal energy for heating [J]. Heating Ventilating & Air Conditioning. 2011, 41 (7): 112-118.

[7] 关锌．地热资源经济评价方法与应用研究 [D]．中国地质大学（武汉），2014.

[8] 自然资源部中国地质调查局，国家能源局新能源和可再生能源司，中国科学院科技战略咨询研究院，等．中国地热能发展报告 [R]．2018.

第十二章 CCUS 投资决策优化

一、本章简介

碳捕集利用与封存（Carbon Capture，Utilization and Storage，CCUS）已经成为了实现碳中和目标的关键技术之一。然而，大部分 CCUS 技术尚未实现商业化，面临着初始投资成本和运维成本高的挑战。因此，降低成本是提高 CCUS 未来投资价值的关键。此外，市场的不确定性也会影响 CCUS 项目的决策过程，特别是 CCUS 产品市场和电力市场。例如，利用二氧化碳提高采收率（CO_2-EOR）技术具有提高原油采收率和地质储存二氧化碳的双重作用（张贤等，2023）。但是，由于石油市场的价格波动，导致原油销售收益不确定性较高。此外，政策刺激乏力，财政补贴不足以及 CCUS 技术标准及监管框架不完善，削弱了投资者的预期，同时导致投资者难以准确评估 CCUS 的投资价值，进而做出最优的投资决策。因此，迫切需要为投资者开发一种新型投资决策模型，从而为其做出最优的投资决策提供方法基础与数据支持。

为此，本章建立了基于实物期权的 CCUS 投资决策模型，该模型考虑了第二篇中基于组件的双因素技术进步、市场价格波动等多维不确定性。为了验证模型的有效性，将其应用于 CCS 与 CO_2-EOR 和二氧化碳加氢制甲醇（CO_2-MET）两种 CCS 利用技术的投资决策，求解最优的投资时机和投资价值，并研究关键因素对投资决策的影响，最后为促进 CCUS 技术的投资给出切实可行的政策建议。

二、CCUS 投资决策优化建模与求解

（一）CCUS 项目的期权特性分析

CCUS 项目一般涉及多个期权，但对于投资者而言，延迟期权足以反映其在高度不确定环境下决策的灵活性，可为 CCUS 项目创造最大的投资价值。

由于 CCUS 项目投资具有较高的技术、市场等多维因素不确定性和决策灵活性，传统的项目评估方法在分析其投资决策时存在诸多局限性。为了充分考虑不

确定性和决策灵活性的影响，本章构建了实物期权投资决策模型，并引入学习曲线方法，模拟分析了 CCUS-EOR 和 CCUS-MET 两种技术的投资决策，为中国 CCUS 技术发展政策的制定提供了决策支持。

（二）模型框架

本章的模型框架如图 12-1 所示，可分为三个部分（Liu 等，2022）。在步骤 1 中，首先根据 CCUS 的工艺流程图确定每项技术涉及的关键组件，然后应用技术学习曲线方法预测每个组件未来的成本。该部分成本预测结果来自第二部分技术成本预见结果。在步骤 2 中，除了每个组件的未来成本外，产品的价格也是影响 CCUS 项目经济性的关键因素。因此，采用几何布朗运动（GBM）或均值回复过程（MRP）来模拟产品价格的不确定性。步骤 3 建立了考虑延期期权（或称为延迟期权、递延期权）的实物期权模型，并在第一步和第二步结果的基础上分析了 CCUS 项目的投资决策。

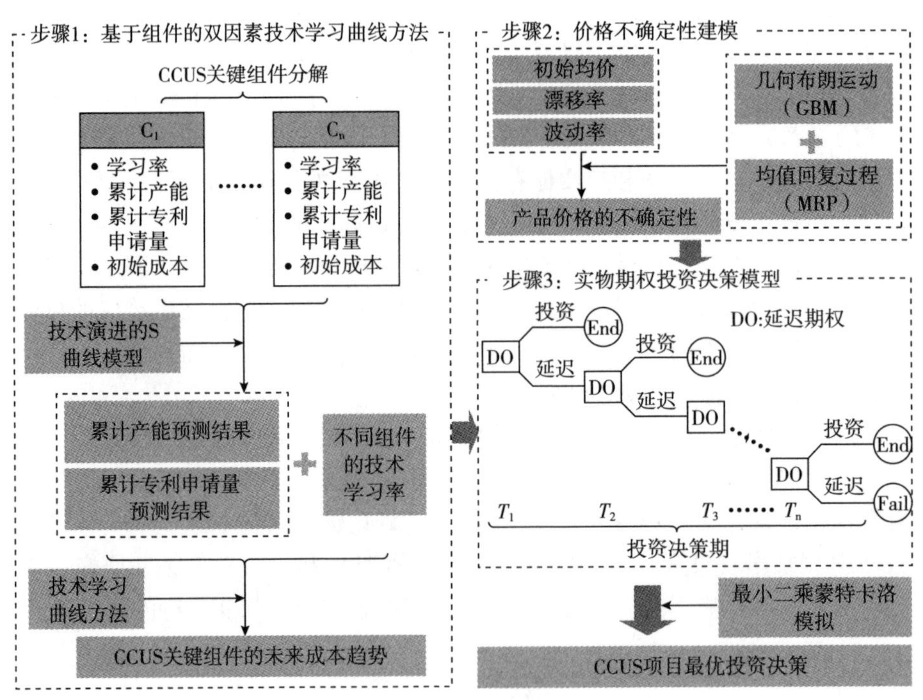

图 12-1 模型框架

为了验证该模型的有效性，将其用于 CCUS-EOR 和 CCUS-MET 两种技术的投资决策中。

（三）实物期权投资决策模型

投资价值最大化是理性投资者的决策目标。这意味着只有在当前投资价值大于未来期的贴现价值时，他们才会投资；否则，他们将推迟投资。这个投资时机构成了延期期权的主要价值。这种延期期权已被纳入投资决策模型。

主要假设如下：①考虑到大多数国家都提出在 2050 年之前实现碳中和，本章将投资决策期设定在 2023~2050 年，每年年初决策；②项目建设周期为 3 年，项目建成后可满负荷运行至项目结束，不考虑残值；③投资者在投资决策期内只能做出一项决策；④用于 CO_2-EOR 或 CO_2-MET 技术的二氧化碳可以封存或转化几十年，这意味着本章不考虑二氧化碳再次释放到大气中；⑤CCUS 各环节技术固定资本成本和运行维护成本预测结果来自第二部分的技术成本预见结果。

目标函数如式（12-1）所示：

$$OIV=\max[\max(TV_t,\ 0)\times e^{-r\times t_D}],\ (1\leqslant t_D\leqslant t_0) \tag{12-1}$$

式中：OIV 为最优投资价值，t_D 为最优投资时机，TV_t 为 t 年项目总价值，r 为贴现率，t_0 为投资决策期。

在投资决策期间，某一年度的总价值及其净现值（NPV）可以用式（12-2）~式（12-4）计算：

$$TV_t=E[\sum_{i=t_1+1}^{L+t_1} e^{-r\times(i-t_1)}\times CF_i-I_t],\ (1\leqslant t\leqslant t_0) \tag{12-2}$$

$$t_1=t_c+t \tag{12-3}$$

$$NPV_t=e^{-r\times t}\times TV_t \tag{12-4}$$

式中：L 为火电厂寿命；CF_i 为经营期第 i 年净现金流；I_t 为项目第 t 年的初始投资成本；t_c 为建设期；NPV_t 为 t 年投资价值的 NPV，t_1 为运营开始时期。

运营期的现金流包括产品收入、碳交易收入、碳捕集（Carbon Capture，CC）改造带来的发电损失以及碳捕集的可变成本（包括运维成本和二氧化碳运输成本），如式（12-5）~式（12-6）所示：

$$CF_{t_EOR}=\pi_t^{EOR}+\pi_t^{CO_2}-C_t^e-C_t^{CC} \tag{12-5}$$

$$CF_{t_MET}=\pi_t^{Me}+\pi_t^{CO_2}-C_t^e-C_t^{CC} \tag{12-6}$$

式中：π_t^{EOR} 为 t 年 CO_2-EOR 的利润；π_t^{Me} 是 CO_2-MET 在 t 年的利润；$\pi_t^{CO_2}$ 是 t 年碳交易利润；C_t^e 为 t 年发电量减少带来的收入损失；C_t^{CC} 为第 t 年 CC 的可变成本。

对于 CO_2-EOR，利润由式（12-7）~式（12-9）进一步计算：

$$\pi_t^{EOR}=R_t^{EOR}-O\&M_t^{EOR} \tag{12-7}$$

$$R_t^{EOR}=P_t^{EOR}\times Q_t^{EOR} \tag{12-8}$$

$$Q_t^{EOR}=CE_{replace}\times Q_t^{CO_2-EOR} \tag{12-9}$$

式中：R_t^{EOR} 为 t 年驱油收益；$O\&M_t^{EOR}$ 为 t 年 CO_2-EOR 运维成本；P_r^{EOR} 是 t

年的平均油价；Q_t^{EOR} 为 t 年产油量；$Q_t^{CO_2-EOR}$ 是在 t 年 CO_2-EOR 中使用的 CO_2 量；$CE_{replace}$ 为原油的 CO_2 置换效率。每年用于 CO_2-EOR 的 CO_2 使用量受限于每年捕获的 CO_2 总量。

对于 CO_2-MET 项目，利润由式（12-10）~式（12-12）计算：

$$\pi_t^{Me}=R_t^{Me}-O\&M_t^{Me} \tag{12-10}$$

$$R_t^{Me}=P_t^{Me}\times Q_t^{Me} \tag{12-11}$$

$$Q_t^{Me}=a\times Q_t^{CO_2-Me} \tag{12-12}$$

式中：R_t^{Me} 为 t 年甲醇销售收入；$O\&M_t^{Me}$ 为 CO_2-MET 项目在 t 年的可变成本；P_t^{Me} 为 t 年甲醇的年平均价格；Q_t^{Me} 为 t 年甲醇产量；a 为 CO_2 转化成甲醇的效率；$Q_t^{CO_2-Me}$ 为 t 年 CO_2-MET 所使用的 CO_2 量，受限于每年捕获的 CO_2 总量；$O\&M_t^{Me}$ 为 CO_2-MET 项目 t 年的运维成本。

许多国家已经建立了中国统一碳市场。以中国碳市场为例，碳交易收益由式（12-13）计算：

$$\pi_t^{CO_2}=P_t^{CO_2}\times Q_t^{T_{CO_2}} \tag{12-13}$$

式中：$P_t^{CO_2}$ 为 t 年的平均碳价；$Q_t^{T_{CO_2}}$ 为 t 年 CO_2 总交易量。

每年捕获的 CO_2 总量可以用式（12-14）表示：

$$Q_t^{CO_2}=Q_{IC}\times T_e\times\alpha\times f_e\times f_c \tag{12-14}$$

式中：Q_{IC} 为碳捕集改造后火电厂净输出功率；T_e 为火电厂年利用小时数；α 为发电机组发电效率；f_e 为发电的 CO_2 排放强度；f_c 表示碳捕获率。对于 CO_2-EOR 项目，CO_2 不能被全部埋存，有一定数量的 CO_2 泄漏。

$$Q_t^{T_{CO_2}}=Q_t^{CO_2}-Q_t^{loss} \tag{12-15}$$

$$Q_t^{loss}=\varphi\times Q_t^{CO_2-EOR} \tag{12-16}$$

式中：Q_t^{loss} 为 t 年 CO_2 的泄漏量，φ 为 CO_2 的泄漏率。

发电量减少带来的收益损失由式（12-17）~式（12-19）计算：

$$C_t^e=P_t^e\times Q_t^e-P_t^{Coal}\times Q_t^{Coal} \tag{12-17}$$

$$Q_t^{Coal}=Q_t^e\times d \tag{12-18}$$

$$Q_t^e=\alpha\times Q_{IC}\times T_e\times\beta^{loss} \tag{12-19}$$

式中：P_t^e 为 t 年平均上网电价；Q_t^e 为 t 年 CC 改造产生的发电损失；β^{loss} 为发电效率损失；P_t^{Coal} 为第 t 年煤炭平均价格；Q_t^{Coal} 为 t 年发电所需耗煤量；d 为每千瓦时发电的耗煤量。

CC 的可变成本由式（12-20）~式（12-21）计算：

$$C_t^{CC}=O\&M_t^{CC}+C_t^T \tag{12-20}$$

$$C_t^T = Q_t^{CO_2} \times C_t^{CO_2T} \tag{12-21}$$

式中：$O\&M_t^{CC}$ 为第 t 年碳捕集端的运维成本；C_t^T 为第 t 年 CO_2 的总运输成本；$C_t^{CO_2\_T}$ 为第 t 年每吨二氧化碳的运输成本。

CC、CO_2-EOR 和 CO_2-MET 的投资成本分别为式（12-22）中的 I_t^{CC}、I_t^{EOR} 和 I_t^{Me}：

$$I_t = I_t^{CC} + I_t^{EOR} + I_t^{Me} \tag{12-22}$$

三、CCUS 投资决策分析

（一）数据与情景设置

表 12-1 列出了案例研究的主要参数。预计到 2060 年底，火电厂将逐步淘汰。由于决策期在 2050 年结束，CCUS 项目至少有 10 年的项目执行期（Lin 等，2021）。

表 12-1　主要参数说明

参数	说明	赋值
Q_{gross}	火电厂总输出功率	600 兆瓦
Q_{net}	火电厂净输出功率	570 兆瓦
Q_{IC}	碳捕集改造后火电厂净输出功率	389 兆瓦
T_e	火电厂年利用小时数	7165 小时
f_e	发电的二氧化碳排放强度	762 克二氧化碳/千瓦时
f_c	碳捕获率	90%
α	发电机组发电效率	94%
t_0	投资决策期	15 年
L	火电厂寿命	35 年
t_c	建设期	3 年
$CE_{replace}$	原油的二氧化碳置换效率	0.2
I_1^{EOR}	CO_2-EOR 基准投资成本	7.4 美元/吨二氧化碳
I_1^{Me}	CO_2-MET 基准投资成本	5.9 百万美元
$O\&M_t^{CC}$	碳捕集的运维成本	49.4 美元/兆瓦时
$O\&M_t^{EOR}$	CO_2-EOR 的运维成本	7.2 美元/吨二氧化碳
$O\&M_t^{Me}$	CO_2-MET 的运维成本	653 美元/吨

续表

参数	说明	赋值
d	每千瓦时发电的耗煤量	0.4 千克/千瓦时
β^{loss}	发电效率损失	31.8%
φ	项目二氧化碳的泄漏率	90%
r	折现率	8%
a	二氧化碳转化成甲醇的效率	0.7
$\overline{P^{EOR}}$	原油价格长期均值	69.7 美元/桶
P_1^{Me}	基准甲醇平均价格	373 美元/吨
$P_1^{CO_2}$	基准碳交易平均价格	8.6 美元/吨
η^{EOR}	油价的均值回复速率	0.149
δ^{EOR}	油价的波动率	0.331
DR_{Met}	甲醇价格的漂移率	0.005
V_{Met}	甲醇价格的波动率	0.021
DR_{CO_2}	油价的漂移率	0.04
V_{CO_2}	碳价的波动率	0.03
η^{CO_2}	碳价的均值回复速率	1.6
$C_t^{CO_2\_T}$	每吨二氧化碳平均运输价格	21.7 美元/吨二氧化碳
I_1^{CC}	碳捕集改造的基准投资成本	1430 美元/千瓦

根据文献调研确定了碳捕集（Carbon Capture，CC）技术的各项成本和技术学习率。该捕集厂的基准初始投资为 1430 美元/千瓦，不含燃料的运维成本为 29.7 美元/兆瓦时，由于 CC 而产生的额外燃料成本为 19.7 美元/兆瓦时。通过对示范项目的调研和 Kang 等人的测算，得出了 CC 系统的组件成本比例（Kang 等，2020）。关键组件的技术学习率参考国际能源署温室气体研发计划（IEAGHG，2006）。

CO_2-EOR 成本为 14.6 美元/吨二氧化碳，其中初始资本投资成本和运维成本分别占 50.9%和 49.1%。此外，虽然 CO_2-EOR 和 CO_2-MET 具有相同的技术成熟度（Technology Readiness Level，TRL），但 CO_2-EOR 技术比 CO_2-MET 早几十年进入商业应用阶段（Chauvy 等，2019）。从 FOAK（First-of-a-Kind）到 NOAK（Nth-of-a-Kind），随着技术规模的不断积累，其资本和运维成本的下降

幅度会更大，而其未来成本的下降幅度会更小（Thomassen 等，2020）。因此，CO_2-EOR 的技术学习率低于 CO_2-MET。

CO_2-MET 数据来自重庆长寿化工园区的一个实际规划项目。该工厂每年可生产 3.5 万吨甲醇，资本成本约为 590 万美元。本章采用已经建成的制氢装置，而不是新建制氢装置。由于甲醇生产的运维成本主要是制氢成本，因此本章探讨了制氢运维成本的学习效应。

基准原油价格设定在 69.7 美元/桶，这是根据欧佩克 2001 年 12 月 26 日至 2021 年 12 月 7 日的油价方案确定的。基准甲醇价格为 373 美元/吨，数据源于 2013 年 12 月 31 日至 2021 年 12 月 10 日甲醇（优质）价格数据。碳价格数据来自北京 2013 年 11 月 29 日至 2021 年 7 月 8 日的碳排放交易市场，基准碳价格为 8.6 美元/吨。以上数据来自 WIND 数据库，并根据上述数据估计出这些价格的漂移率和波动率。

根据发电量与碳排放量的定量关系，计算出火电厂每年捕获的二氧化碳约为 270 万吨。假设所有捕获的二氧化碳都将用于 CO_2-EOR 或 CO_2-MET，因此可以根据捕获的二氧化碳量来确定这两个项目的生产能力。考虑到 20%的二氧化碳替代石油的效率，CO_2-EOR 的年原油生产能力为 55 万吨。基于碳平衡和 70%的二氧化碳转化为甲醇的效率，每年生产的甲醇为 190 万吨。为保证排放的二氧化碳全部捕集利用，CC、CO_2-EOR 和 CO_2-MET 技术的假设产能应大于计算产能，如表 12-2 所示，其假设产能与相关技术的实际大型项目的假设产能相当。

表 12-2 假设三种技术的生产能力

技术类别	假设的年度产能
CC	270 万吨二氧化碳
CO_2-EOR	55 万吨原油
CO_2-MET	190 万吨甲醇

技术学习率会受到很多因素的影响。例如，影响 LBD 学习率的因素主要包括员工工作能力的提高、管理的改善、设备质量等（Li 等，2012）；而影响 LBR 学习率的因素主要包括知识储备、关键理论或技术研究的突破等（Watanabe 等，2009）。为了考虑技术学习率的波动性，本章设置了三种技术学习情景，如表 12-3 所示。基于这三种技术学习情景，预测得到的技术成本结果来自第二部分的技术成本预见结果。

（二）结果分析

本章分析了价格对最优投资时间的影响以及相应的投资价值。图 12-2 中，

NPVIV 代表 NPV 方法计算的投资价值，ROIV 代表实物期权投资决策模型计算的最优投资价值。在 NPV 方法中，投资者只在 NPVIV 大于 0 时进行投资，只能在 2023 年（决策期的第一期）进行决策。而在实物期权投资决策模型中，延期期权的引入使得投资者可以随时进行决策。

表 12-3　不同组件的技术学习率

组件		投资成本	运维成本	干中学学习率		研发中学学习率	
		% Total	% Total	资本成本（慢/中/快）	运维成本（慢/中/快）	资本成本（慢/中/快）	运维成本（慢/中/快）
碳捕集	二氧化碳捕集	81.8	95.2	0.06/0.11/0.18	0.10/0.22/0.30	0.048/0.088/0.144	0.08/0.176/0.24
	二氧化碳压缩	18.2	4.8	0.00/0.00/0.10	0.00/0.00/0.10	0.00/0.00/0.08	0.00/0.00/0.08
CO_2-EOR	注入系统	50	25.73	0.03/0.036/0.042	0.04/0.048/0.056	0.024/0.029/0.034	0.03/0.036/0.042
	生产和分离系统	50	74.27	0.04/0.048/0.056	0.05/0.06/0.07	0.03/0.036/0.042	0.04/0.048/0.056
CO_2-MET	制氢	—	—	—/—/—	0.16/0.18/0.21	—/—/—	0.14/0.16/0.18
	甲醇合成	90	27.33	0.05/0.10/0.15	0.22/0.28/0.34	0.04/0.08/0.12	0.18/0.22/0.27
	提纯和精馏	10	72.67	0.06/0.11/0.16	0.24/0.31/0.38	0.048/0.088/0.13	0.19/0.25/0.30

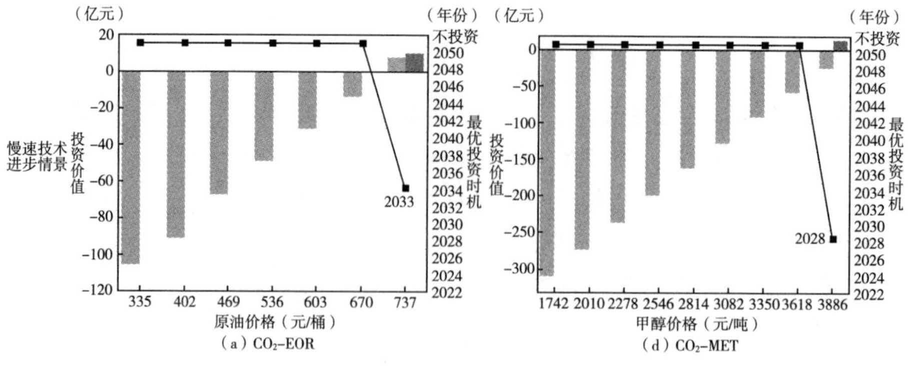

图 12-2　不同情景下价格对投资决策的影响

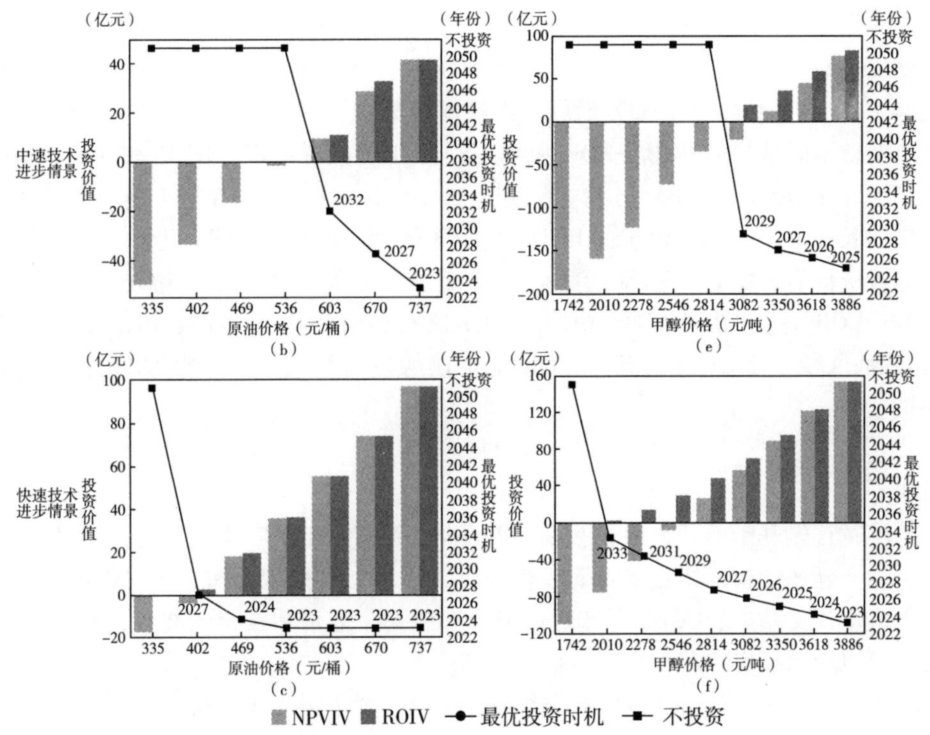

图 12-2 不同情景下价格对投资决策的影响（续图）

不同技术进步情景下的 CCUS-EOR 和 CCUS-MET 项目投资决策如图 12-2 所示，按照 2022 年年度平均汇率约 6.7 人民币/美元，将结果换算为元。随着技术学习效果的增强，在快速技术学习情景下，CCUS-EOR 和 CCUS-MET 的投资都变得有价值，其最优投资价值分别约为 14.6 亿元和 26.0 亿元。此外，从慢速情景到快速情景，CCUS-MET 的投资价值将逐渐超过 CCUS-EOR。这表明，随着学习效应的增强，CCUS-MET 具有更大的利润增长潜力，甚至比 CCUS-EOR 更经济。

ROIV 始终高于 NPVIV 的原因在于延期期权的引入使得投资者可以在当前项目没有盈利的情况下推迟投资，在投资价值最高且为正的情况下选择投资。这些结果证明了该模型在投资决策中的优越性。

对于 CCUS-EOR 来说，其项目的投资价值将随着油价的上涨而增加。为了实现正投资价值，在慢速和快速技术学习情景下，油价至少需要分别超过 737 元/桶和 402 元/桶。此外，要在 2023 年立即启动投资，在中速、快速情景下，油价至少需要分别达到 737 元/桶和 536 元/桶。

对于 CCUS-MET 来说，为了实现正投资价值，在慢技术学习情景下，甲醇价格需要超过 3886 元/吨。然而，在快速技术学习情景中，当甲醇价格达到 2010 元/吨（比当前价格低 20%）时就可以触发投资。

对比不同情景下 CCUS-EOR 和 CCUS-MET 的投资决策（图 12-2（a）与图 12-2（d）；图 12-2（b）与 12-2（e）；图 12-2（c）与 12-2（f）），在相同的价格增长率下，CCUS-MET 的 ROIV 约为 CCUS-EOR 的 1.6 倍。此外，为了实现正的投资价值，CCUS-MET 所需的价格增长率分别为 3%、6%和 6%，均低于 CCUS-EOR。这些结果表明，CCUS-MET 比 CCUS-EOR 更经济。但由于前期成本较高，CCUS-MET 比 CCUS-EOR 更难以触发直接投资，因此最好进行长期投资。

四、本章小结

本章首先基于 CCUS 项目投资者决策的灵活性分析其具有的期权特性，然后，引入延迟期权以构建实物期权投资决策模型。该模型考虑了第二篇中 CCUS 技术成本预见结果、CCUS 全产业链成本和收益、油价和碳价的波动，并赋予投资者可以延迟投资以获得更优收益的权利。

本章基于第二篇 CCUS 技术成本预见结果设置了慢、中、快三种技术学习情景，进而以 600 兆瓦燃煤电厂、二氧化碳提高采收率技术、二氧化碳加氢制甲醇技术为案例，分析 CCUS 项目最优投资决策。CCUS-EOR 项目的投资价值将随着油价的上涨而增加。为了实现正投资价值，在慢速和快速技术学习情景下，油价至少需要分别超过 737 元/桶和 402 元/桶。此外，要在 2023 年立即启动投资，在中速、快速情景下，油价至少需要分别达到 737 元/桶和 536 元/桶。对于 CCUS-MET 来说，为了实现正投资价值，在慢技术学习情景下，甲醇价格需要超过 3886 元/吨。然而，在快速技术学习情景中，当甲醇价格达到 2010 元/吨（比当前价格低 20%）时就可以触发投资。

本章参考文献：

［1］Chauvy R，Meunier N，Thomas D，et al. Selecting emerging CO_2 utilization products for short - to mid - term deployment ［J］. Applied Energy，2019，236：662-680.

［2］International Energy Agency Greenhouse Gas R&D Programme（IEAGHG）. Estimating future trends in the cost of CO_2 capture technologies ［R］. 2006.

［3］Kang J N，Wei Y M，Liu L C，et al. The prospects of carbon capture and storage in China's power sector under the 2℃ target：A component-based learning curve approach [J]. International Journal of Greenhouse Gas Control, 2020, 101: 103149.

[4] Li S, Zhang X, Gao L, et al. Learning rates and future cost curves for fossil fuel energy systems with CO_2 capture: Methodology and case studies [J]. Applied Energy, 2012, 93: 348-356.

[5] Lin B Q, Tan Z Z. How much impact will low oil price and carbon trading mechanism have on the value of carbon capture utilization and storage (CCUS) project? Analysis based on real option method [J]. Journal of Cleaner Production, 2021, 298: 126768.

[6] Liu J F, Zhang Q, Li H L, et al. Investment decision on carbon capture and utilization (CCU) technologies—A real option model based on technology learning effect [J]. Applied Energy, 2022, 322: 119514.

[7] Thomassen G, Van Passel S, Dewulf J. A review on learning effects in prospective technology assessment [J]. Renewable and Sustainable Energy Reviews, 2020, 130: 109937.

[8] Watanabe C, Shin J H, Akaike S, et al. Learning and assimilation vs. M&A and innovation: Japan at the crossroads [J]. Technology in Society, 2009, 31: 218-231.

[9] 张贤，杨晓亮，鲁玺，等. 中国二氧化碳捕集利用与封存（CCUS）年度报告（2023）[R]. 中国 21 世纪议程管理中心，全球碳捕集与封存研究院，清华大学，2023.

第四篇
碳中和技术政策模拟与分析

碳中和技术的研发与推广往往伴随着高风险与不确定性，因此国家出台了诸多支持政策。随着碳中和技术产业不断发展，需要对多维政策进行系统模拟与分析，从而确定支持政策及其组合的调整、改进和创新的方案。

本篇包括第十三章到第十七章，共五章。第十三章首先梳理了政策分析理论体系和建模方法，并提出了应用于碳中和技术领域时出现的变化和面临的挑战。接着在第十四章到第十七章分别梳理了可再生能源发电、户用光伏、地热供暖和碳捕集、利用与封存（Carbon Capture Utilization and Storage，CCUS）技术领域的政策发展历程。政策分为规制类、财政类、市场类和行为类等多个类型，其中规制类包括可再生能源发电全额保障性收购和可再生能源电力配额制等；财政类包括补贴和税收减免；市场类政策包括电价激励、产权拍卖和碳交易等；行为类政策包括绿色标识和行为规范等。各章基于第三篇的市场均衡、社会网络模拟和实物期权等模型，对上述碳中和技术相关的多类政策及其组合效果进行模拟进而分析政策作用机制和路径。

第十三章　碳中和技术政策分析基础理论与模型方法

一、本章简介

碳中和技术的发展是实现“双碳”目标的重要途径，近年来中国围绕相关技术发展的国家级政策总计200余项，形成了种类多元、覆盖全面的低碳政策体系。其中，不仅有已经形成特色的行政指令性政策（如目标责任考核制度）和“由点及面”的试点示范优良实践，也有经济激励类（如价格政策、总量—交易政策、财税补贴政策，也包括补贴退坡）、直接规制类（如法律、法规和标准）、低碳研发科技政策等。但上述政策大多散布在不同的政策文本中，尚未形成较为系统的政策体系。随着碳中和技术产业的不断发展，对政策创新能力也提出了新的要求。在此背景下，碳中和技术相关政策的分析和评估成为重要的研究话题。通过采用科学的方法对单一政策或政策组合的效益、效率、效果及价值进行综合判断与评价，从而发现问题、总结经验，对于碳中和技术政策的延续、修正和创新具有重要的参考价值。

二、碳中和技术政策分析的基本理论概述

碳中和技术是应对气候变化、减少温室气体排放的关键手段之一。然而，碳中和技术的特点决定了其在研发和推广过程中所面临的种种挑战。首先，碳中和技术的研发周期通常较长，需要经过漫长的实验和验证阶段，才能达到商业应用的水平（吴力波和马戎，2022）。这就意味着在早期阶段，企业需要投入大量资源进行研究，但收益并不明显，此时，政府的支持就显得尤为关键，政府可以通过提供资金、设立科研机构、设定科研项目等方式来推动碳中和技术的发展，帮助企业渡过研发周期的难关。其次，碳中和技术的投资风险较大，由于涉及创新和前沿领域，技术的成功应用并非总是可预见的，许多创新性项目可能会面临失败的风险，使得私人企业在研发初期望而却步（李俊霞等，2016）。政府可以通

过提供风险投资、税收优惠等方式来降低企业在碳中和技术领域的投资风险，鼓励更多的私人资本涌入这个领域。最后，成本也是制约碳中和技术发展的因素之一，许多碳中和技术在初期阶段的成本较高，难以在市场上与传统技术直接竞争，政府可以通过制定激励政策，例如补贴计划或者税收减免，来降低碳中和技术的成本，从而提升其市场竞争力（唐松等，2020）。

分析现行的碳中和技术政策，如制订研发经费的分配计划、建立技术标准与规范以及推动产业联盟的形成等，有助于评估政府在技术发展中的引导和支持程度，了解政府当前对不同碳中和技术的支持程度及其关注重点。在制定碳中和技术发展策略时，这些政策分析也为政策制定者提供了重要参考。政府可以根据技术的特点和发展阶段，有针对性地制定支持政策，以便最大限度地促进技术的成熟和应用，并将碳中和技术发展与其他产业和政策目标相协调（谭显春等，2022）。下面将对碳中和技术政策分析理论和分析方法相关的基本理论及具体分类进行介绍。

（一）碳中和技术政策分析理论

1. 政策分析的定义

政策分析是管理学学科的一个重要研究领域，最早由美国学者哈罗德·拉斯韦尔创立。其于 1951 年出版的 *The Policy Sciences* 一书被视为政策分析学科的基础（Lasswell，1951）。政策分析是一项系统性的、关键性的工作，其目标在于全面深入地理解和评估特定政策问题。这一过程远非简单地审查政策的制定步骤，更涵盖了审视政策的选择依据及其所带来的影响（Boulanger 和 Bréchet，2005）。在政策分析中，专家们对政策制定的动机、目标和环境进行研究，以确保其与现实需求相符合。同时，政策分析还需要对各种可能的政策方案进行比较，以找到最具可行性和效益的路径，最终为决策者提供决策的科学依据，确保政策的合理性、可行性和预期的结果。Yates（1977）将政策分析定义为“制定、实施和评估政策的过程；优化和选择替代方案的战略；以及与特定职能领域相关的政策的独特属性”。Quade（1972）在其著作 *Analysis for Public Policy Decisions* 中指出，政策分析是政策科学的重要研究方法，是使用各种分析方法和分析技术帮助决策者制定政策的过程。Geyer 和 Cairney（2015）将政策分析定义为对政策变迁、政策创新和政策实施过程中的学习、适应和演化进行研究，以支持更好的政策制定和实施。Clarke 和 Ingram（2010）更关注政策实施的问题，认为政策分析是研究政策实施过程中各种因素的相互作用，以及政策制定者如何在复杂环境中有效实现政策目标。总之，政策分析是一个综合性的过程，涉及数据收集、信息整理、方法应用、分析解释和建议制定等多个方面，旨在为政策制定者提供有关制定、实施和评估政策的有关信息。

在进行碳中和技术相关政策分析时，研究范围会有一些特定的差异和重点，以适应这一特定领域的需求。首先，碳中和技术的种类繁多，涵盖了能源、工业、农业等多个领域。在政策分析中，需要结合生物、化学、材料科学、能源工程等学科专业知识，对不同类型的碳中和技术进行分类和研究，了解它们的原理、应用范围、发展状态等。同时，碳中和技术研发是一个关键环节。政策分析也会关注政府对碳中和技术研发的支持程度，包括研究经费、科研机构建设、创新项目等。其次，碳中和技术的市场推广与产业发展密切相关。政策分析可以研究政府在激励碳中和技术产业发展方面的政策，如补贴计划、税收优惠、产业联盟支持等，并评估政府对技术成本的降低和经济效益的提升所采取的措施，以促进技术的商业化应用。对于需求侧的碳中和技术，如新能源汽车、户用光伏等，还需要考察政府在碳中和技术推广中的社会参与和宣传策略，以及公众对这些技术的认知和态度。再次，碳中和技术的主要目标之一是降低温室气体排放，以实现气候目标。政策分析会重点关注政府政策在实现环境效益和气候目标方面的作用。最后，碳中和是全球性问题，需要国际合作。政策分析可以研究政府在国际合作、技术转移等方面的政策，以及是否符合国际约定和合规标准。

2. 碳中和技术政策分类

根据政策作用机制和方式不同，可以将碳中和技术政策分为规制类、财政类政策、市场类和行为类政策。表 13-1 对比分析了四类政策的特点并举例。

表 13-1　碳中和技术政策对比和举例

分类	定义	特点	举例
规制类政策	政府制定的规则、法规和程序，用于管理和监管特定领域或行业的运作。这些政策通常由政府机构、部门或委员会制定和执行	• 由政府机构直接实施和执行 • 通常通过法规、法律和规章制度来明确规定 • 目的是确保公共利益、保护公众安全和维护秩序 • 可能需要监管和执法机构来确保遵守	环境法规和标准制定，强制性的排放限制，强制性能源效率标准
财政类政策	政府通过调整税收和政府支出来影响国家经济的总需求和总供给的政策。主要是通过规定财政分配的关系和准则，对市场结构以及市场的运行结果进行调整	• 通过控制政府收入和支出来调整经济活动 • 旨在实现宏观经济目标，如社会福利增加和经济增长 • 可以通过经济激励和税收政策来实施	补贴和奖励计划，税收减免，电价折扣

续表

分类	定义	特点	举例
市场类政策	通过改变市场机制以影响市场运作和竞争，以促进公平竞争、维护市场稳定和消费者权益	●旨在解决市场失灵和不完善的问题，如垄断、外部性和信息不对称 ●可能包括反垄断法、监管措施、消费者权益法和价格管制等 ●目的是确保市场效率和公平竞争	碳排放权交易，绿证交易，竞争性招标和补贴，产权拍卖
行为类政策	通过提供非经济激励来改变用户的行为，引导用户做出顺应政府发展目标的决策，如鼓励节能、减少碳排放、使用可再生能源等	●重点关注公众服务和社会福祉 ●通常通过宣传、提供信息、强化社会准则等来影响用户群体 ●目的是提高生活质量、降低社会不平等和促进社会公平	节能认证和标志，低碳出行补贴，碳足迹信息透明化

在实际政策制定中，这些政策类型通常会在不同领域中交叉使用，以实现各种政府目标，如经济稳定、社会公平、环境保护和国家安全。政府会根据具体的问题和情境选择使用不同类型的政策来解决问题。

3. 政策分析理论

由于在政策制定和发挥作用中涉及政府、企业、居民等多种主体，需要综合运用政治学、经济学、社会学等多学科的知识，以便在复杂的政策环境中做出明智的决策。政策分析涉及的基本理论也十分广泛，包括群体理论、精英理论、渐进理论、制度理论、理性理论、有限理性理论和博弈理论等。表 13-2 总结了碳中和技术政策分析主要应用的理论：

表 13-2　政策分析主要理论

理论名称	含义	政策分析应用
群体理论	群体是以某种共同属性或共同关系为特征的个体的集体，他们对其他社会团体提出要求。不同社会群体之间的互动和斗争是政治生活的中心。群体理论经常与过程和平衡分析联系在一起，为研究群体目标、群体利益平衡和调整过程提供了系统的方法	群体理论认为政策代表了一种竞争派系或群体不断努力向有利于他们的方向倾斜的平衡，反映了主导群体的利益。政策制定者通过讨价还价、谈判和妥协屈从于群体的压力
精英理论	精英理论是一种旨在解释社会和政治权力是如何在社会中集中在少数精英群体手中的政治学和社会学理论。这一理论主张社会并非平等的，而是由少数掌握权力、资源和影响力的精英来主导和决定。尽管精英理论在解释社会和政治权力分配方面提供了有力的视角，但也被批评忽视了社会多元性、制度和群众动员等因素，限制了对社会变革和政治参与的理解	政策是精英的产物，反映了他们的价值观，并为他们的目的服务。这个模型所假定的是，社会被分为少数有权的人和许多没有权力的人。在这个社会结构中，政策不是由人民或群众决定的，而是由统治精英决定，然后由官僚机构执行。因此，政策往往是从上往下流动的，而不会从下往上升

续表

理论名称	含义	政策分析应用
渐进理论	决策者在现有合法政策的基础上，对现行政策加以修改，通过一连串小小的改变，在保证社会稳定的前提下，逐渐实现决策目标。这一理论认为，社会和政治变革应该在一个稳定的、逐渐的过程中实现，而不是通过剧烈的、急剧的改变	政策制定所根据的是过去的经验，经过渐进变迁的过程，而获得共同一致的政策。它以现行的政策作为基本方案，在与其他新方案相互比较后，制定出对现行政策修改、增加的新政策。决策者必须以过去的决定为基础，添加或修改已经存在的内容
制度理论	制度是一种既定的人类行为模式，由相关价值观框架内的有组织的互动组成。这些制度不仅是决策的关键和重要节点，而且还决定政策的制定或通过、政策的可能内容和方向，以及一系列类似或相关政策的确切和可能的趋势和轮廓	制度在政策形成和制定中发挥着关键作用。因为政策是通过政府的各种机构来制定和实施的，在任何政策分析中都不应忽视这些体制结构和程序
理性理论	在做出决策时，决策者会通过详细的分析和评估，从多个可选方案中选择最合理的方案。这一理论认为决策者会理性思考，根据信息、目标和假设来推导出最优解	假定在政策裁决所实现或牺牲的所有社会、经济和政治价值的基础上计算政策效率。在制定政策时，必须明确考虑所有相关价值，某些价值的牺牲必须通过实现其他一些价值来弥补
有限理性理论	在现实世界中，人们的决策能力是有限的，他们不总是能够进行完全理性的决策。这一理论认为，人们在面对复杂情境时，会基于有限的信息、有限的认知能力和有限的时间做出决策	有限理性理论为政策分析提供了更为现实和全面的视角，如政策制定者可能会受到信息不足、认知负荷和时间限制等因素的影响，导致他们采取相对简化的决策策略；公众获取和分析信息的能力有差异，在相同政策下做出的判断不同，导致政策效果具有不确定性
博弈理论	博弈是一种在冲突和竞争的情况下处理理性决策策略的思想体系，在这种情况下，每个参与者都寻求最大化收益或最小化损失。在竞争环境中，一个行为者的战略和决策取决于其他行为者的战略或决策。博弈理论是一种合理化的形式，适用于结果取决于两个或更多参与者行为的竞争情况	博弈理论在政策分析中可以帮助分析不同利益相关者之间的相互作用和决策过程，特别是在涉及多方利益、冲突和合作的情境下。通过博弈理论，可以理解各方决策对彼此行为和最终结果的影响，从而更好地预测政策效果、优化政策设计，并制定更具策略性的决策

在碳中和技术的推广过程中，各主体存在利益分歧，同时信息不充分和决策非理性导致个体不能及时做出最正确的选择。为刻画这一特征，博弈理论、理性理论和有限理性理论得到了广泛的应用，并在此基础上进行政策效果分析。下面将对这三类代表性理论进行详细介绍。

（1）博弈论。博弈论是专门研究两个或者两个以上利益冲突者在相互作用下，为实现各自目标而做出行为决策的理论，也被称为决策论。博弈论是应用数学的一个分支，也是运筹学的一个重要学科。其奠基成果是约翰·冯·诺依曼和奥斯卡·摩根斯特恩于1944年出版的*Theory of Games and Economic Behavior*（Von Neumann和Oskar，2007）。在该著作中，引进了博弈论的扩展形和正规形，定义了极小极大解，并给出了博弈论的一般框架、概念术语和表示方法。美国数学家约翰·纳什进一步将博弈论扩展到非零和博弈，提出了现代博弈论中最重要的概念“纳什均衡”，即对于每个参与者来说，只要其他人不改变策略，他就无法改善自己状况的局面（Nash，1951）。纳什均衡已经成为大多数现代经济分析的出发点和关键分析概念，在此基础上又衍生出多种形式的博弈模型，并被用于解决政策评估、商业竞争、企业投资等问题。如约翰·海萨尼构造了不完全信息博弈理论，即至少有一个人不知道其他人的支付函数的博弈（Harsanyi，1967）。并提出了处理不完全信息博弈的方法：引入一个虚拟参与人“自然”来决定参与人特征，而其他参与人则不知情，从而将不完全信息博弈转化为完全但不完美信息博弈。约翰·梅纳德·史密斯提出的演化博弈论从系统的角度出发，将群体行为的演化看作一个动态过程（Smith，1983）。演化博弈模型体现了个体行为到群体行为的形成机制，既包含了微观个体行为，又刻画了宏观群体趋势。在演化博弈过程中，博弈主体根据其可以观察到的信息，以获得更高的收益为目标，对自身的策略选择不断修改。演化博弈理论放松了传统博弈理论中对于博弈参与者“完全理性”的假设，即演化博弈中，不再要求参与者必须明确自身各种决策中的最优决策，而只需要通过模仿、学习、突变等过程，动态达到均衡状态，而这一系列动态过程往往需要多期完成。这些改进使得演化博弈理论更符合现实，特别是普通人在获取信息能力有限的情况下的决策过程。通过将决策行为的内在驱动抽象为目标函数，并结合实际情况设置各类约束条件，博弈论实现了将复杂多变的社会行为以及错综复杂的交互影响转化为公式进而求解的过程，为分析政策综合影响和公众对政策的响应效果提供了系统化思路。

（2）理性理论。在经典经济学中，从事经济社会活动的人类主体往往被抽象地描述为“完全理性人”或“经济人”，每一个从事经济社会活动的人所采取的行为决策目标均为以最小的经济成本代价谋得最大的经济利益，即利己主义与趋利避害原则。完全理性人假设隐含四种前提条件：①理性人对于自身的决策环境具备完备或近乎完备的信息；②理性人的偏好确定且稳定；③理性人可以准确计算出每种决策的收益得失，并据此做出最优决策；④最优方案总是可得的。而随着经济学、行为科学、心理学的不断发展，这一假设为古典经济学研究提供了重要基础，同时也引来了各种讨论和改进建议。肯尼斯·约瑟夫·阿罗开创性地提出了有限理性（Bounded Rationality）假设，即参与经济社会活动的主体在决策时的理性程度是有限的，上述完全理性的四种前提条件往往并不能同时实现

（Arrow，1951）。作为有限理性早期的主要倡导者之一，赫伯特·亚历山大·西蒙也指出了新古典经济学理论假设的两条主要的局限性：①未来情景与目前的状况并不一定一致；②对所有备选决策的完备信息不一定总能实现，决策者往往只能实现满意，而无法达到最优（Simon，1955）。这一假设的提出体现了人类对于环境的时变性、复杂性、不确定性认知的不断演变与深化。

（3）有限理性理论。尽管众多学者提出了对理性人假设的质疑，但有限理性的范畴十分广泛，对于其具体界定，目前学界并没有集中的认识。Simon（1955）认为，人的心理机制导致了有限理性的存在与产生，作为经济社会活动主体的人本身的判断能力、预测能力、识别能力、信息处理能力都是有限的，所追求的价值观与目标之间也可能存在偏差。而 Aumann（1997）则认为虽然决策模型大多同时具有信息不对称和信息不完全的特征，但它们应属于超无限理性模型，并非有限理性模型。Güth 等（1982）区分了个人行为与博弈规则的不同理性范畴，并将博弈规则的理性视作一种有限理性。Rubinstein（1998）将人类理性的不完整称为有限理性。虽然没有统一的结论，但有限理性与完全理性假设并不是完全对立的，只是在认知水平与现实程度上进一步拓展和深化了理性人假设的研究范畴。有限理性理论自被提出并发展至今，已经拓展出众多研究分支以及应用场景。例如，前景理论：人的决策主要取决于眼前结果与预想的未来收益前景的差距，并非收益结果本身（Kahneman 和 Tversky，1979）；框架效应：对于一个在客观上相同的问题，不同的外在呈现形式、不同的描述将导致产生不同的决策结果（Tversky 和 Kahneman，1981）。除此之外，羊群效应在投资的实践及相关研究中均十分常见，主要被用来描述决策主体的从众心理，决策主体会受到他人决策的影响，从而做出趋同的决策（Banerjee，1992）。

（二）碳中和技术政策分析方法

1. 政策分析步骤

针对政策制定分析步骤，目前还未形成统一的标准框架，下面将列举几个具有代表性的理论观点。①三段式分析。Dye（2013）认为，公共政策就是政府选择做或者不做的事情，因此政策分析就是要回答“政府做了什么?”、“为什么要这么做?”和“做与不做有何不同?”三个问题。通过三段式分析可以大致了解政策内容、决定政策的各种社会、政治因素以及政策对社会生活的影响。②五步骤分析。Dunn（2004）认为，政策分析会用到五种类型的信息，即有关政策问题的信息、政策绩效的信息、政策预期结果的信息、偏好政策的信息和政策观测结果的信息，从而产生五个分析步骤：问题构建、监测、预见、评估和建议。③八步法分析。美国政治科学家 Eugene（2009）提出了著名的“政策分析八步法”，即将政策分析分解为八个具体的步骤：定义问题、收集资料、构建选项、选择标准、预测结果、权衡得失、做出决定和总结陈述。八步法着重强调了分析环节的交叉与反馈，因此分析工作是一个反复思考、不断反馈和修正的过程。

2. 政策分析方法

（1）实证分析方法。计量经济学将自然试验的思想与结构模型相结合，通过发展识别估计各种因果效应的统计推断方法，为科学评估政策的有效性与利弊得失提供方法论支持。主流的政策评估计量经济学方法包括：①工具变量法。政策与经济、社会多方面因素间存在复杂多变的影响机制，因此在构建计量模型评估政策效应时易产生内生性问题。工具变量法是处理内生性问题的重要方法，工具变量必须同时满足相关性与外生性的要求。所谓相关性，是指工具变量必须与内生的结构变量高度相关，否则便称之为弱工具变量。所谓外生性，是指工具变量仅通过内生的结构变量影响回归模型中的被解释变量，而不存在其他独立的影响渠道。如在研究新能源乘用车需求侧财政补贴对行业市场份额和技术创新的影响时，专用充电桩数量和新能源商用车数量被当作工具变量解决由双向因果关系导致的内生性问题（郭晓丹等，2022）；岳立等（2022）对于能源政策的碳减排效应研究，碳减排量作为核心被解释变量，它的滞后项被作为工具变量加入模型以解决可能的内生性问题；类似地，王宏伟等（2022）在研究政府补贴对光伏产业创新的影响时，考虑到政策的可持续性，滞后一期的政府补贴被看作当期政府补贴的工具变量加入方程，解决内生性问题。②断点回归法。断点回归是一种类似于随机受控实验的准实验法，也是准实验方法中最具有可信性的方法。它的主要思想是：当个体的某一关键变量的值大于临界值时，个体接受政策干预；反之，则不接受政策干预。一般而言，个体在接受干预的情况下，无法观测到其没有接受干预的情况。而在断点回归中，小于临界值的个体可以作为一个很好的控制组来反映个体没有接受干预时的情况，尤其是在变量连续的情况下，临界值附近样本的差别可以很好地反映干预和结果变量之间的因果联系。如 Du 和 Takeuchi（2020）利用空间断点回归研究差异化的标杆上网电价对可再生能源发电的影响，找到政策对风电和光伏发电发电量和装机容量的促进作用；刘相锋和吴颖婕（2021）在研究新能源补贴退坡政策的影响时，使用断点回归方法研究政策对技术水平进步的影响。③双重差分法。经济社会系统中存在多种不可观测因素，这些因素产生的多种不确定性混杂在一起，往往会影响政策评估模型的准确性。而双重差分方法允许不可观测因素的存在，而且允许不可观测因素对个体是否接受干预的决策产生影响，从而放松了政策评估的条件，使得政策评估的应用更接近于经济现实，因而应用更广。其基本思想是将政策视为一个自然实验，为了评估出一项政策实施所带来的净影响，将全部的样本数据分为受到政策影响的处理组和没有受到同一政策影响的控制组。选取一个要考量的经济个体指标，根据政

策实施前后（时间）进行第一次差分得到两组变化量，经过第一次差分可以消除个体不随时间变化的异质性，再对两组变化量进行第二次差分，以消除随时间变化的增量，最终得到政策实施的净效应。如张杨等（2022）在研究中国碳排放权交易政策对企业绿色创新的影响时，基于双重差分法，将碳排放权交易政策看成是一次准自然实验，对比试点地区和非试点地区企业绿色创新水平的差异来研究政策效果；包红丽等（2022）以光伏企业为处理组，新能源汽车企业为对照组，基于政策冲击时间点建立双重差分回归模型来研究其对光伏企业投资行为和创新投入的影响效果。④倾向匹配法。匹配是一种非实验方法，是对于一些没有采用或不方便采用实验方法区分实验组和控制组的数据采用的一种近似实验的方法。匹配方法假定，控制协变量之后，具有相同特征的个体对政策具有相同的反应。换句话说，不可观测因素不影响个体是否接受政策干预的决策，选择仅仅发生在可观测变量上。因此，对每一个实验组个体而言，可以根据可观测特征为其选择一个控制组个体构成反事实。如黄赋斌等（2022）在研究光伏扶贫对乡村振兴的政策效应时，为了进一步控制政策干预前处理组和对照组生活状态的差异，选取指标等权重下的农户生活维度的多维能力被剥夺值共同进行倾向得分匹配，使得处理组和对照组在受到光伏扶贫政策冲击前尽可能没有显著性差异；郭沛和梁栋（2022）在低碳试点政策对城市碳排放效率的影响研究上，将非试点城市按照一组城市特征对试点城市进行匹配，以此尽可能缩小试点城市与非试点城市特征间的差异，一方面可以防止样本选择的非随机性带来的估计偏差，另一方面也去除了其他因素对碳排放效率的影响，从而去除了内生性问题，对政策净效用进行评估。

（2）系统分析方法。经济系统的高度复杂性、有限理性个体的自选择行为以及数据获取难度，使得通过实证手段分析政策存在一定的局限性。对此还可以采用系统分析方法，利用数学模型模拟政策效果。系统分析运用现代科学的方法和技术对构成事物的系统的各个要素及其相互关系进行分析，比较、评价和优化可行方案，从而为决策者提供可靠的依据。根据构建的数学模型主要分为两类：①确定性分析技术，如规划论和网络分析技术。规划论是指在既定条件（约束条件）下，按照某一衡量指标（目标函数）在多种方案中寻求最优方案（取最大或最小值）。规划论包括线性规划、非线性规划和动态规划。网络分析技术从图论以及统计物理的一些基础方法出发，以图的形式构建研究对象和实体之间的数学结构，为刻画经济社会演化机制开辟了新的视角。随着计算机科学以及互联网的迅速发展，网络分析技术在处理高度不确定性和高度复杂性问题上体现出明显的优势。其中社会网络将个体行为与市场扩散过程相连接，能够细致地刻画个体有限理性因素对政策实施效果的影响，近年来得到广泛使用。如在研究光伏技术发展过程中的融资和决策方面，采用考虑绿色声誉的双重复杂网络模型对光伏投融资带来的正外部性进行研究，考虑有限理性以及市场失灵的具体因素，解决光伏融资环节资金回笼慢、融资难的问题，提出低成本高效率的助推政策（张奇等，2019）。采用基于社会网络的创新扩散模型，结合信息交换过程，从而为政府制定户用光伏技术发展政策（Wang 等，2018）。②随机分析技术，包括排队论、马尔柯夫分析。随机分析技术主要用于构建非确定性分析模型，利用统计值求得随机变量的概率分布函数，进而给出变量之间的关系。如在研究地热、CCUS 等技术投资决策时，利用最小方差 Monte Carlo 方法比较每条模拟路径上末端期权内每个决策点的投资价值，找到最优投资价值和时机（Zhang 等，2019）；对于供暖、供电和制冷价格等影响技术收入的不确定市场因素，基于 Black-Scholes 期权模型，假设价格服从几何布朗运动（Liu 等，2022）。在研究可再生能源发电技术布局时，运用马尔可夫链模拟不同区域电动汽车出行规律和充放电潜力（Shepero 和 Munkhammar，2018）。根据随机规律是否随时间的变化而变化，随机分析模型可分为静态和动态两类，前者只涉及随机变量（向量）的概率分布及其数字特征，后者则要处理随机过程和随机微分方程。

3. 政策分析评价维度

政策效果可以从六个维度进行评价：有效性、意外效果、公平性、经济性、可行性和可接受性。这六个维度涵盖了政策评价的不同方面，有助于全面了解一个政策的影响和效果。表 13-3 列举了每个维度以及其在政策评价中的作用。

表 13-3　政策分析维度

维度	说明
有效性（Effectiveness）	有效性评估政策在实现既定目标方面的程度。这个维度关注政策是否能够达到预期的结果，是否在解决问题、实现目标方面产生了积极影响
意外效果（Unintended Effects）	意外效果考虑政策可能在实施过程中产生的未预期的结果。这些效果可以是积极的或消极的，需要评估其对各方利益的影响，以避免或最小化负面意外影响
公平性（Equity）	公平性评估政策对不同群体、社会阶层以及弱势群体的影响是否公平。政策应当确保利益的平等分配，避免加剧社会不平等现象
经济性（Economy）	经济性维度考察政策的实施成本和收益，包括经济、社会和环境成本与收益。评估政策是否在资源使用上是高效的，是否值得投入相应的资源
可行性（Feasibility）	政策可行性包括技术可行性、经济可行性和政治可行性。政策是否在实际操作中能够顺利实施，是否有足够的资源和支持
可接受性（Acceptability）	可接受性维度考虑政策对不同利益相关者和公众的接受程度。政策是否受到各方的支持和认同，是否符合社会价值观和文化背景

资料来源：Morestin，2012.

通过对这些维度的综合评估，可以得出一个更全面的政策影响评价。不同维度之间可能存在权衡和矛盾，政策制定者需要在各个维度之间寻求平衡，以制定出更为有效和可持续的政策措施。此外，碳中和技术的政策分析理论可能会出现一些共性的变化和调整，以迎接应对气候变化和减少碳排放的挑战。具体包括以下几点：

（1）环境影响评估的重要性增加：政策分析中的环境影响评估将更加重要，特别是在考虑政策对碳排放和气候变化的影响时。政策分析需要更多关注政策对温室气体排放、生态系统和生物多样性的影响。

（2）成本效益分析扩展到碳减排：传统的成本效益分析将需要考虑碳减排措施的成本和效益。这可能包括考虑碳定价机制，以及如何在实施减排措施时获得最大的碳减排效益。

（3）碳市场和交易的考虑：政策分析需要研究碳市场和碳交易系统，以及这些机制如何影响碳减排和碳中和目标的实现。

（4）国际合作和政策协调：碳中和是全球性的挑战，国际合作和政策协调将变得更为重要。政策分析需要考虑国际合作的机制，以及不同国家政策之间的互动影响。

（5）社会接受度和参与的考虑：实现碳中和需要社会各界的支持和参与。因此，政策分析需要更多关注公众的意愿、需求和接受度，以便设计出更具可行性的政策方案。

（6）风险和不确定性分析：在碳中和目标的背景下，存在许多不确定因素，包括技术发展、市场变化和气候变化影响等。政策分析需要更加重视风险和不确定性分析，以制定更具韧性的政策措施。

在碳中和背景下，政策分析理论需要更多地考虑气候变化和碳排放减少的特定问题，强调环境影响、技术创新、国际合作和社会参与等方面。这将帮助政策制定者更好地应对气候挑战并制定更具有可持续性的政策方案。

三、碳中和技术政策分析建模方法

（一）政策分析的优化模型

优化问题是在给定的约束条件下，选择最优的参数和方案，使得目标函数最大化/最小化的问题。优化问题的一般形式见公式（13-1）：

$$
\begin{aligned}
&\min_{x} f(x)\\
&\text{s.t. } h(x)=0,\ j=1,\ 2,\ \cdots,\ n\\
&\qquad g(x)\leqslant 0,\ k=1,\ 2,\ \cdots,\ n
\end{aligned}
\tag{13-1}
$$

式中：$x\in\mathbb{R}^n$ 是优化变量向量，$f(x)$：$\mathbb{R}^n\rightarrow\mathbb{R}$ 是最小化的目标函数，

$h(x)$：$\mathbb{R}^n \to \mathbb{R}^{m_E}$ 是函数的等式约束，$g_k(x)$：$\mathbb{R}^n \to \mathbb{R}^{m_I}$ 是函数的不等式约束。决策变量、目标函数和约束条件是组成一个最优化问题的三大要素，其中决策变量和目标函数是必不可少的。任意 $x \in \mathbb{R}^n$ 是优化问题的一个解，而满足所有约束条件的解被称为可行解，所有可行解一起组成可行域。可行域中使目标函数达到最小值的解被称为最优解。根据约束条件的种类，最优化问题又可以分为无约束最优化问题、等式约束最优化问题、不等式约束最优化问题和混合约束最优化问题。

求解优化问题方法的选择主要依据有以下两个方面：一是目标函数是否连续可导；二是目标函数的形式是否为线性函数或者二次函数。①离散最优化方法：主要用于求解目标函数不连续或者不可导的情况，典型的解法有爬山法、模拟退火、遗传算法和蚁群算法等。②线性规划和二次规划：是运筹学的重要研究内容，适用于目标函数是线性或二次函数的形式。③连续最优化方法：适用于逻辑回归、SVM、神经网络等机器学习问题，主要方法包括梯度下降、牛顿法和拟牛顿法。卡罗需—库恩—塔克（Karush-Kuhn-Tucker，KKT）条件是一系列优化问题的最优解应满足的条件。

碳中和技术政策分析方法和优化模型可以在许多情况下相互整合，以提供更全面和深入的政策洞见和决策支持，帮助政策制定者更好地理解政策选择的后果、成本效益以及不同政策方案之间的权衡。表 13-4 列举了一些应用场景。

表 13-4　优化模型分析碳中和技术政策的应用示例

应用场景	介绍
成本效益分析	成本效益分析旨在比较不同政策选项的成本与效益。可以与优化模型相结合，以找到最佳政策方案，使得总体成本最小化或总体效益最大化
线性规划和最优化	线性规划和最优化技术可以用于解决具有多个变量和约束条件的复杂政策问题。例如，政府预算分配问题可以使用线性规划来优化资源分配，以实现特定的政策目标
系统动态模拟	系统动态模拟可以描述政策决策的长期影响。它可以与政策分析方法相结合，以研究政策变化对系统动态的影响，从而预测政策长期结果
多目标优化	政策通常涉及多个目标，如经济增长、环境保护和社会公平。多目标优化方法可以帮助权衡不同目标之间的权重，找到一个平衡的政策方案
情景分析	情景分析涉及在不同情景下对政策效果进行模拟和比较。优化模型可以用于评估在不同情景下的最佳政策响应

（二）政策分析的均衡模型

均衡是一个广义上的概念，被用于生物学、工程学和经济学等多个学科。如

生物学中个体在各种力量作用下成长、衰老的均衡，物理学中大至星球、小至粒子在各种力作用下保持静止或匀速运动状态的均衡。经济学中的均衡问题最早是由 Debreu（1952）首次提出的广义纳什均衡问题（Generalized Nash Equilibrium Problem，GNEP）的一个实例。GNEP 是众所周知的纳什均衡问题（Nash Equilibrium Problem，NEP）的推广。在 GNEP 中，每个参与者的约束集取决于对手的决策；也就是说，其他参与者的行为不被认为是确定每个参与者决策的固定因素。均衡的核心是建模系统的一种状态，当系统达到均衡状态时，将保持现状而没有改变的动机。就经济学而言，这些激励可以是货币激励，也可以是基于自然力和科学定律，如总投入等于总产出。一些著名的均衡实例包括能量守恒、质量守恒、动量守恒、马尔可夫链中的稳态概率，如出生和死亡过程等。

从建模角度来看，均衡问题是由几个相互关联的优化问题构成的数学实体，其一般形式见公式（13-2）（$i=1, 2, \cdots, n$）：

$$\begin{aligned} &\min_{x_i} f_i(x_1, x_2, \cdots, x_n) \\ &\text{s.t. } h_i(x_1, x_2, \cdots, x_n)=0 \\ &\qquad g_i(x_1, x_2, \cdots, x_n)\leqslant 0 \end{aligned} \tag{13-2}$$

其中共包含 n 个优化问题，对应的有 n 个目标函数 $f_1, f_2, \cdots, f_n$。向量 x_i 是第 i 个优化问题的决策变量集合。需要注意的是，尽管均衡问题区分了不同优化问题的决策变量，但对于每个优化问题 i 的目标函数 $f_i(x_1, x_2, \cdots, x_n)$，等式约束条件 $h_i(x_1, x_2, \cdots, x_n)=0$ 和不等式约束条件 $g_i(x_1, x_2, \cdots, x_n)\leqslant 0$，都依赖于所有问题的决策变量集合。这也正是均衡问题定义中强调的“相互关联”体现所在。图 13-1 反映了优化问题和均衡问题结构上的联系与差别。

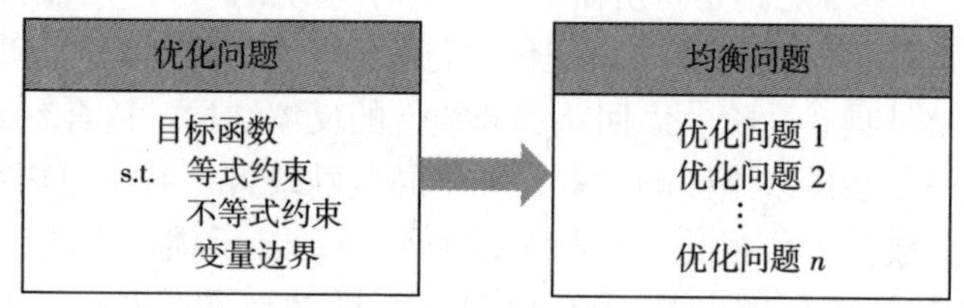

图 13-1　优化问题和均衡问题结构比较

资料来源：Gabriel 等，2012。

政策分析模型和市场均衡模型可以在经济政策制定和评估中相互整合，以了解政策对市场运作和经济平衡的影响，帮助政策制定者更好地预测政策变化的结果，优化政策设计，以及理解市场参与者的反应。表 13-5 列举了一些应用场景。

表 13-5 均衡模型分析碳中和技术政策的应用示例

应用场景	介绍
完全竞争市场分析	完全竞争市场假设产品是标准化的，市场价格由市场供需决定，没有市场力量可以影响价格。作为一种理想状态下的市场均衡模型，可以剔除其他干扰因素，更直观地体现政策对交易价格及数量影响
垄断/寡头市场分析	垄断市场中存在唯一的卖方或供应商，在寡头市场中存在几个主要的卖方或供应商，他们可以控制产品价格。可以用于分析政策对于市场价格、垄断者利润、社会福利的影响，从而决策是否进行价格管制或反垄断行动
纳什均衡分析	包括合作博弈、非合作博弈、博弈矩阵和博弈树等，用于描述多个决策者（卖方或买方）之间的互动和策略选择，以实现最佳结果。可以模拟不同企业在排放限制下的策略选择和交互行为，以评估政策对环境和产业的影响
不完全信息市场分析	不完全信息市场参与者并不完全了解产品的质量或市场条件，存在道德风险和逆向选择问题。可以分析改进信息披露规定后市场参与者的行为和信息流动，以评估政策对市场效率和风险的影响
风险市场分析	风险市场参与者面临不确定性和风险，他们在决策中权衡风险和回报。风险市场模型包括期望效用理论、资本资产定价模型和风险偏好模型等，可以分析创新激励政策对投资者风险偏好和资本流动的影响，以评估税收或补贴政策对碳中和技术创新和经济增长的潜在效果

（三）政策分析的模拟模型

模拟模型是一种通过模拟系统的行为来分析其动态性质的数学模型。它基于对系统内部组成部分的相互作用的描述，以模拟系统的演化。常见模拟模型主要包括系统动力学模型（System Dynamics，SD）和基于代理建模（Agent-Based Modeling，ABM）。系统动力学是一种自上而下的信息反馈方法，最早由 Forrester（1994）提出。其基本思路是将所研究对象置于系统的形式中加以观察，并通过计算机的模拟计算了解系统随时间变化的行为和系统的特性（Naill，1992）。系统动力学的本质是具有高阶、多回路和非线性的反馈结构，适合刻画影响碳中和技术推广过程中复杂的多维影响因素，如不同激励政策、潜在用户特性、技术进步等。作为一种成熟的可视化、分析和理解复杂动态反馈的方法，SD 常用的可视化工具包括因果循环图和库存流程图。因果循环图（Casual Loop Diagram，CLD）大多在模拟分析之前使用，以直观表示关键变量（即因素、问题、过程）及其相互关联方式，并作为随时间变化的行为参考模式的基础（Crielaard 等，2022）。在因果循环图中，不同变量通过有向边连接并构成反馈回路，箭头表示了变量间因果关系的方向、关系的性质（即成正比或成反比），以及预期效果的发生是否有任何延迟。库存流程图（Stock Flow Diagram，SFD）的作用在于引入特定的积分或微分方程来量化 CLD 中包含的因果关系。SFD 由库存、流量、转换器和连接器四个模块组成（Forrester，1994）。流量是库存和其他状态变量和参

数的函数，累积流入和流出间的差额反映了延迟情况。转换器被用于选择适当的参数值完成元件间的转换，连接器体现了元件之间的信息传递。

与系统动力学模型的建模逻辑相反，基于代理建模是一种自底向上的计算建模方法。基于代理建模的一个核心概念是“社会突现”，即假设一个社会的整体特征，并非这个社会中所有个体特征的简单相加，而是在个体特征引导下的互动造成的结果。将个体行为和互动上升到社会总体特征的过程，被称作“社会突现”（Jackson 等，2017）。因此，基于代理建模主要用于从个体的角度构建问题，并基于个体属性（人口统计学特征、价格敏感度、环保意识等）和决策理论（创新性、采纳效用）制定行为规则。其中，代理（Agent）被定义为具有特定属性和动作的自主计算个人或对象，能够通过学习或接收新的信息来不断调整自身行为，以达到自身利益的最大化（Eppstein 等，2011）。相比于宏观层面的扩散增长模型，模拟模型能够更好地刻画市场主体的非线性行为，充分考虑市场内多个群体间错综复杂的关系对碳中和技术采纳的影响，进而细致地度量政策的综合效果。然而模拟模型作为一种预测性质的研究，并不总是能够基于历史数据推断出所有这些参数的正确值，因此模拟结果往往也受到质疑。目前已有许多方法可以用于经验参数化模拟模型，包括基于调查、人口普查数据、现场或实验室实验、访谈、直接观察和专家知识（Lee 和 Brown，2021）。通过整合 GIS、社会网络分析、机器学习等方法，也能够增加模拟模型数据源的多样性（Opiyo，2019；Peralta 等，2022）。

在分析碳中和技术政策时，模拟模型可以帮助政府、企业和研究机构更好地了解不同政策措施在社会各类主体利益分配、社会公平性和碳减排等多方面的效果，同时引入个体行为决策机制。表 13-6 列举了一些应用场景。

表 13-6　模拟模型分析碳中和技术政策的应用示例

应用场景	介绍
碳减排政策分析	模拟不同碳减排政策（如碳定价、排放配额制度、能源效率标准等）的运行过程及参与主体的交易策略，以此评估不同政策选择对温室气体排放的长期影响，以确定最有效的政策组合
能源转型分析	模拟能源体系的变革过程，包括可再生能源的部署、基础设施升级和传统能源的淘汰。用于评估可再生能源政策对国家或地区的能源产业、就业和碳排放的影响
交通部门碳减排策略分析	模拟交通部门的碳减排策略，包括电动车辆的普及、公共交通改进和碳排放标准制定。以此优化城市交通规划，减少交通领域的碳排放
产业和供应链碳减排分析	模拟整个产业或供应链中的碳减排策略，包括生产过程的改进、供应链优化和碳足迹管理。企业和政府可以使用这些模型来评估整个产业或供应链中不同环节的碳减排潜力，制定更可持续的战略

续表

应用场景	介绍
碳市场和碳定价分析	模拟碳市场和碳定价机制的运作，包括碳配额的分配、碳价格的波动和市场参与者行为选择。政府和市场监管机构可以使用这些模型来改进碳市场设计，以实现更有效的碳减排

四、本章小结

本章节对碳中和技术政策分析的基本理论和方法进行系统性梳理，并举例说明碳中和技术政策分析建模过程，为碳中和技术政策分析提供了理论基础。小结如下：

（一）碳中和技术政策分析基本理论

政策分析是一个综合性的过程，涉及数据收集、信息整理、方法应用、分析解释和建议制定等多个方面，旨在为政策制定者提供制定、实施和评估政策的有关信息。根据政策作用机理和方式不同，可以将碳中和技术政策分为规制类、财政类、市场类和行为类政策。在实际政策制定中，往往会根据问题的性质、社会环境、资源可用性等因素来组合使用不同类型的政策。

政策分析涉及的基本理论十分广泛，包括群体理论、精英理论、渐进理论、制度理论、理性理论、有限理性理论和博弈理论等。针对政策制定分析步骤，目前还未形成统一的标准框架，代表性的理论观点包括三段式分析、五步骤分析和八步法等。政策分析方法包括以工具变量法、断点回归法、双重差分法和倾向匹配法为代表的计量经济学方法，以及以确定性技术分析法和随机分析法为代表的系统分析方法。政策效果可以从六个维度进行评价：有效性、意外效果、公平性、成本、可行性和可接受性。这六个维度涵盖了政策评价的不同方面，有助于全面了解一个政策的影响和效果。

（二）碳中和技术政策分析建模方法

本节主要介绍了优化模型、均衡模型和模拟模型的建模过程：优化问题是在给定的约束条件下，选择最优的参数和方案，来使得目标函数最大化/最小化的问题。决策变量、目标函数和约束条件是组成一个最优化问题的三大要素，其中决策变量和目标函数是必不可少的。基于优化模型进行碳中和技术政策分析的应用场景包括政策成本效益分析、线性规划和最优化求解预算分配问题、系统动态模拟政策决策的长期影响、基于经济增长、环境保护和社会公平等多目标优化政策方案、设计多政策场景比较分析等。

均衡问题是由几个相互关联的优化问题构成的数学实体，当系统达到均衡状态时，将保持现状而没有改变的动机。基于均衡模型进行碳中和技术政策分析的应用场景包括构建完全竞争市场均衡模型剔除其他非市场的干扰因素、构建垄断/寡头市场均衡模型分析价格管制或反垄断政策、构建纳什均衡模型评估政策对环境和产业的影响、构建不完全信息市场均衡模型分析信息披露的影响、构建风险市场均衡模型分析政策对投资者风险偏好和资本流动的影响等。

常用的模拟模型包括系统动力学模型和基于代理建模。系统动力学是一种自上而下的信息反馈方法，常用的可视化工具包括因果循环图和库存流程图。基于代理建模是一种自底向上的计算建模方法，其核心概念是"社会突现"，即假设社会特征是个体特征引导下的互动造成的结果。模拟模型能够更好地刻画市场主体的非线性行为，体现政策的综合影响。基于模拟模型进行碳中和技术政策分析的应用场景包括碳减排政策分析、能源转型对产业、社会和碳减排影响分析、交通部门碳减排策略分析、产业和供应链碳减排分析和碳市场机制设计与碳定价等。

本章参考文献：

[1] Arrow K J. Social choice and individual values [M]. Yale university press, 2012 (Originally published in 1951).

[2] Aumann R J. Rationality and bounded rationality [J]. Games and Economic behavior, 1997, 21 (1-2): 2-14.

[3] Banerjee A V. A simple model of herd behavior [J]. The quarterly journal of economics, 1992, 107 (3): 797-817.

[4] Boulanger P M, Bréchet T. Models for policy-making in sustainable development: The state of the art and perspectives for research [J]. Ecological Economics, 2005, 55 (3): 337-350.

[5] Clarke J N, Ingram H M. A founder: Aaron Wildavsky and the study of public policy [J]. Policy Studies Journal, 2010, 38 (3): 565-579.

[6] Crielaard L, Uleman J F, Chatel B D L, et al. Refining the causal loop diagram: A tutorial for maximizing the contribution of domain expertise in computational system dynamics modeling [J]. Psychological Methods, 2022.

[7] Debreu G. A social equilibrium existence theorem [J]. Proceedings of the National Academy of Sciences, 1952, 38 (10): 886-893.

[8] Du Y, Takeuchi K. Does a small difference make a difference? Impact of feed-in tariff on renewable power generation in China [J]. Energy Economics, 2020, 87: 104710.

[9] Dunn W N. Public Policy Analysis [M]. Pearson-Prentice Hall, 2004.

[10] Dye T R. Understanding public policy [M]. Pearson, 2013.

[11] Eppstein M J, Grover D K, Marshall J S, et al. An agent-based model to study market penetration of plug-in hybrid electric vehicles [J]. Energy Policy, 2011, 39 (6): 3789-3802.

[12] Eugene B. A practical guide for policy analysis: The eightfold path to more effective problem solving (Third Edition) [M]. CQ Press, 2009.

[13] Forrester J W. System dynamics, systems thinking, and soft OR [J]. System Dynamics Review, 1994, 10 (23): 245-256.

[14] Gabriel S A, Conejo A J, Fuller J D, et al. Complementarity modeling in energy markets [M]. Springer Science & Business Media, 2012.

[15] Geyer R, Cairney P. Handbook on complexity and public policy [M]. Edward Elgar Publishing, 2015.

[16] Güth W, Schmittberger R, Schwarze B. An experimental analysis of ultimatum bargaining [J]. Journal of Economic Behavior & Organization, 1982, 3 (4): 367-388.

[17] Harsanyi J C. Games with incomplete information played by "Bayesian" players, I-III Part I. The basic model [J]. Management Science, 1967, 14 (3): 159-182.

[18] Jackson J C, Rand D, Lewis K, et al. Agent-based modeling: A guide for social psychologists [J]. Social Psychological and Personality Science, 2017, 8 (4): 387-395.

[19] Kahneman D, Tversky A. Prospect Theory: An Analysis of Decision under Risk [J]. Econometrica, 1979, 47 (2): 263-291.

[20] Lasswell H D. The policy sciences: recent developments in scope and method [M]. Stanford University Press, 1951.

[21] Lee R, Brown S. Evaluating the role of behavior and social class in electric vehicle adoption and charging demands [J]. Iscience, 2021, 24 (8).

[22] Liu J, Zhang Q, Li H, et al. Investment decision on carbon capture and utilization (CCU) technologies—A real option model based on technology learning effect [J]. Applied Energy, 2022, 322: 119514.

[23] Morestin, F. A framework for analyzing public policies: Practical guide [R]. National Collaborating Centre for Healthy Public Policy, 2012.

[24] Naill R F. A system dynamics model for national energy policy planning [J]. System Dynamics Review, 1992, 8 (1): 1-19.

［25］ Nash J. Non-cooperative games ［J］. Annals of Mathematics, 1951: 286-295.

［26］ Opiyo N N. Impacts of neighbourhood influence on social acceptance of small solar home systems in rural western Kenya ［J］. Energy Research & Social Science, 2019, 52: 91-98.

［27］ Peralta A A, Balta-Ozkan N, Longhurst P. Spatio-temporal modelling of solar photovoltaic adoption: An integrated neural networks and agent-based modelling approach ［J］. Applied Energy, 2022, 305: 117949.

［28］ Quade E S, Analysis for Public Policy Decisions ［J］. Santa Monica, CA: RAND Corporation, 1972.

［29］ Rubinstein A. Modeling bounded rationality ［M］. MIT press, 1998.

［30］ Shepero M, Munkhammar J. Spatial Markov chain model for electric vehicle charging in cities using geographical information system (GIS) data ［J］. Applied Energy, 2018, 231: 1089-1099.

［31］ Simon H A. A behavioral model of rational choice ［J］. The quarterly journal of economics, 1955: 99-118.

［32］ Smith J M. Evolution and the theory of games ［M］. Cambridge University Press, 1983.

［33］ Tversky A, Kahneman D. The framing of decisions and the psychology of choice ［J］. Science, 1981, 211 (4481): 453-458.

［34］ Von Neumann J, Morgenstern O. Theory of games and economic behavior (60th Anniversary Commemorative Edition) ［M］. Princeton university press, 2007.

［35］ Wang G, Zhang Q, Li Y, et al. Policy simulation for promoting residential PV considering anecdotal information exchanges based on social network modelling ［J］. Applied Energy, 2018, 223: 1-10.

［36］ Yates Jr D T. The mission of public policy programs: A report on recent experience ［J］. Policy Sciences, 1977, 8 (3): 363-373.

［37］ Zhang Q, Chen S, Tan Z, et al. Investment strategy of hydrothermal geothermal heating in China under policy, technology and geology uncertainties ［J］. Journal of cleaner production, 2019, 207: 17-29.

［38］ 包红丽，杜玉申，刘梓毓．“干中学”式光伏产业供给侧规制的得与失［J］．科学学研究，2022，40（10）：1778-1787.

［39］ 郭沛，梁栋．低碳试点政策是否提高了城市碳排放效率——基于低碳试点城市的准自然实验研究［J］．自然资源学报，2022，37（7）：1876-1892.

[40] 郭晓丹，邴昕煜，蒲光宇．需求侧财政补贴、市场增长与技术变迁——来自新能源乘用车市据［J］．财贸经济，2022，43（8）：119-134.

[41] 黄赋斌，李文静，帅传敏．光伏扶贫对乡村振兴的政策效应［J］．资源科学，2022，44（1）：32-46.

[42] 李俊霞，张哲，温小霓．科技金融支持高新技术产业发展的实证研究——基于系统动力学方法［J］．中国管理科学，2016，24（S1）：751-757.

[43] 刘相锋，吴颖婕．新能源补贴退坡政策能否激发车企技术水平进步——来自新能源车企采购和生产微观数据的证据［J］．财经论丛，2021（11）：102-112.

[44] 谭显春，郭雯，樊杰，等．碳达峰、碳中和政策框架与技术创新政策研究［J］．中国科学院院刊，2022，37（4）：435-443.

[45] 唐松，伍旭川，祝佳．数字金融与企业技术创新——结构特征、机制识别与金融监管下的效应差异［J］．管理世界，2020，36（5）：52-66.

[46] 王宏伟，朱雪婷，李平．政府补贴对光伏产业创新的影响［J］．经济管理，2022，44（2）：57-72.

[47] 吴力波，马戎．面向双碳的能源产业和金融政策体系设计思考［J］．北京理工大学学报（社会科学版），2022，24（4）：81-92.

[48] 岳立，曹雨暄，王宇．能源政策的区域碳减排效应［J］．资源科学，2022，44（6）：1105-1118.

[49] 张奇，李彦，王歌，等．基于复杂网络的电动汽车充电桩众筹市场信用风险建模与分析［J］．中国管理科学，2019，27（8）：66-74.

[50] 张杨，袁宝龙，郑晶晶，等．策略性回应还是实质性响应？碳排放权交易政策的企业绿色创新效应［J/OL］．南开管理评论，1-24［2023-02-04］. http：//kns. cnki. net/kcms/detail/12. 1288. F. 20220621. 1139. 002. html.

第十四章　可再生能源发电技术政策分析

一、本章简介

以太阳能和风电为代表的可再生能源发电技术是中国促进碳中和目标实现的关键技术。中国可再生能源发电技术的发展和应用离不开政策驱动（曲建升等，2022）。如图 14-1 所示，从中国国民经济“八五”规划至“十四五”规划，国家对可再生能源发电产业的重视程度不断提高，政策层面的支持力度逐渐加大，内容涉及资金投入、法规制定和市场准入等多方面。同时，各省地方政府依据中央部门的政策精神，出台了税费优惠政策、贷款支持、用地安排等地方性政策文件，对可再生能源发电产业发展起了重要的推动和保障作用，产业规模持续扩大。如图 14-2 所示，2013~2022 年，光伏和风电装机量逐年增加，2022 年装机量分别达到 393 吉瓦和 370 吉瓦，由此可见激励政策成效显著。

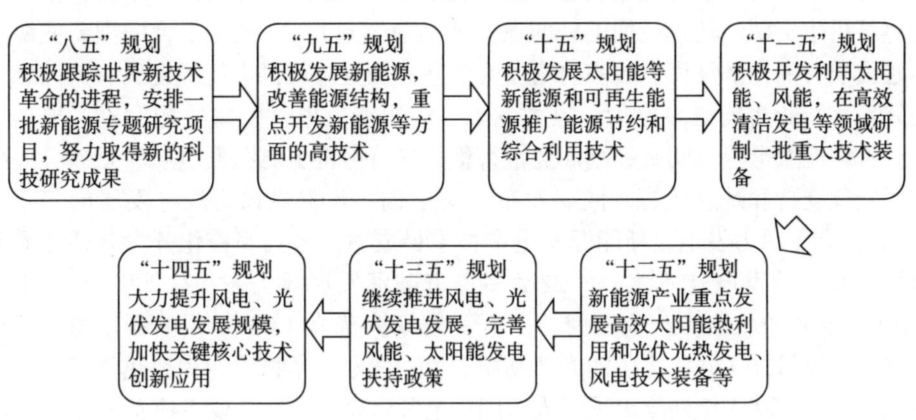

图 14-1　中国国民经济规划——可再生能源产业政策的演变

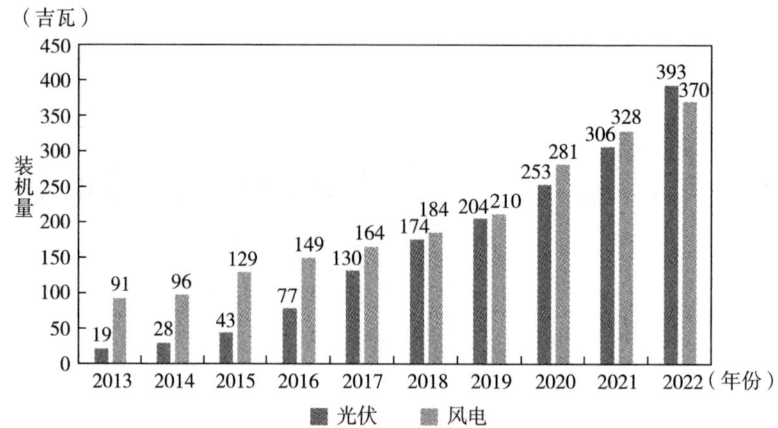

图 14-2　中国光伏风电累计装机容量统计

二、可再生能源政策梳理

图 14-3 梳理了中国主要可再生能源发电政策，根据产业规模和政策导向的不同，可再生能源发电政策可以划分为起步、完善和转型三个发展阶段，下面将对这三个阶段分别进行介绍。

（一）起步阶段（2006 年以前）

中国可再生能源政策最早可以追溯至 20 世纪 90 年代，但在 2006 年之前的政策数量较少，属于起步阶段。1997 年发布的《新能源基本建设项目管理的暂行规定》首次对新能源进行界定（指风能、太阳能、地热能、海洋能、生物质能等可再生资源经转化或加工后的电力或洁净燃料），并规定了大中型新能源基本建设项目的经济规模。1999 年，《关于进一步支持可再生能源发展有关问题的通知》将可再生能源界定为：风力发电、太阳能发电、生物质能发电、地热发电、海洋能发电等。明确鼓励商业银行优先支持可再生能源发电项目贷款，并提供了贷款支持和贴息优惠。同年发布《关于进一步促进风力发电发展的若干意见》，强调了风力发电是新能源发电中技术最成熟、最具规模化开发条件和商业化发展前景的发电技术之一，鼓励多渠道融资发展风力发电。2001 年发布的《新能源和可再生能源产业发展“十五”规划》确立了 2005 年的新能源和可再生能源发展目标，并将太阳能光热利用、风力发电、生物质能和地热能列为发展重点。2003~2004 年连续出现了大范围供电紧张，高耗能产业飞速发展导致环境污染问题加剧，加快了可再生能源政策制定的步伐。2005 年 2 月，全国人大通过《可再生能源法》，为可再生能源发展奠定了法律基础。2006 年，《可再生能源法》

2006年

- 《可再生能源法》：形成了可再生能源的法律框架
- 《可再生能源发电价格和费用分摊管理试行办法》
- 《可再生能源发电有关管理规定》

2007年

- 《可再生能源中长期发展规划》：到2020年建立起完善的可再生能源技术和产业体系
- 《电网企业全额收购可再生能源电量监管办法》

2008年

- 《可再生能源发展“十一五”规划》：可再生能源被正式纳入“五年规划”

2009年

- 《关于完善风力发电上网电价政策的通知》：首次划分四类风能资源区并核定对应的标杆上网电价
- 《关于实施金太阳示范工程的通知》

2011年

- 《关于完善太阳能光伏发电上网电价政策的通知》：实行全国统一的标杆上网电价
- 光伏项目采用核准制管理

2012年

- 《可再生能源发展“十二五”规划》：到2015年，可再生能源年利用量达到4.78亿吨标准煤
- 《风电发展“十二五”规划》
- 《太阳能发电发展“十二五”规划》

2013年

- 《关于发挥价格杠杆作用促进光伏产业健康发展的通知》：设定光伏发电三级标杆电价

2015年

- 《关于可再生能源就近消纳试点的意见》
- 《关于做好“三北”地区可再生能源消纳工作的通知》

2016年

- 《可再生能源发展“十三五”规划》：到2020年底，风电并网装机达到2.1亿千瓦，光伏达到1.1亿千瓦

2017年

- 《关于试行可再生能源绿色电力证书核发及自愿认购交易制度的通知》：首次建立绿色电力证书自愿认购体系
- 《解决弃水弃风弃光问题实施方案》：实施可再生能源电力配额制的计划

2018年

- 《清洁能源消纳行动计划（2018~2020年）》：规定了2018~2020年的清洁电力消纳目标
- 《关于2018年光伏发电有关事项的通知》：531光伏新政

2019年

- 《关于建立健全可再生能源电力消纳保障机制的通知》：设定可再生能源电力消纳责任权重及考核办法
- 《关于完善光伏发电上网电价机制有关问题的通知》
- 《关于完善风电上网电价政策的通知》

2021年

- 《关于2021年新能源上网电价政策有关事项的通知》：风光发电进入平价上网阶段
- 《“十四五”可再生能源发展规划》
- 《绿色电力交易试点工作方案》
- 《2030年前碳达峰行动方案》：到2030年，风电光伏总装机量达到12亿千瓦

2022年

- 《“十四五”现代能源体系》:全面推进风电和太阳能发电大规模开发和高质量发展

2023年

- 《2023能源工作指导意见》：全年风电、光伏装机增加1.6亿千瓦左右。推动第一批以沙漠、戈壁、荒漠地区为重点的大型风电光伏基地项目并网投产

图 14-3　中国主要可再生能源政策时间表

正式实施，各项配套法规、规章及技术规范也陆续出台，包括《可再生能源发电价格和费用分摊管理试行办法》、《可再生能源发电有关管理规定》和《财政部发布可再生能源发展专项资金管理暂行办法》等，一个包含总量目标、上网电价、分销电价、专项资金投入等多方面的可再生能源发电政策体系基本形成，可再生能源产业由此进入加速发展阶段。

（二）完善阶段（2007~2016 年）

这一阶段，可再生能源发电政策数量明显增多，政策体系不断得到完善。2007 年，国家发展改革委发布了《可再生能源中长期发展规划》，确立了到 2010 年和 2020 年各类型可再生能源需要达到的发展目标。同年发布的《电网企业全额收购可再生能源电量监管办法》规范了电网企业全额收购可再生能源电量行为。2008 年，《可再生能源发展"十一五"规划》发布，指出要加强清洁可再生能源的研发和推广，在《可再生能源中长期发展规划》的基础上对"十一五"时期部分可再生能源的发展目标和发展重点进行了调整。2009~2011 年，风电、光伏发电上网电价政策陆续出台：2009 年，风电光伏补贴政策开始实施。《关于完善风力发电上网电价政策的通知》按照风能资源状况和工程建设条件，把全国分为四类资源区，并首次核定了对应的标杆上网电价，同时规定，风电项目上网电价包括脱硫标杆电价和绿电补贴两部分。同年发布《关于实施金太阳示范工程的通知》，决定综合采取财政补助、科技支持和市场拉动方式，加快中国光伏发电的产业化和规模化发展。光伏发电标杆上网电价的制定则始于 2011 年《关于完善太阳能光伏发电上网电价政策的通知》，规定对非招标太阳能光伏发电项目实行全国统一的标杆上网电价。同年，国家能源局出台了第一份光伏项目的管理办法——光伏项目采用核准制管理。2012 年，国家能源局发布《可再生能源发展"十二五"规划》，设立了"十二五"期间可再生能源发展的基本原则和总体目标。在此基础上，又先后发布《风电发展"十二五"规划》和《太阳能发电发展"十二五"规划》，作为"十二五"时期中国风电光伏发展的基本依据。2014~2016 年，国家发展改革委根据风电行业发展情况，接连出台多份政策文件，对陆上风电的标杆上网电价进行了 3 次降价调整。期间光伏标杆电价也经历了两次下调，2013 年发布的《关于发挥价格杠杆作用促进光伏产业健康发展的通知》将全国分为三类太阳能资源区，设置了三级标杆电价。随着风电光伏的规模化发展，2015 年中国西北部分地区出现了较为严重的弃风弃光现象，为此国家也出台了相应政策，如《关于可再生能源就近消纳试点的意见》《关于做好"三北"地区可再生能源消纳工作的通知》等。2016 年底发布的《可再生能源发展"十三五"规划》指出到 2020 年，风电项目电价可与当地燃煤发电同平台竞争，光伏项目电价可与电网销售电价相当，同时基本解决水电弃水问题。这一时

期可再生能源发电全额保障性收购制度得以制定，风电、光伏进入规模化发展阶段，并逐步向平价上网发展。

（三）转型阶段（2017 年至今）

这一阶段，以光伏和风电为代表的可再生能源发电从政策驱动转向内生增长，从规模扩张转向高质量发展，政策重心也逐步从补贴扶持转向健全市场化交易机制，同时致力于解决弃风弃光问题。2017 年是可再生电力市场类政策创新的开端，《关于试行可再生能源绿色电力证书核发及自愿认购交易制度的通知》首次建立可再生能源绿色电力证书自愿认购体系，明确“绿证”的核发认购规则，同时也完善了风力发电的补贴机制。《解决弃水弃风弃光问题实施方案》针对“十三五”规划提出的解决弃风弃光问题发展目标，明确按年度实施可再生能源电力配额制的计划。2018 年发布的《清洁能源消纳行动计划（2018—2020 年）》明确规定了 2018~2020 年的清洁电力消纳目标。《关于 2018 年光伏发电有关事项的通知》明确提出加快光伏发电补贴退坡，降低补贴强度。因为文件落款时间为 5 月 31 日，故被称为“531 光伏新政”。2019 年，在经过三次公开征求意见后，国家发展改革委、国家能源局印发《关于建立健全可再生能源电力消纳保障机制的通知》，设定可再生能源电力消纳责任权重，并规定了各省级行政区域电力消费应达到的可再生能源电量比重。国家发展改革委先后发布《关于完善光伏发电上网电价机制有关问题的通知》和《关于完善风电上网电价政策的通知》，将集中式光伏电站和风电标杆上网电价改为市场化竞价下的指导价。2020 年发布的《电力中长期交易基本规则》指出市场参与主体需优先完成可再生能源电力消纳相应的电力交易，履行可再生能源电力消纳责任。2021 年，风电光伏发电补贴全面退坡，正式进入平价上网阶段。《关于 2021 年新能源上网电价政策有关事项的通知》指出新建风光项目上网电价按当地燃煤发电基准价执行，或通过参与市场化交易形成上网电价。《绿色电力交易试点工作方案》则对市场交易产品、交易类型、交易模式和定价机制做出规定。《2030 年前碳达峰行动方案》规定到 2030 年，风电、太阳能发电总装机量达到 12 亿千瓦以上。2022 年，《“十四五”现代能源体系规划》强调要全面推进风电和太阳能发电大规模开发和高质量发展。2023 年，《关于支持光伏发电产业发展规范用地管理有关工作的通知》指出要优化大型光伏基地和光伏发电项目空间布局。合理安排光伏项目新增用地规模、布局和开发建设时序。同年国家能源局印发《2023 能源工作指导意见》，提出要大力发展风电太阳能发电，全年风电、光伏装机增加 1.6 亿千瓦左右。同时推动第一批以沙漠、戈壁、荒漠地区为重点的大型风电光伏基地项目并网投产，积极推进光热发电规模化发展。

三、规制类政策

（一）可再生能源发电全额保障性收购

自 2005 年颁布《可再生能源法》以来，中国可再生能源的开发与利用得到了一定程度的发展。但是，作为可再生能源的三大主要来源，风电、光电和水电的弃电率却持续居高不下，尤其是在较为偏远的地区，如甘肃、新疆、云南等地，由于技术落后、地势险峻等客观原因、环保意识较弱等主观因素，弃风、弃光、弃水的现象更为严重（陆澜清，2016）。对此，《可再生能源法》中规定了“全额保障性收购制度”，要求电力企业全额收购其电网覆盖范围内的可再生能源发电，并为其提供上网服务。可再生能源发电全额保障性收购是指电网企业（含电力调度机构）根据国家确定的上网标杆电价和保障性收购利用小时数，结合市场竞争机制，通过落实优先发电制度，在确保供电安全的前提下，全额收购规划范围内的可再生能源发电项目的上网电量（张广明，2016）。2016 年发布了《可再生能源发电全额保障性收购管理办法》，将可再生能源并网发电项目年发电量分为保障性收购电量部分和市场交易电量部分。其中，保障性收购电量部分通过优先安排年度发电计划、与电网公司签订优先发电合同（实物合同或差价合同）保障全额按标杆上网电价收购；市场交易电量部分由可再生能源发电企业通过参与市场竞争方式获得发电合同，电网企业按照优先调度原则执行发电合同。该办法发布后，逐渐出现对可再生能源收购“保量不保价”的问题。因此，2019 年国家能源局发布了《电网企业全额保障性收购可再生能源电量监管办法（修订）（征求意见稿）》，规定保障性收购电量还要参考准许成本加合理收益。既强调“保量又保价”，又明确了保障措施。

（二）可再生能源电力配额制

可再生能源电力配额制（Renewable Portfolio Standard，RPS）是对可再生能源发电占总发电量比例的强制性规定，主要目标在于增加最终的可再生能源实际消费量以调整能源的最终消费结构。20 世纪 90 年代，这一概念由美国风能协会首次正式提出，随后在欧洲也得到应用（朱庆缘等，2023）。中国政府从 2011 年起就开始规划可再生能源配额制度的实施。2012 年，《可再生能源发展“十二五”规划》中首次提出了“实施可再生能源电力配额制度”，这是可再生能源电力配额制首次出现在国家能源规划文件上。2016 年国家能源局首次在《关于建立可再生能源开发利用目标引导制度的指导意见》中规定各省份 2020 年非水可再生能源电力消纳量比重指标。2017 年发布的《解决弃水弃风弃光问题实施方案》，再次指出为了完善可再生能源开发利用机制，将实行可再生能源电力配额制。2018 年发布的《关于实行可再生能源电力配额制的通知》，进一步明确了可

再生能源电力配额制将如何实施和可再生能源电力配额指标确定和配额完成量核算方法，同时公示了各省份可再生能源电力总量配额指标及各省份非水电可再生能源电力配额指标，分为约束性指标和激励性指标。配额制能够调动市场的活力，以市场化配置资源的方式开发、利用可再生能源，从而有助于降低可再生能源开发利用的成本，节省了国家财政补贴支出，在一定程度上也有助于缩减政府行政成本（王强等，2018）。

四、财政类政策：可再生能源上网电价补贴

早期可再生能源开发技术不成熟、初期投资成本高、市场规模小，私人企业缺乏热情，因此国家通过补贴来促进光伏产业的早期发展，逐步壮大市场规模，培育市场主体（何文韬和肖兴志，2018）。中国风电光伏产业在短短十几年时间成长为国家战略性新兴产业，补贴作为政府支持产业发展的手段之一，发挥了重要作用。

可再生能源上网电价补贴是通过制定高于传统火电上网电价的可再生能源定价政策，以维持可再生能源发电企业正常运营的支持政策（涂强等，2020）。2005 年，《可再生能源法》提出了设立“可再生能源发展基金”，在全国范围内分摊可再生能源的部分财政支出，对风电和光伏发电为主的可再生能源发电进行上网电价补贴。2011 年，可再生能源基金正式设立，其资金来源包括国家财政公共预算安排的专项资金和依法向电力用户征收的可再生能源电价附加收入等。根据《可再生能源法》及现行政策，可再生能源标杆电价与各地煤电标杆电价（含环保电价）之差由可再生能源基金提供电价补贴，原则上实行按季预拨、年终清算。为了规范专项资金管理、提升资金使用的有效性，2012 年，财政部印发《可再生能源电价附加补助资金管理暂行办法》，对可再生能源电价附加收入的补助项目申请条件、补助标准、预算管理和资金拨付进行规范。2013 年发布的《关于分布式光伏发电实行按照电量补贴政策等有关问题的通知》进一步完善了光伏电站、大型风力发电等补贴资金管理，以加快资金拨付。2016 年以来，可再生能源行业进入爆发式发展阶段，新增装机量迅速增加，所获得的补贴资金难以满足其实际需求。因可再生能源迅猛发展，即使电价附加足额征缴，也不足以弥补补贴缺口。因此，自 2017 年开始，补贴拖欠问题逐渐开始显现。经济学中，补贴被认为是政府干预市场的一种暂时性手段（Schwartz 和 Clements，1999）。政府在一定时期通过补贴来支持产业发展，随着产业逐渐成熟，补贴就会停止，因此可再生能源补贴政策逐步转向平价上网，以减轻财政负担。2017 年风电平价上网示范项目开始组织实施。《关于 2021 年新能源上网电价政策有关事项的通知》明确指出，自 2021 年起，对新备案集中式光伏电站、

工商业分布式光伏项目和新核准陆上风电项目，中央财政不再补贴，实行平价上网。

五、市场类政策：绿色电力证书

绿色电力证书简称为“绿证”，是国家对发电企业每兆瓦时非水可再生能源上网电量颁发的具有独特标识代码的电子证书。在世界各国的实践中，绿色电力证书交易制度配合可再生能源配额制度在激励可再生能源电力发展方面取得了显著的成绩。该制度基于市场行为，并不像上网电价补贴制度一样直接依赖政府补贴，因此，对中国等可再生能源补贴财政压力巨大的国家极具吸引力（张宁等，2023）。为了确保用市场化的方式实现中国能源发展的中长期目标和解决补贴退出之后可再生能源产业发展的市场激励问题，“配额+绿证”的政策体系是对原有的“附加+补贴”政策的替代，是面向平价时代的市场化的可再生能源产业政策体系。2019 年，国家发展改革委与国家能源局发布《关于建立健全可再生能源电力消纳保障机制的通知》，指出于 2020 年正式实施强制性可再生能源配额制，即规定了各省级行政区域可再生能源电量消费的最低占比。然而，对于绿色证书交易市场的设计尚未明确。

绿证交易被美国的许多州和欧盟国家广泛采用，并已建立较为成熟的交易体系和管理制度（Barbose，2012）。在中国，绿证这一概念在 2016 年的《国家能源局关于建设可再生能源开发利用目标引导制度的指导意见》中被首次提及。2017 年 1 月，国家发展改革委、财政部、国家能源局联合发布《关于试行可再生能源绿色电力证书核发及自愿认购交易制度的通知》，依托国家可再生能源信息管理中心为陆上风电、光伏发电企业所生产的可再生能源发电量发放绿证。同年 7 月，绿证交易平台上线。近年来，相关政府部门逐步出台完善了可再生能源电力配额（消纳责任义务）和绿色电力证书认购的有关政策，如图 14-4 所示。

但中国绿色证书仅允许企业自愿认购，尚未实现市场化交易。从核发、挂牌、交易情况来看，目前中国绿证交易市场呈现挂牌率低、成交价格波动大的现象。中国绿色电力证书认购交易平台数据显示，截至 2022 年 9 月，光伏绿证挂牌量为 3183423 个，挂牌率为 20.76%，光伏绿证实际交易量为 2837671 个，为挂牌量的 89.14%，光伏绿证成交价格最高为 742.9 元/张，最低为 50 元/张，平均交易价格为 141.7 元/张，如图 14-5 所示。绿证交易激励机制及强制机制不足、限制二次买卖，以及国际绿证作为替代品对国内绿证产生冲击等导致了国内机构核发绿证的认购意愿低迷。

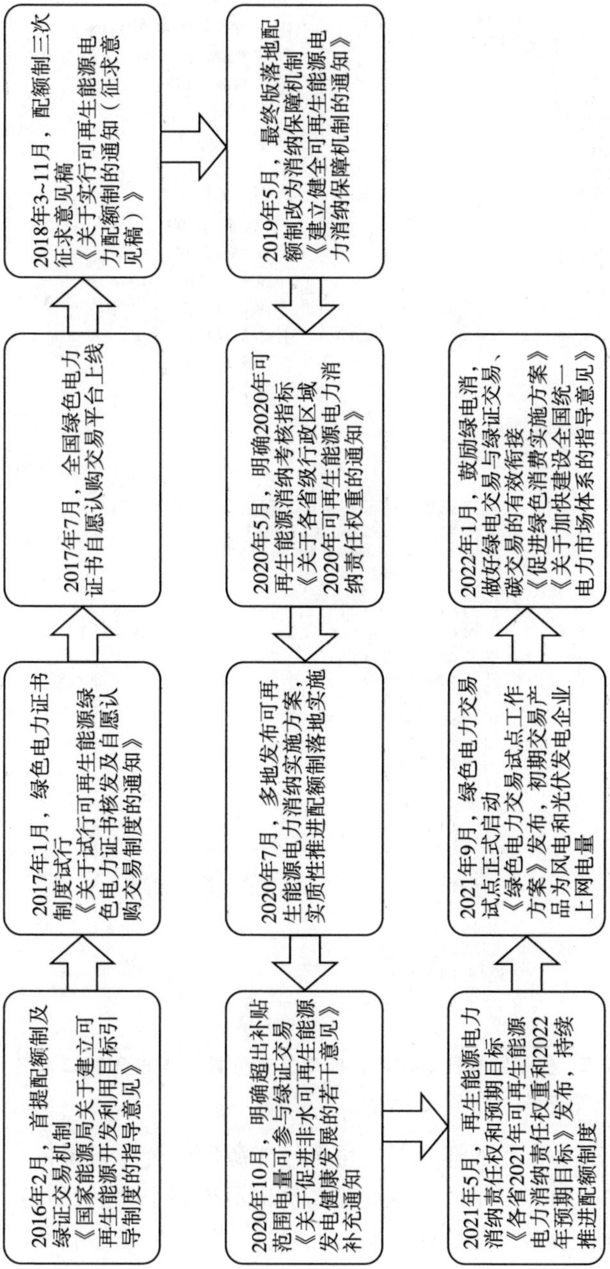

2016年2月，首提配额制及绿证交易机制
《国家能源局关于建立可再生能源开发利用目标引导制度的指导意见》

2017年1月，绿色电力证书制度试行
《关于试行可再生能源绿色电力证书核发及自愿认购交易制度的通知》

2017年7月，全国绿色电力证书自愿认购交易平台上线

2018年3~11月，配额制三次征求意见稿
《关于实行可再生能源电力配额制的通知（征求意见稿）》

2019年5月，最终版落地配额制改为消纳保障机制
《建立健全可再生能源电力消纳保障机制的通知》

2020年5月，明确2020年可再生能源消纳考核指标
《关于各省级行政区域2020年可再生能源电力消纳责任权重的通知》

2020年7月，多地发布可再生能源电力消纳实施方案，实质性推进配额制落地实施

2020年10月，明确超出补贴范围电量可参与绿证交易
《关于促进非水可再生能源发电健康发展的若干意见》补充通知

2021年5月，再生能源电力消纳责任权和预期目标
《各省2021年可再生能源电力消纳责任权重和2022年预期目标》发布，持续推进配额制度

2021年9月，绿色电力交易试点正式启动
《绿色电力交易试点工作方案》发布，初期交易产品为风电和光伏发电企业上网电量

2022年1月，鼓励绿电消，做好绿电交易与绿证交易、碳交易的有效衔接
《促进绿色消费实施方案》
《关于加快建设全国统一电力市场体系的指导意见》

图 14-4　中国绿证发展历程

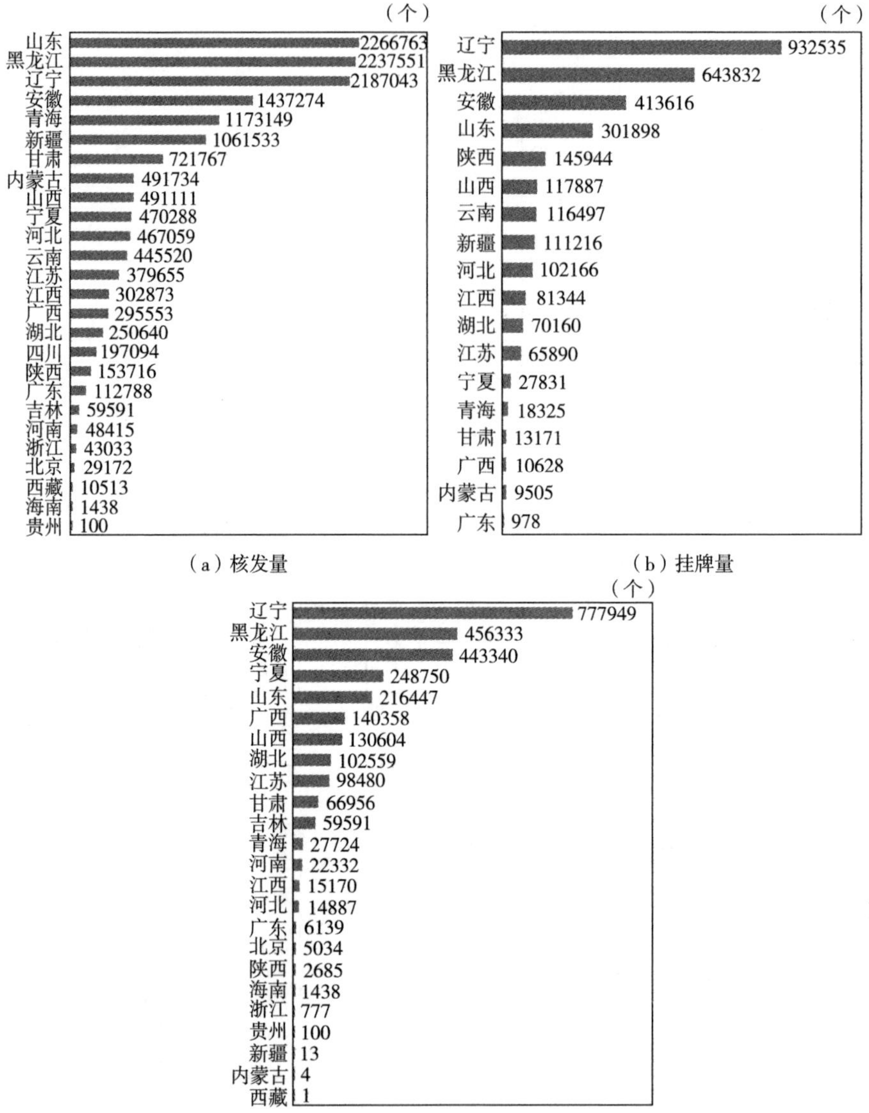

（个）

省份	核发量
山东	2266763
黑龙江	2237551
辽宁	2187043
安徽	1437274
青海	1173149
新疆	1061533
甘肃	721767
内蒙古	491734
山西	491111
宁夏	470288
河北	467059
云南	445520
江苏	379655
江西	302873
广西	295553
湖北	250640
四川	197094
陕西	153716
广东	112788
吉林	59591
河南	48415
浙江	43033
北京	29172
西藏	10513
海南	1438
贵州	100

（a）核发量

（个）

省份	挂牌量
辽宁	932535
黑龙江	643832
安徽	413616
山东	301898
陕西	145944
山西	117887
云南	116497
新疆	111216
河北	102166
江西	81344
湖北	70160
江苏	65890
宁夏	27831
青海	18325
甘肃	13171
广西	10628
内蒙古	9505
广东	978

（b）挂牌量

（个）

省份	交易量
辽宁	777949
黑龙江	456333
安徽	443340
宁夏	248750
山东	216447
广西	140358
山西	130604
湖北	102559
江苏	98480
甘肃	66956
吉林	59591
青海	27724
河南	22332
江西	15170
河北	14887
广东	6139
北京	5034
陕西	2685
海南	1438
浙江	777
贵州	100
新疆	13
内蒙古	4
西藏	1

（c）交易量

图 14-5　光伏绿色证书核发、挂牌、交易情况（截至 2022 年 9 月）

资料来源：绿色电力证书自愿认购交易平台。

因此，绿证交易市场的建立对于可再生能源发电企业来说，在一定程度上可以缓解补贴拖欠问题，但是由于绿证最高价格不得高于补贴，并且不能实行二次交易，所以发电商最多只能拿回补贴。同时，由于绿证交易制度需要经过过渡和衔接的阶段，所以未来几年或将出现自愿交易、配额制与补贴并行的局面，从而逐步过渡到取消补贴（赵新刚等，2019）。此外，绿证交易有望和碳交易有效融合，从而改变目前参与度不高的局面（Wang 等，2021）。绿色电力证书的核发和交易机构设立在国家可再生能源信息管理中心，该中心是独立于发电企业和电网企业的第三方机构，记录了可再生能源发电项目的规模、地址、并网时间等详细信息。无论是陆上风电还是光伏发电，每张绿色电力证书都对应一兆瓦新能源发电量，每张绿色电力证书对应减少 0.581 吨二氧化碳。绿证核发单位唯一，核发标准明确，非常适合作为衡量二氧化碳减排的方式，可以与碳减排交易体系形成有效的结合（陈威等，2023）。在部分欧洲国家，绿证交易和碳交易已同时存在较长时间，两者都促进了可再生能源的发展（Aune 等，2012）。相对于行政手段而言，融合两种市场化的交易机制，能够运用较低的成本实现碳排放控制，并为光伏企业减排提供灵活选择。

六、可再生能源政策分析案例

本书第九章通过构建多区域多市场均衡模型，验证了全国自由绿证交易市场会导致不公平现象，因此有必要对全国绿证交易市场实施矫正性政策。省外绿证购买配额和绿证交易税是本章节中提出的两种矫正绿证交易市场的政策。为了验证这两种政策是否能够提高公平性以及哪种方法更有效率，表 14-1 中列出了表示不同矫正性规制以及不同政策强度的情景。自由交易情景（FTR）可被看作100%省外绿证购买配额或零绿证交易税，无交易情景（NTR）可被视为零省外绿证购买配额。

表 14-1　情景设置

情景	绿证交易规制		描述
NR	基准情景		不实施 RPS 政策
FTR	自由交易		实施 RPS 和自由绿证交易政策
IT-5%	省外绿证交易税	5%	5%省外绿证交易税
IT-10%		10%	10%省外绿证交易税
IT-50%		50%	50%省外绿证交易税
IT-100%		100%	100%省外绿证交易税
IT-1000%		1000%	1000%省外绿证交易税
IQ-80%	省外绿证购买配额	80%	最多 80%的 RPS 目标可购买省外绿证完成
IQ-60%		60%	最多 60%的 RPS 目标可购买省外绿证完成
IQ-40%		40%	最多 40%的 RPS 目标可购买省外绿证完成
IQ-20%		20%	最多 20%的 RPS 目标可购买省外绿证完成
NTR	无交易		不允许省间绿证交易

首先计算不同情景下绿证交易市场的规模，以显示绿证交易税和省外绿证购买配额矫正绿证交易市场的能力。如图 14-6 所示，绿证交易税和省外绿证购买配额都可以降低非水绿证的交易量和价格。FTR 情景下非水绿证市场规模为 1094. 8 亿元，在征收 5%的绿证交易税或设置 80%的省外绿证购买配额时，市场规模分别下降 26. 2%和 8. 8%。非水绿证市场的市场规模本质上是其他种类电力对非水可再生能源发电力的交叉补贴，非水绿证市场规模的下降也即是非水电可再生能源投资回报率的下降。

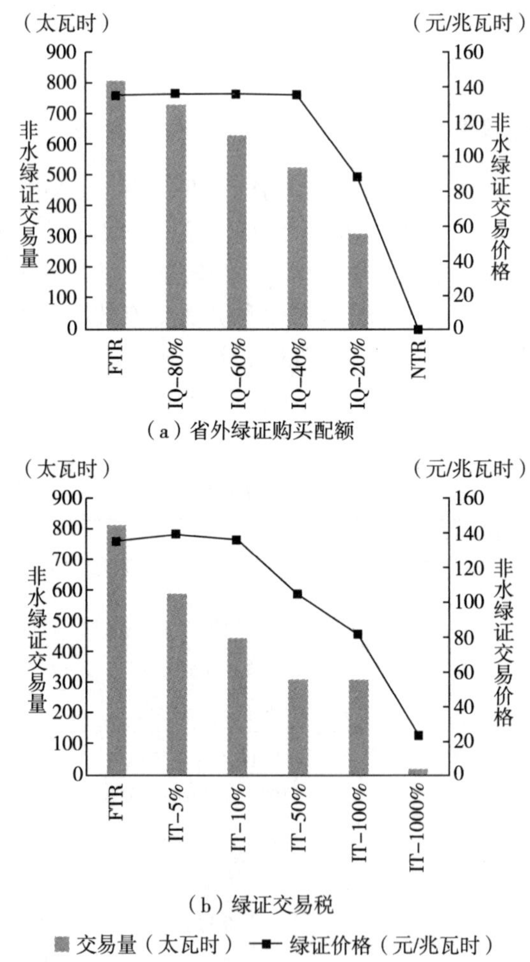

图 14-6　不同矫正性规制对绿证交易市场规模的影响

由于实施可再生能源配额制的直接目标是促进可再生能源的发展，因此进一

步比较了不同情景下新增装机容量和可再生发电量，用以体现绿证交易矫正性法规的影响，结果如图 14-7 所示。

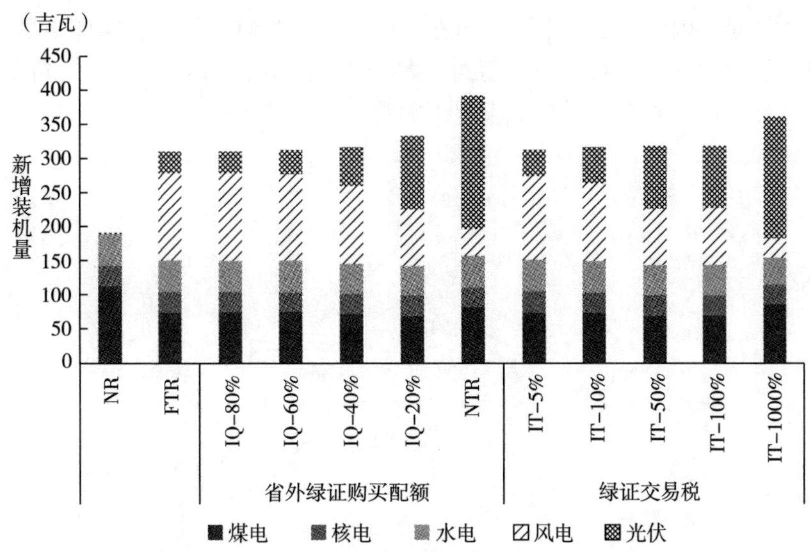

图 14-7　不同情景下新增发电装机容量组合

通过比较 NR 情景与其他情景，可以发现可再生能源配额制会激励可再生能源电力代替煤电。新增装机容量中的煤电比例从 59.5%（NR 情景）下降到 24.1%（FTR 情景）和 20.9%（NTR 情景）。另外，通过将省外绿证购买配额和绿证交易税收情景与 FTR 情景进行比较，可以看出随着这些法规力度的增加，风电的新增容量下降而光伏的新增装机容量增加。例如，在 FTR 情景下，风电和光伏的新增装机容量分别为 128.61 吉瓦和 31.22 吉瓦，在 NTR 情景下分别为 39.64 吉瓦和 195.16 吉瓦。可以得出结论，绿证交易矫正性法规可以进一步促进光伏的发展。

本章选择不同情景下各省非水可再生电力消费的基尼系数来表示可再生能源发展分布的公平性。如图 14-8 所示，绿证交易税和省外绿证购买配额都可以降低基尼系数（增加公平性）。通过禁止绿证交易，基尼系数可以从 0.558（FTR 情景）降至最低 0.146（NTR 情景）。一般来说，基尼系数的值大于 0.5 表明分配的公平性存在很大差距。因此，根据本书研究，至少需要 10%的绿证交易税或 40%的进口额才能保持可再生能源发展的合理分配。

通过对绿证交易矫正性法规的政策强度进行敏感性分析，获得了矫正性法规提升公平性的成本曲线，如图 14-9 所示。可以看出，绿证交易税可以以低于省外绿证购买配额的社会成本来提升公平性。例如，200%的绿证交易税可以将基尼系数降低 58%（从 0. 558 降至 0. 234），社会成本为 252. 6 亿元。而 15%的省外绿证购买配额只能将基尼系数降低 56%（从 0. 5584 降至 0. 2465），社会成本为 283. 2 亿元。因此，如果中国政府在实施可再生能源配额制和绿证交易后希望在所有省份之间保持相对公平的可再生能源发展分配，从社会成本的角度考虑，对购买省外绿证征收交易税相比设置配额是更好的政策选择。

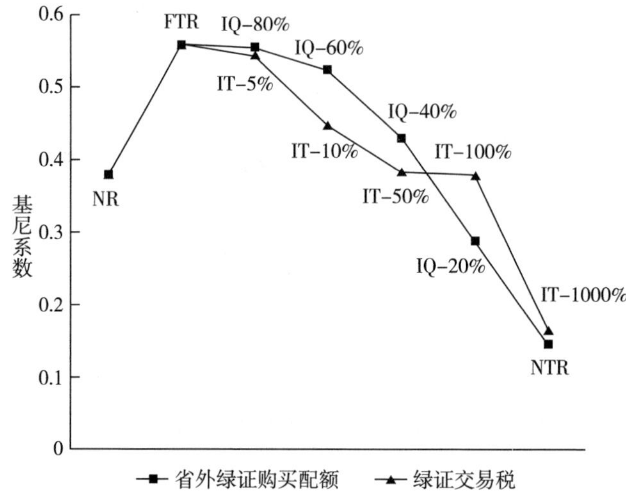

图 14-8　不同情景下各省非水可再生能源电力消费的基尼系数

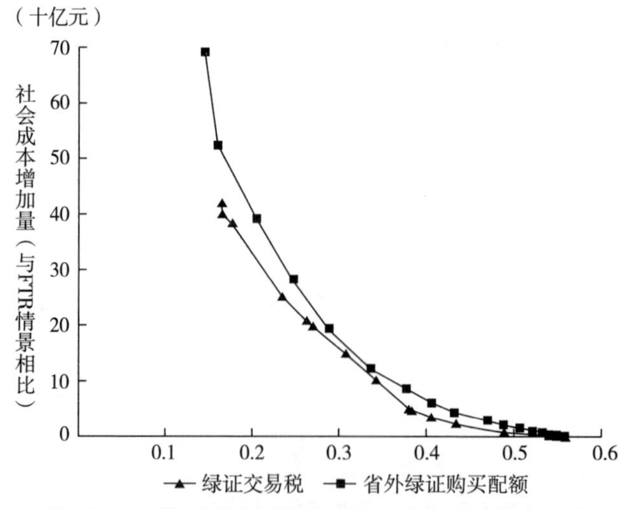

图 14-9　绿证交易矫正性法规提升公平性的成本曲线

七、本章小结

本章首先对中国以光伏、风电为代表的可再生能源相关政策展开全面汇总与系统梳理，随后将政策划分为规制类、财政类和市场类分别进行分析，并选取代表性政策展开案例分析。小结如下：

（一）可再生能源政策梳理

可再生能源政策的发展可以划分为起步阶段、完善阶段和转型阶段，随着可再生能源发电成本的降低和生产规模的扩大，政策重点逐步由扶持企业规模化发展转向促进企业间的市场化竞争和高质量发展，政策范围逐步扩展至全国各省。目前，以风电光伏为代表的可再生能源电力已进入平价上网阶段，市场化交易体系不断健全。可再生能源规制类政策主要包括可再生能源发电全额保障性收购和可再生能源电力配额制，财政类政策主要包括可再生能源上网电价补贴，市场类政策主要包括绿色电力证书。绿色电力证书是国家对发电企业每兆瓦时非水可再生能源上网电量颁发的具有独特标识代码的电子证书。构建绿证市场并允许企业自由交易，可以为绿色企业的减排能力赋予一定价值，并实现资源的最优配置，减少补贴带来的财政负担。

（二）可再生能源政策分析

本章节采用市场均衡模型量化评估了绿证交易市场对多区域电力系统的影响。结果表明完全自由的绿证交易市场将导致不公平现象，而采取矫正措施（省外绿证交易税和省外绿证购买配额）后，非水绿证的交易量和价格均有不同程度下降，非水电可再生能源投资回报率下降。但随着法规力度的增强，可再生能源电力代替煤电比例提高。为解决公平性问题，至少需要10%的绿证交易税或40%的进口额才能保持可再生能源发展的合理分配，且绿证交易税可以以低于省外绿证购买配额的社会成本来提升公平性。

本章参考文献：

［1］Aune F R, Dalen H M, Hagem C. Implementing the EU renewable target through green certificate markets［J］. Energy Economics, 2012, 34（4）: 992-1000.

［2］Barbose G. Renewables portfolio standards in the United States: a status update［J］. Washington: Lawrence Berkeley National Laboratory, 2012.

［3］Schwartz G, Clements B. Government subsidies［J］. Journal of Economic Surveys, 1999, 13（2）: 119-148.

［4］Wang G, Zhang Q, Su B, et al. Coordination of tradable carbon emission permits market and renewable electricity certificates market in China［J］. Energy Economics, 2021, 93: 105038.

［5］陈威，马永开，白春光．基于碳限额与交易机制的上下游企业可再生能源投资策略研究［J］．中国管理科学，2023，31（1）：70-80.

［6］何文韬，肖兴志．进入波动、产业震荡与企业生存——中国光伏产业动态演进研究［J］．管理世界，2018，34（1）：114-126.

［7］陆澜清．我国弃水弃风弃光严重现状及原因浅析［EB/OL］．前瞻经济学人，(2016-03-02)［2023-09-28］．https：//www.qianzhan.com/analyst/detail/329/160302-0be354e3.html.

［8］曲建升，陈伟，曾静静，等．国际碳中和战略行动与科技布局分析及对我国的启示建议［J］．中国科学院院刊，2022，37（4）：444-458.

［9］涂强，莫建雷，范英．中国可再生能源政策演化、效果评估与未来展望［J］．中国人口·资源与环境，2020，30（3）：29-36.

［10］王强，谭忠富，谭清坤，等．我国绿色电力证书定价机制研究［J］．价格理论与实践，2018（1）：74-77.

［11］张广明．"保障性收购政策"落地：利益调整的第一步［EB/OL］．北极星太阳能光伏网，(2016-07-16)［2023-09-28］．https：//guangfu.bjx.com.cn/news/20160706/748748-1.shtml.

［12］张宁，庞军，王琦瑶，等．基于CGE模型的可再生能源绿证交易机制模拟及其经济影响［J］．中国人口·资源与环境，2023，33（2）：51-62.

［13］赵新刚，任领志，万冠．可再生能源配额制、发电厂商的策略行为与演化［J］．中国管理科学，2019，27（3）：168-179.

［14］中国气象局．2022年中国风能太阳能资源年景公报［R］．2023.

［15］朱庆缘，陈希凡，陈杰，等．中国区域电力企业可再生能源电力配额分配机制研究［J］．中国管理科学：2023（10）：1-13.

第十五章　户用光伏技术政策分析

一、本章简介

在能源系统低碳转型步伐加快、储能技术不断发展的背景下，中国不断提升对户用光伏发电技术发展的重视程度，加大政策支持力度。户用光伏是分布式光伏的一种，即将光伏电池板置于家庭住宅顶层或者院落内的小型光伏电站，与之相对应的是工商业分布式光伏（李耀华和孔力，2019）。从中国国民经济“十一五”规划到“十四五”规划，中国政府出台了多类型激励引导政策加快分布式光伏，特别是户用光伏的快速发展（见图 15-1）。例如，“十四五”规划中提出，坚持因地制宜的发展策略，优先在“三北”地区实行光伏发电基地化规模化开发，构建新疆、黄河上游、河西走廊等多个新能源基地；积极开展城镇屋顶光伏行动、“光伏+”综合利用行动、千乡万村沐光行动等项目，加快推进光伏发电分布式开发。国家能源局针对分布式光伏发电项目的投资建设、运营维护等安全生产出台相应管理政策。同时，多省积极参与光伏分布式试点项目，实行整县（市、区）屋顶分布式光伏开发。在国家规划及相关政策的大力支持下，中国分布式光伏快速发展，户用光伏技术的作用也越来越重要。2016~2022 年中国分布式光伏装机容量不断增加，其中，户用光伏占比也不断提高（见图 15-2）。2022 年分布式光伏累计装机容量达 157.6 吉瓦，户用光伏累计装机容量 67 吉瓦，为分布式光伏贡献了 42.5%的装机量。

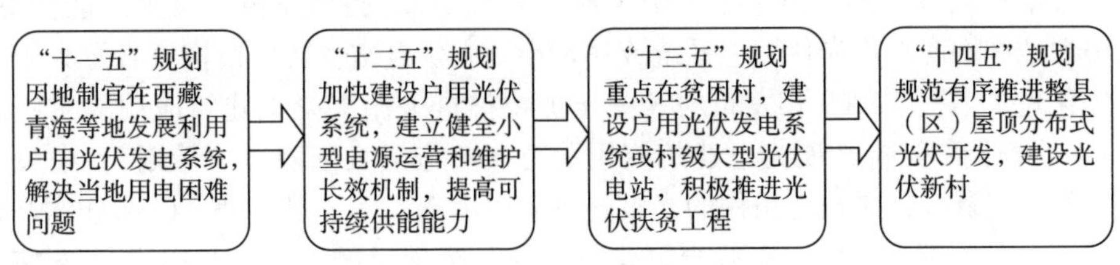

图 15-1　中国国民经济规划——户用光伏发电产业政策的演变

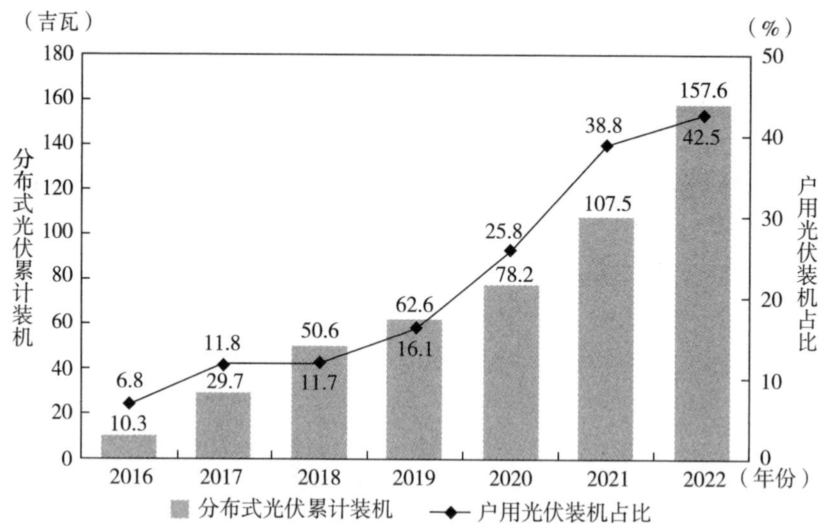

图 15-2　中国分布式光伏装机量及户用光伏占比

二、户用光伏政策梳理

图 15-3 梳理了中国主要户用光伏政策，根据产业规模和政策导向的不同，户用光伏政策可以划分为起步、缓慢成长和快速发展三个发展阶段，下面将对这三个阶段分别进行介绍。

（一）起步阶段（2012 年以前）

中国户用光伏起步较晚，2012 年以前针对户用光伏的支持政策较少。2002 年“送电到乡”工程开展，旨在解决中国西部七省区（西藏、新疆、青海、甘肃、内蒙古、陕西、四川）无电地区用电问题，其中一个重要的解决方案就是利用光电转换技术建设独立离网运行的太阳能电站。2005 年 2 月，《可再生能源法》正式颁布，明确提出国家鼓励单位和个人安装和使用太阳能光伏发电系统，这为户用光伏的发展奠定了法律基础。2007 年先后发布了《中国应对气候变化国家方案》和《中国可再生能源中长期发展规划》，提出积极发展太阳能发电，在偏远地区推广户用光伏发电系统或建设小型光伏电站，在城市推广普及太阳能一体化建筑工程。2009 年发布的《关于加快推进太阳能光电建筑应用的实施意见》，明确提出支持开展光电建筑应用示范，实施“太阳能屋顶计划”，中央财政安排专门资金，对符合条件的光电建筑应用示范工程予以补助，以部分弥补光电应用的初始投入，大力支持光电建筑应用示范项目的推广。2010 年国务院发布《关于加快培育和发展战略性新兴产业的决定》，提到加快太阳能热利用技术

2009年

•《关于加快推进太阳能光电建筑应用的实施意见》：支持开展光电建筑应用示范，实施“太阳能屋顶计划”，对光电建筑应用示范工程予以资金补助

2010年

•《关于加快培育和发展战略性新兴产业的决定》：加快太阳能热利用技术推广应用，开拓多元化的太阳能光伏光热发电市场

2011年

•《关于组织实施太阳能光电建筑应用一体化示范的通知》：明确光电建筑一体化示范项目的建设要求、补贴资金审核及拨付流程

2012年

•《国家能源局关于申报分布式光伏发电规模化应用示范区的通知》：各省（区、市）提出分布式光伏发电规模化应用示范区的建设方案，国家能源局为示范区的光伏发电项目实行定额补贴政策

2013年

•《国务院关于促进光伏产业健康发展的若干意见》：根据光伏发电成本变化等因素，合理调减光伏电站上网电价和分布式光伏发电补贴标准

2014年

•《关于进一步落实分布式光伏发电有关政策的通知》：充分利用具备条件的建筑屋顶（含附属空闲场地）资源，率先开展光伏发电应用

2015年

•《能源局关于征求2015年光伏发电建设实施方案意见的函》：设置了强制完成的屋顶分布式光伏发电的最低任务量，但不设屋顶分布式光伏发电年度规模上限

2016年

•《2016年光伏发电建设实施方案》：利用固定建筑物屋顶、墙面及附属场所建设的光伏发电项目以及全部自发自用的地面光伏电站项目不限制建设规模，项目建成后即纳入补贴范围

2017年

•《户用并网光伏发电系统验收技术规范》《户用并网光伏发电系统电气安全设计技术要求》：标志着中国光伏行业协会户用光伏系统系列标准的研制工作正式启动

2018年

•《关于2018年光伏发电有关事项说明的通知》：部分并网投运的合法合规的户用自然人分布式光伏发电项目，纳入国家认可规模管理范围，度电补贴标准保持不变

2019年

•《国家发展改革委关于完善光伏发电上网电价机制有关问题的通知》：完善集中式光伏发电上网电价形成机制、适当降低新增分布式光伏发电补贴标准

2020年

•《关于2020年光伏发电上网电价政策有关事项的通知》：采用“自发自用、余量上网”模式的工商业分布式光伏发电项目，全发电量补贴标准调整为每千瓦时0.05元

2021年

•《国家能源综合司关于报送整县（市、区）屋顶分布式光伏开发试点方案的通知》：党政机关建筑屋顶总面积可安装光伏发电比例不低于50%；学校、医院、村委会等公共建筑屋顶总面积可安装光伏发电比例超过40%

2022年

•《关于促进新时代新能源高质量发展实施方案》：鼓励地方政府加大力度支持农民利用自有建筑屋顶建设户用光伏，积极推进乡村分散式风电开发。到2025年，公共机构新建建筑屋顶光伏覆盖率达50%

2023年

•《2023年能源工作指导意见》：实施风电“千乡万村驭风行动”和光伏“千家万户沐光行动”，稳步推进整县屋顶分布式光伏开发试点，促进农村用能清洁化

图15-3　中国户用光伏政策时间表

推广应用，开拓多元化的太阳能光伏光热发电市场。在政策的引导下，光伏产业开始向下游转移，促进光伏产业的技术进步和规模化发展。2011 年，《关于组织实施太阳能光电建筑应用一体化示范的通知》发布，明确了光电建筑一体化示范项目的建设要求、补贴资金审核及拨付流程，将户用光伏项目的发展落到实处。2012 年《国家能源局关于申报分布式光伏发电规模化应用示范区的通知》发布，国家能源局明确要求各省（区、市）选择具有太阳能资源优势、用电需求大和建设条件好的城镇区域，提出分布式光伏发电规模化应用示范区的建设方案，并为示范区的光伏发电项目实行单位电量定额补贴政策。

尽管有上述的多种政策，早期的户用光伏受制于高昂的光伏发电成本和生产技术瓶颈，光伏新增装机容量增速缓慢。

（二）缓慢成长阶段（2013~2016 年）

从 2013 年起，中国政府针对户用光伏发展出台了多项补贴、支持政策，初步建立了中国户用光伏行业政策管理体系（Hua 等，2016）。2013 年发布的《关于光伏发电增值税政策的通知》指出，对纳税人销售自产的利用太阳能生产的电力产品，实行增值税即征即退 50%的政策，对已缴纳的所得税费用可以依法返还，或者抵减以后月份的应纳所得税。2013 年国务院发布的《国务院关于促进光伏产业健康发展的若干意见》提出，根据光伏发电成本变化等因素，合理调减光伏电站上网电价和分布式光伏发电补贴标准。2014 年，国家能源局发布《关于进一步落实分布式光伏发电有关政策的通知》，提出充分利用具备条件的建筑屋顶（含附属空闲场地）资源，鼓励屋顶面积大、用电负荷大、电网供电价格高的开发区和大型工商企业率先开展光伏发电应用，对屋顶面积达到一定规模且适宜光伏发电应用的新建和改扩建建筑物，应要求同步安装光伏发电设施或预留安装条件。2015 年国家能源局《能源局关于征求 2015 年光伏发电建设实施方案意见的函》中，对各地区下发了强制完成的屋顶分布式光伏发电最低任务量，但不设屋顶分布式光伏发电年度规模上限。各地区发展改革委将在这一要求下强力推动屋顶分布式光伏发电的装机，地区性的屋顶分布式光伏政策（如地方补贴、管理方法等）或将因这一要求陆续推出。2016 年 6 月，国家能源局发布《2016 年光伏发电建设实施方案》并提出，利用固定建筑物屋顶、墙面及附属场所建设的光伏发电项目以及全部自发自用的地面光伏电站项目不限制建设规模，各地区能源主管部门随时受理项目备案，电网企业及时办理并网手续，项目建成后即纳入补贴范围。

这一阶段，在各项示范项目支持政策及发展标准的引导下，中国户用光伏实现缓慢成长，但发展过程中也存在诸多问题，如核心技术不成熟，过分依赖政策等。

（三）快速发展阶段（2017 年至今）

2017 年之后，中国户用光伏装机容量呈现快速增长态势，户用光伏逐渐从缓慢成长向快速发展转变。2017 年 11 月，中国光伏行业协会正式立项了《户用并网光伏发电系统验收技术规范》以及《户用并网光伏发电系统电气安全设计技术要求》两项户用光伏系统标准，标志着中国光伏行业协会户用光伏系统系列标准的研制工作正式启动。2018 年，国家发展改革委发布《关于 2018 年光伏发电有关事项说明的通知》，明确提出在规定日期之前并网投运的合法合规的户用自然人分布式光伏发电项目，纳入国家认可规模管理范围，标杆上网电价和度电补贴标准保持不变。2019 年，国家发展改革委发布《国家发展改革委关于完善光伏发电上网电价机制有关问题的通知》，旨在完善集中式光伏发电上网电价形成机制、适当降低新增分布式光伏发电补贴标准。2020 年 3 月，国家发展改革委在《关于 2020 年光伏发电上网电价政策有关事项的通知》中提到，采用“自发自用、余量上网”模式的工商业分布式光伏发电项目，全发电量补贴标准调整为每千瓦时 0. 05 元；纳入 2020 年财政补贴规模的户用分布式光伏全发电量补贴标准调整为每千瓦时 0. 08 元。2021 年 5 月，《关于 2021 年风电、光伏发电开发建设有关事项的通知》发布，提到为促进户用光伏发电发展，仍为当年户用光伏发电提供补贴，财政补贴预算额度为 5 亿元。2021 年 6 月，国家能源局发布《国家能源综合司关于报送整县（市、区）屋顶分布式光伏开发试点方案的通知》，明确了党政机关建筑、公共建筑、工商业厂房和农村居民等各类屋顶分布式光伏的安装目标。同年 9 月，国家能源局报送试点县（市、区）676 个，全部列为屋顶分布式开发试点。此举被视作实现“碳达峰、碳中和”与乡村振兴两大国家战略并举的重要战略，整县分布式光伏开发序幕已然拉开。2021 年 10 月，国务院发布《2030 年前碳达峰行动方案》，提出力争 2025 年新建厂房、公共机构屋顶光伏覆盖率达 50%。2022 年 5 月，国务院发布《关于促进新时代新能源高质量发展实施方案》，鼓励地方政府加大力度支持农民利用自有建筑屋顶建设户用光伏。2023 年 4 月，国家能源局发布《2023 年能源工作指导意见》，实施光伏“千家万户沐光行动”，稳步推进整县屋顶分布式光伏开发试点。

在一系列政策的支持和引导下，中国户用光伏进入快速发展阶段，从 2016 年到 2023 年 6 月底，中国户用光伏累计装机容量从 0. 7 吉瓦增长到了 95 吉瓦，政策成效显著。

三、财政类政策

（一）户用光伏补贴政策

政府补贴是中国户用光伏发展的重要政策支撑，中央政府出台了多项补贴政策鼓励户用光伏发展。2013 发布的《关于发挥价格杠杆作用促进光伏产业健康发展的通知》，提出对分布式光伏发电实行按照全电量补贴的政策，电价补贴标准为每千瓦时 0.42 元（含税，下同），通过可再生能源发展基金予以支付，由电网企业转付；其中，分布式光伏发电系统自用有余上网的电量，由电网企业按照当地燃煤机组标杆上网电价收购。2018 年发布的《关于 2018 年光伏发电项目价格政策的通知》，明确 2018 年 1 月 1 日以后投运分布式光伏采用“自发自用，余量上网”发电模式，度电补贴调整为 0.37 元/千瓦时（含税）。虽然 2018 年“531”之后光伏补贴迅速退坡，但户用领域仍保持支持力度。2019~2021 年户用光伏补贴总额度分别为 7.5 亿元、5 亿元、5 亿元，补贴标准则为 0.18 元/千瓦时、0.08 元/千瓦时、0.03 元/千瓦时。

除国家补贴以外，部分省市也在地方层面给予户用光伏一定的额外补贴。2020 年，北京市发布《关于进一步支持光伏发电系统推广应用的通知》，明确提出在 2020 年 1 月 1 日至 2021 年 12 月 31 日，个人利用自有产权住宅建设的户用光伏发电项目可获得 0.3 元/千瓦时的补贴，补贴期限 5 年。上海出台《上海市可再生能源和新能源发展专项资金扶持办法（2020 版）》，提出期限为 5 年的 0.05 元/千瓦时的户用光伏补贴；西安市发布《关于进一步促进光伏产业持续健康发展的意见》，提供 0.1 元/千瓦时的户用光伏补贴；广州、乐清等也都推出类似的补贴政策，助力户用光伏装机规模扩大。

（二）户用光伏金融支持政策

金融支持发挥了金融机构的杠杆作用，能够引导更多社会资金投入户用光伏产业，缓解企业现金流紧张、研发经费不足的情况。因此，在政府提供补贴的同时，金融支持也成为支撑户用光伏产业发展的重要补充。户用光伏的主要投融资模式包括以下三类：①合作开发模式。屋顶业主仅提供屋顶，光伏企业负责出资并建设户用光伏电站，并每年为业主支付一定的屋顶租金。这一模式的特点是由企业来投资居民屋顶，与用户约定分成，协议期内，户用光伏电站监控、运维、保险等工作全部交给企业，业主每年都能拿到固定收益分享，约定期限结束后所有权归用户，电站及今后所有收益都归用户所有。业主无风险且收益稳定，约定期结束可获得电站归属权。②融资租赁模式。由金融租赁公司出钱购买设备，房屋业主租赁金融公司的设备并安装在自家屋顶上，光伏企业负责设备安装及后续维护。这一模式下，用户只需要支付较低的首付款，分别与光伏企业（安装商）签订合作协议、与融资租赁公司签订融资租赁协议，即可安装一套光伏电站。根据区域不同，协议期限不等。协议期内，用户每年都能拿到固定收益分享。与合作开发模式不同的是，这一模式下，要求进行融资租赁的业主符合一定的融资借款条件，其年龄和信用条件受到一定限制（李鹏等，2021）。③光伏贷模式。房

屋业主以自身名义向银行等金融机构借款建设电站，光伏企业负责设备安装、运维，电站所有权归属于农户。在贷款年限内，电站收取的电费多用于还款付息；贷款还完后，电站收益全部归农户所有。要求符合银行贷款条件，受年龄和信用限制。

由于户用分布式光伏项目具有装机规模小、投资回收期长等特点，商业银行此前并未对分布式项目提供商业贷款（刘雪飞等，2021）。但是在政府多项户用分布式光伏项目支持政策的引导下，针对户用光伏的“光伏贷”产品逐渐增多（见表 15-1）。

表 15-1　典型户用光伏信贷产品举例

提供单位	产品名称	产品简介
浙江海宁农商银行	分期宝	对象：海宁市符合分布式光伏电站项目安装条件的个人或企业 额度：个人为 20 万元以下，企业为 10 万~500 万元 期限：5~10 年 利率：基准利率，较为优惠
浙江农信联社	光富贷	对象：磐安县范围内分布式电站投资者额度：农户 20 万元，企业 200 万元 期限：10 年 低收入农户还可享受基准利率及财政补助 13500 元和全额贴息
农行江西分行	金穗光伏贷	对象：参与光伏扶贫的贫困农户 额度：10 万元 信用担保方式 期限：10 年（5 年内政府贴息）
河南省财政部	清洁贷款	对象：河南省行政区域内的项目业主 额度：7000 万元（重大项目 3 亿元）不超过总投资的 35% 期限：3~5 年 利率：基准利率+上下浮动 15%
陕西户县农村信用社	公司+农户+信用社+保险	对象：当地农户 额度：依据实际投资规模和需求 期限：10 年 利率：6.9%
浙江桐乡农商银行	绿能贷	创新产品，可全额解决分布式光伏电站安装费用。安装后可就近并网转换，并全额销售给国家电网获取收入和固定补贴

随着光伏产业补贴退坡的不断深入，金融支持的重要性再一次得到提升。2019 年 1 月，国家能源局发布的《关于积极推进风电、光伏发电无补贴平价上网有关工作的通知》中提出八项支持政策，其中有一项是创新金融支持方式。鼓励金融机构支持光伏发电项目建设，合理安排信贷资金规模、创新金融服务、开

发适合的金融产品。2021 年 3 月发布的《关于引导加大金融支持力度促进风电和光伏发电等行业健康有序发展的通知》，针对可再生能源补贴拖欠问题，提出已纳入补贴清单的可再生能源项目所在企业，对已确权应收未收的财政补贴资金，可申请补贴确权贷款。2021 年 11 月，央行创设推出碳减排支持工具，来支持清洁能源、节能环保和碳减排技术三大领域的发展。通过向金融机构提供低成本资金，引导金融机构向光伏发电等碳减排重点领域内的企业提供碳减排贷款，贷款利率与同期限档次贷款市场报价利率基本持平。户用光伏行业的金融服务体系逐步建立起来。

（三）户用光伏扶贫政策

光伏扶贫是由政府、企业或贫困户出资，在屋顶、农田、温室大棚等空置空间安装光伏发电系统，或在贫困地区荒山、荒坡、河滩等未利用土地上建设光伏电站。光伏扶贫不仅可以解决部分贫困地区的用电问题，还可以让贫困户在节省电费支出的同时，将光伏发电多余电量卖给国家电网，从而增加收入（Wang 等，2023）。2014 年 11 月，国家能源局、国务院扶贫办联合下发《关于组织开展光伏扶贫工程试点工作的通知》，选择了宁夏、安徽、山西、河北、甘肃、青海 6 省份开展首批光伏试点，首批试点规模为 1.5 吉瓦。2016 年 4 月，国家能源局发布《关于实施光伏发电扶贫工作的意见》，决定在中国具备光伏建设条件的贫困地区实施光伏扶贫工程，同年 10 月确定了第一批光伏扶贫项目，总规模为 5.16 吉瓦。

光伏扶贫主要分为户用光伏扶贫、村级光伏电站扶贫、光伏地面电站扶贫三种类型。其中，户用光伏扶贫是专门针对户用光伏开展的扶贫政策，其利用贫困户屋顶或院落空地建设 3~5 千瓦的发电系统，产权和收益均归贫困户所有。目前，“户用光伏扶贫”的融资主要分为 4 种模式：①“扶贫资金+贫困户银行贷款”。这一模式下，政府出资 70%，政府担保、贫困户从信用社贷款 30%。②“扶贫资金+企业垫付”。即政府出资 80%，企业垫付 20%，后期贫困户基于获得的发电收益分期偿还企业。③“扶贫资金+地方财政配套”。即户用光伏的出资主要由地方财政配套承担，贫困户无须负担。④“扶贫资金+地方投资公司垫付”。政府出资 70%，当地投资公司垫付 30%，后期贫困户基于发电收益分期偿还投资公司。以上 4 种模式减轻了贫困户在户用光伏建设安装初期的投资压力，并且基于光伏收益保障了贫困户的还款能力，在户用光伏长期稳定的运行后，帮助贫困户通过户用光伏发电获得稳定收益，实现脱贫。

截至 2019 年底，中国光伏扶贫建设任务已经全面完成，累计建成光伏扶贫电站规模 26.36 吉瓦，惠及 415 万户，大概每年可产生发电收益 180 亿元。2019 年 10 月发布的《光伏扶贫工作百问百答》明确提出，国家光伏扶贫工作已进入收口阶段，不再下达新的光伏扶贫计划。目前国家针对已建成的户用光伏扶贫项目提供可再生能源电力补助，2022 年 11 月 14 日，财政部发布《关于提前下达 2023 年可再生能源电价附加补助地方资金预算的通知》，提出“补贴资金拨付应优先足额拨付国家光伏扶贫项目至 2023 年底”。未来，中国也将持续推进户用光伏的广泛普及，巩固光伏扶贫的重要成果。

四、市场类政策：分布式发电市场化交易

现有电力系统市场化交易机制的设计主要基于集中式发电供电模式，不利于分布式发电的规模化发展。为此，中国政府提出推进分布式发电开展市场化交易，以解决分布式发电市场化程度低、公共服务滞后、管理体系不健全等发展问题。分布式发电市场化交易也称为“隔墙售电”，允许分布式能源项目通过配电网将电力直接销售给周边的能源消费者。相比于先将电力低价卖给电网，再由用户从电网高价买回的常规交易方式，分布式发电市场化交易具有显著优势：一方面，能够完善微电网、存量小电网、增量配电网与大电网间的交易结算、运行调度等机制；另一方面，有助于增强就近消纳新能源电力和安全运行能力。

中国政府出台了多项政策引导构建分布式发电市场化交易机制。2017 年发布的《关于开展分布式发电市场化交易试点的通知》，标志着分布式发电市场化交易试点正式启动。其中明确规定了分布式发电市场化交易机制设计细则，包括分布式发电的项目规模、市场交易模式、电力交易组织、分布式发电“过网费”标准及支持政策等。2019 年，《关于公布 2019 年第一批风电、光伏发电平价上网项目的通知》确定了 2019 年分布式发电市场化交易 10 省共 26 个试点项目名单。2021 年，国家能源局等三部委联合发布《加快农村能源转型发展助力乡村振兴的实施意见》，提出“创新发展新能源直供电、隔墙售电等新模式”。这是“隔墙售电”的文字描述首次出现在国家层面政策文件中。2022 年发布的《关于加快建设全国统一电力市场体系的指导意见》再次强调，鼓励分布式光伏、分散式风电等主体与周边用户直接交易，健全分布式发电市场化交易机制。

目前，部分分布式发电市场化交易试点项目逐步完成落地投运，“隔墙售电”的重要作用逐渐显现。2020 年 12 月，全国首个分布式发电市场化交易项目在江苏省常州市天宁区郑陆工业园竣工落地，该项目采用光伏+农作物种植的“农光互补”模式，预计年发电量 6.8 吉瓦时，所发电量就近在 110 千伏武澄变电所供电区域内直接进行市场化交易。2023 年 4 月，苏州工业园区分布式发电市场化交易试点项目成功落地，该项目预计年均发电量 12.23 吉瓦时，所产生的清洁电力直接出售给同在一个 110 千伏变电站内的 3 家用电企业，实现就近消纳。

五、行为类政策：光伏安装助推政策

光伏产业已进入全面退补阶段，助推政策将替代补贴发挥部分激励作用。相比于税费减免、上网电价补贴等常见的激励政策，助推（Nudge）政策具有成本低、易实施等优点，能够很好地弥补传统政策的不足，具有较大的应用潜力和研究价值。助推的概念最早出现于 Thaler 和 Sunstein2008 年出版的 *Nudge*：*Improving decisions about health*，*wealth*，*and happiness* 一书中，其核心思想在于不采用禁止或是明显的经济刺激方式来引导选择者远离有限理性导致的认知缺陷，最终做出最优决策。Lehner 等（2016）指出助推并非单一政策概念，而包含一系列影响个人行为的政策工具，并将其分为四大类：①简化信息并设置信息框架，如定期反馈退休储蓄账户信息可以帮助人们保持储蓄计划的正常进行；②改变物理环境，如更换成小尺寸的餐盘以减少食物的摄入量；③改变默认政策，如修改软件的默认选项；④使用社会准则，如告知顾客周围大部分人在使用节能产品。应用于户用光伏安装的助推政策主要为第①和第④类，如国家能源局发布《户用光伏建设运行百问百答》《户用光伏建设运行指南》等科普指导文件，向广大用户普及户用光伏行业知识；学校或社区的节能环保教育和媒体广告（韩冬等，2021）；开展屋顶分布式光伏、智能光伏试点示范活动，优先培育一批能够提供先进、成熟的光伏产品、服务、系统平台或整体解决方案的企业，发挥示范效应以提高大众对户用光伏技术的接受度；通过筛选网络信息，避免诸如“光伏辐射会危害人类健康”和“户用光伏只是光伏企业骗钱手段”等有害谣言的传播（Wang 等，2018）。阻止谣言传播并提供正面的信息，有助于促进户用光伏的安装。

六、户用光伏政策分析案例

第十章构建了基于社会网络的光伏技术扩散模型，以检验针对社会网络的干预措施对户用光伏技术扩散的影响。在此基础上，本章节研究了针对可获利性和针对社会网络以促进光伏扩散的两类政策干预措施，从而为政策制定提供借鉴。除了无干预的基准情景之外，本章共研究了五种不同的激励策略情景，具体参数如表 15-2 所示。

表 15-2　情景和参数值

分类	情景	干预措施	参数
无干预措施	基础情景	无	初始参数
盈利性相关政策	补贴	为安装者提供额外补贴	FIT = 0.80, 0.88, 0.90, 0.95, 1.00, 1.05（元/千瓦时）
	保险	为安装者提供免费保险	R_{cov} = 0, 20, 40, 60, 80, 100（%）

续表

分类	情景	干预措施	参数
信息相关政策	宣传活动	教育或广告	P_{att} = 0, 0.2, 0.4, 0.6, 0.8, 1 (/年)
	信息筛选	控制负面信息的比例在一定比例之下	R_{neg} = 0, 20, 40, 60, 80, 100 (%)
	沟通增强	通过加强线上交流或建立光伏组织等形式增加节点之间的沟通	Mean Degree = 3, 5, 10, 20, 50, 100

(1) 补贴：除中央政府规定的上网电价补贴外，地方政府还提供额外补贴。本章对从 0.80 元/千瓦时至 1.05 元/千瓦时的不同补贴力度的影响进行了研究，并与目前 0.88 元/千瓦时的上网电价进行比较。

(2) 保险：地方政府可以提供免费的保险，赔付户用光伏损坏造成的损失。保险赔付率从 0 到 100%不等。

(3) 宣传活动：对环境和气候问题的认识和对光伏系统知识的掌握情况与户用光伏安装量呈正相关关系。宣传力度通过改变居民态度的概率来度量，概率在 0 到 1 的范围内变化。

(4) 信息筛选：政府广泛使用信息筛选来防止有害谣言的传播，公司使用信息筛选来阻止针对商品的恶意负面反馈。信息筛选的强度可以通过社会网络上负面信息的容忍比率来衡量。

(5) 交流增强：互联网帮助人们更便利地进行沟通。人们可以通过使用论坛和社交软件（如微信或 Twitter）分享信息（Barabási，2009）。这一趋势可以通过增加社会网络平均度来体现。

该模型通过 Python 实现，NetworkX 包用于构建网络。对于每种情景，模拟 1000 次以得出足够稳定的平均安装率。对于每次模拟，均会基于前述规则和假设以及每个初始网络参数重新创建社会网络，以避免网络结构导致的偏差。

（一）盈利性相关政策效果

补贴和保险的效果分别如图 15-4 和图 15-5 所示。结果表明，提高补贴可以更快地实现更高的安装率（最高达 100%），而当损坏导致的损失可以全额赔付时，提供免费保险可以在 4 年内实现 62%的最大户用光伏安装率。

由于补贴和保险会增加政府财政支出，图 15-6 比较了这两种政策的经济效率，即新安装者获取成本（New Adopter Acquisition Cost，NAAC）。新安装者获取成本指与基础情景相比，吸引更多安装者所需要的额外支出。保险政策的新安装者获取成本低于补贴政策，这意味着保险政策的经济效率更高。为了将装机率从

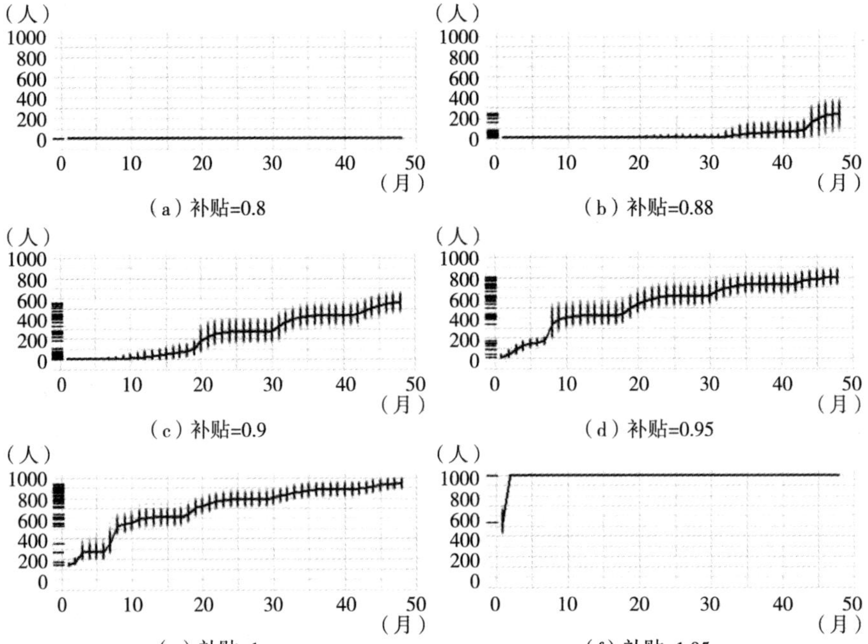

（a）补贴=0.8

（b）补贴=0.88

（c）补贴=0.9

（d）补贴=0.95

（e）补贴=1

（f）补贴=1.05

图 15-4　补贴对促进户用光伏安装的影响（单位：元/千瓦时）

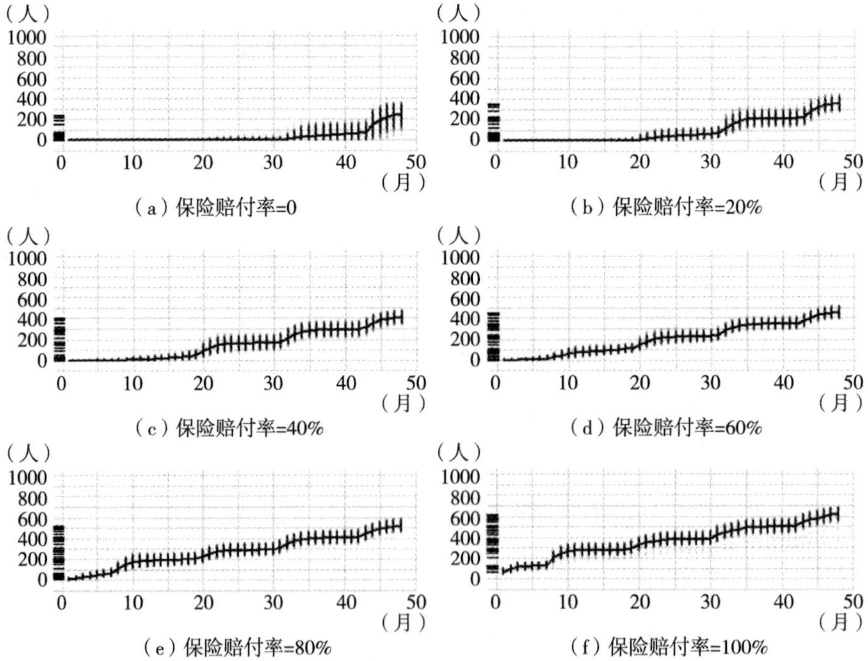

（a）保险赔付率=0

（b）保险赔付率=20%

（c）保险赔付率=40%

（d）保险赔付率=60%

（e）保险赔付率=80%

（f）保险赔付率=100%

图 15-5　光伏保险对促进户用光伏安装的影响

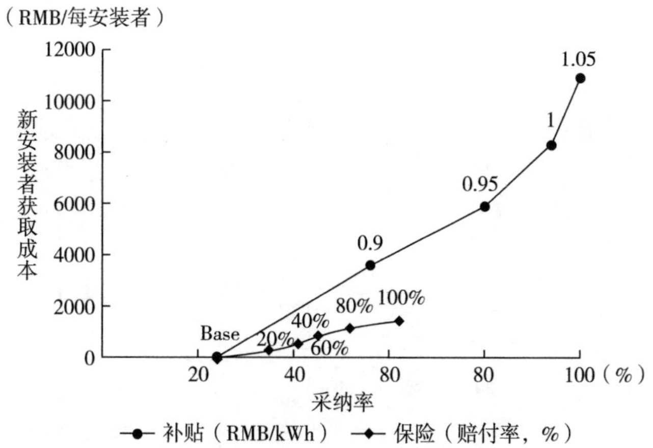

图 15-6　补贴和保险的新安装者获取成本

24%（基础情景）提高到 62%，如果从提升补贴转向提供免费全额赔付保险，政府可以将财政支出减少 64%。这是因为保险只需要支付给那些户用光伏发生损坏的人。加强对光伏质量和安装施工的监督，可以降低损坏导致的损失，政府的保险费用支出可以进一步降低。

（二）信息相关政策效果

除经济激励外，信息相关的政策干预措施对于推动户用光伏的安装也很有效。本章节比较了三种类型的信息类干预措施：针对居民个人偏好的宣传活动，针对谣言以及在社会网络上传播的恶意负面信息的筛选，以及社会网络本身的加强。

图 15-7 显示了宣传活动的影响。从中可以看出，宣传活动是潜在安装者初次了解户用光伏的方式。如果没有宣传活动，安装率将保持为 0。通过加强宣传，$P_{att}=0.4$ 的结果相当于 0.90 元/千瓦时的补贴。最有说服力的宣传（即 $P_{att}=1$）可以实现 100%的安装率，即 1.05 元/千瓦时的补贴。

在本模型中，初始户用光伏市场假设处于早期阶段，此时没有安装者或持有正面态度者。宣传活动需要很长时间才能生效，特别是在宣传力度（P_{att}）较低时。尽管在城市地区市场情况会好一些，但这一假设可以很好地反映农村地区的市场状况。因此，为了提升居民光伏安装速度，需要在宣传活动和其他干预措施方面投入更多的资金。

图 15-8 显示了信息筛选的效果。如图所示，只要干预力度足够大，信息筛选可以显著促进户用光伏的安装。根据模拟结果，可容忍负面信息比例大于 40%时措施无效（$R_{neg}\leq 0.6$）。容忍负面信息的比例为 20%时（$R_{neg}=0.8$）相当于约

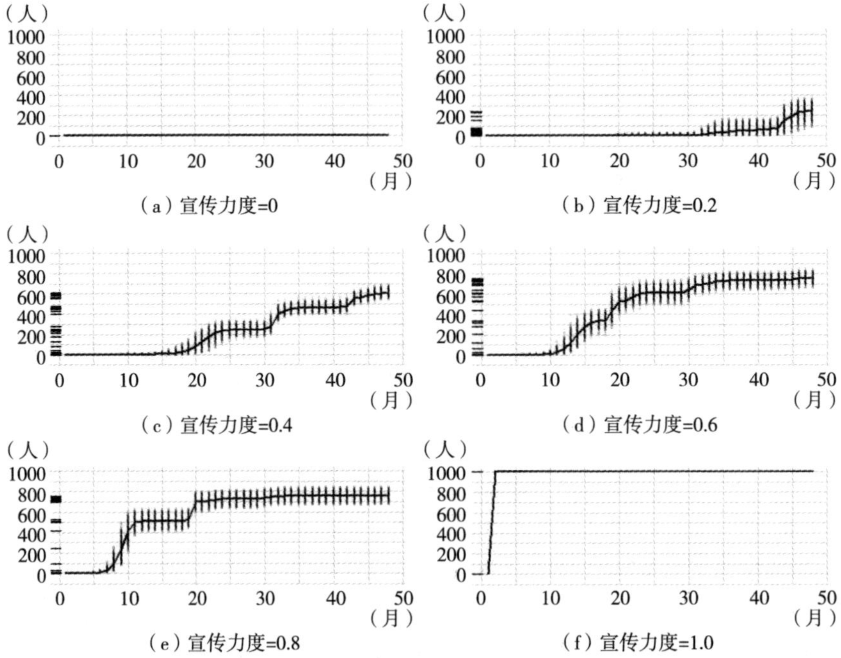

（a）宣传力度=0　（b）宣传力度=0.2

（c）宣传力度=0.4　（d）宣传力度=0.6

（e）宣传力度=0.8　（f）宣传力度=1.0

图 15-7　宣传活动对促进户用光伏安装的影响

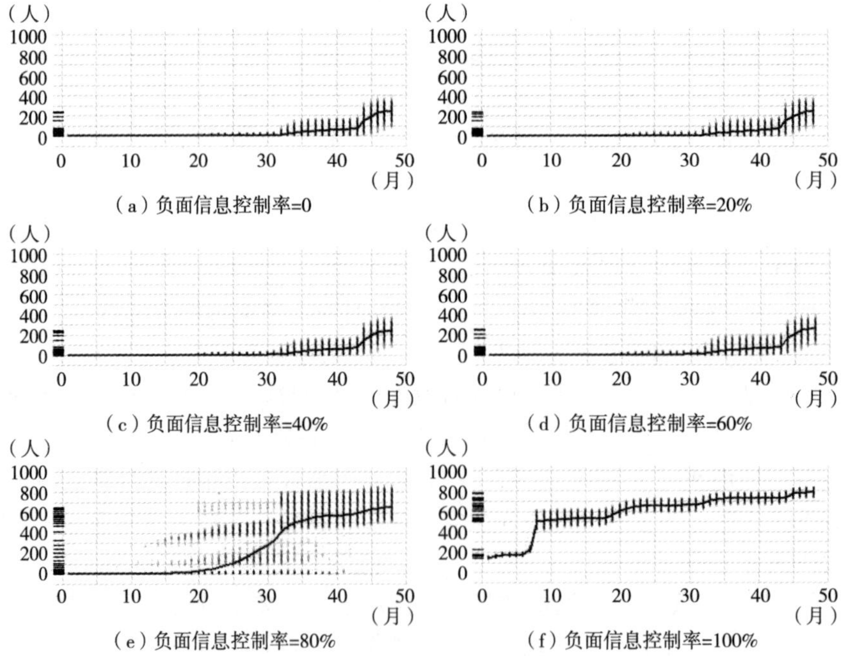

（a）负面信息控制率=0　（b）负面信息控制率=20%

（c）负面信息控制率=40%　（d）负面信息控制率=60%

（e）负面信息控制率=80%　（f）负面信息控制率=100%

图 15-8　信息筛选对促进户用光伏安装的影响

0.90 元/千瓦时的补贴效果，全面信息筛选（不允许负面信息存在，$R_{neg}=1$）相当于 0.95 元/千瓦时的补贴效果。

沟通增强对户用光伏扩散的影响如图 15-9 所示。根据模拟结果，增强社会网络平均度会降低户用光伏的安装率，这意味着沟通增强会成为户用光伏扩散的新障碍。原因是风险厌恶的居民将更关注负面信息。这种现象通常被称为“好事不出门，坏事传千里”。

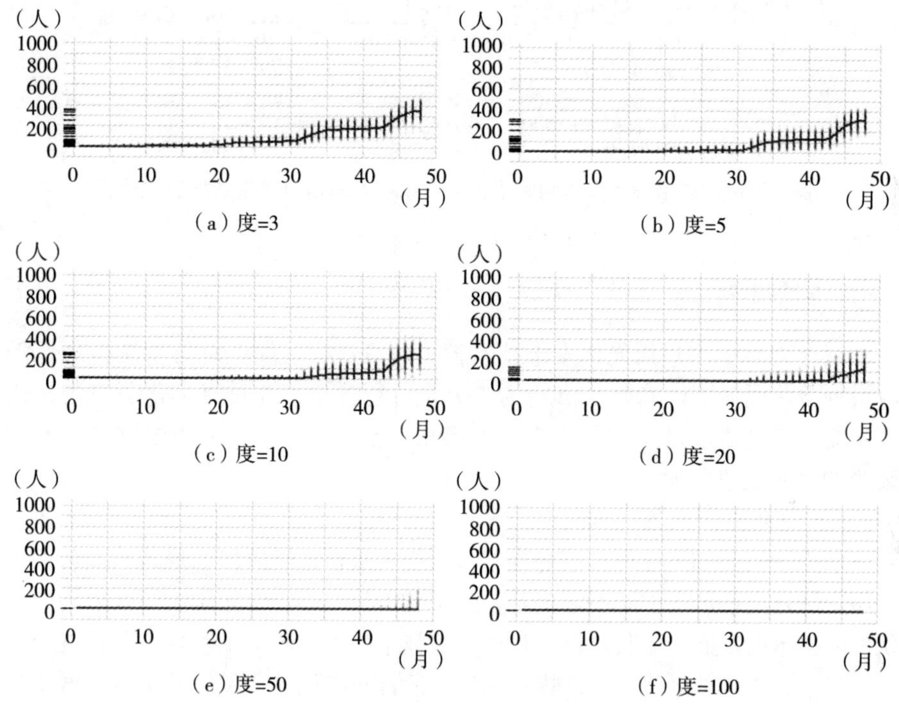

图 15-9 沟通增强对促进户用光伏安装的影响

沟通增强的影响通过敏感性分析进行了测试，如图 15-10 所示。可以得出结论，随着户用光伏市场日趋成熟（表现为在没有额外激励措施时，越来越多的居民也自愿安装户用光伏，并对光伏系统持有正面态度），沟通增强的阻碍效应渐渐消失。结果表明，只有在户用光伏扩散的早期阶段，户主频繁和大范围的沟通才是户用光伏扩散的障碍。

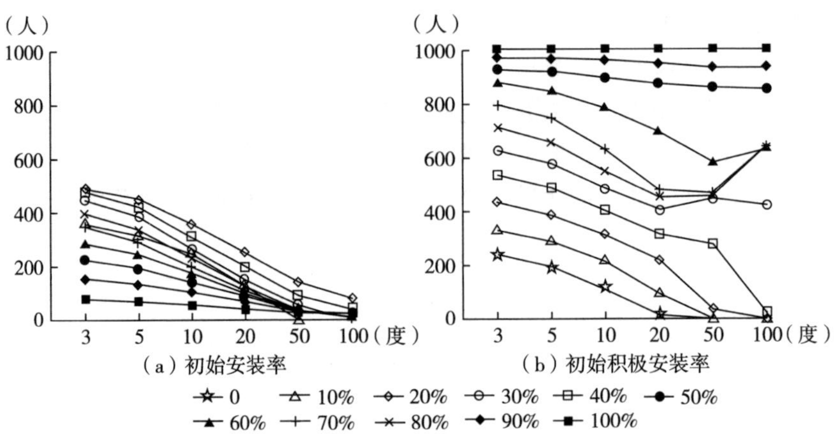

图 15-10　初始安装率和初始积极态度率对沟通增强效果的敏感性分析

七、本章小结

本章首先对中国户用光伏发电技术相关政策进行全面汇总与系统梳理，随后将政策划分为财政类、市场类和行为类分别进行分析，并重点量化了户用光伏发电技术需求端的激励政策效果，进而提出相应政策建议，以期为中国户用光伏产业政策的完善提供借鉴。总结如下：

（一）户用光伏政策梳理

户用光伏政策的发展可以划分为起步阶段、缓慢成长阶段和快速发展阶段，随着户用光伏发电技术水平的不断提升，政策支持重点逐步由光伏整体发展转向不同光伏发电技术的发展，尤其是针对户用光伏技术的支持政策不断增多并扩展至全国各省。目前，中国逐渐建立起从中央到地方的针对户用光伏发展的政策支撑体系。

户用光伏财政类政策主要包括补贴政策、金融支持和户用光伏扶贫政策。政府补贴是中国户用光伏发展的重要政策支撑，中央政府及地方政府均出台了多项补贴政策鼓励户用光伏发展。同时，金融机构通过发挥杠杆作用，能够引导更多社会资金投入户用光伏产业，因此在政府提供补贴的同时，金融支持也成为户用光伏产业发展的重要支撑。户用光伏扶贫则是整合技术发展与提高社会福利两类发展目标后提出的创新政策方案，也成为中国产业扶贫的精品工程和十大精准扶贫工程之一。典型的户用光伏市场类政策有分布式发电市场化交易，其允许分布式能源项目通过配电网将电力直接销售给周边的能源消费者的市场交易方式，通过电力就近交易，提高可再生能源电力的消纳能力，增强新能源电力系统的安全运行能力。典型的户用光伏行为类政策为光伏安装助推政策，助推政策具有成本低，易实施等优点，能够很好地弥补传统政策的不足，具有较大的应用潜力和研究价值。

（二）光伏政策分析

本章构建了社会网络模型模拟了盈利性政策和信息相关政策对户用光伏推广效果的影响。盈利性政策中，提高补贴可以比保险更快地实现更高的户用光伏安装率（最高达 100%），但从经济效率的角度分析，保险政策下的新安装者获取成本更低，政府的财政负担更小。信息相关政策中，针对居民个人偏好的宣传活动和针对谣言以及在社会网络上故意传播的负面信息的筛选分别最多可以替代 1.05 元/千瓦时和 0.95 元/千瓦时的补贴发挥推广作用，而社会网络连接的加强则会成为户用光伏扩散新的障碍。

本章参考文献：

[1] Barabási A L. Scale-free networks: a decade and beyond [J]. Science, 2009, 325 (5939): 412-413.

[2] Hua Y, Oliphant M, Hu E J. Development of renewable energy in Australia and China: A comparison of policies and status [J]. Renewable Energy, 2016, 85: 1044-1051.

[3] Lehner M, Mont O, Heiskanen E. Nudging—A promising tool for sustainable consumption behaviour? [J]. Journal of Cleaner Production, 2016, 134: 166-177.

[4] Thaler R H, Sunstein C R. Nudge: Improving decisions about health, wealth, and happiness [M]. Yale University Press, 2008.

[5] Wang C, Zhao Y, Strezov V, et al. Spatial correlation analysis of comprehensive efficiency of the photovoltaic poverty alleviation policy-Evidence from 110 counties in China [J]. Energy, 2023, 282: 128941.

[6] Wang G, Zhang Q, Li Y, et al. Policy simulation for promoting residential PV considering anecdotal information exchanges based on social network modelling [J]. Applied Energy, 2018, 223: 1-10.

[7] 韩冬，李孟瞳，严正．用户侧分布式光伏技术扩散能力评估方法 [J]. 中国电机工程学报，2021，41（3）：985-994.

[8] 李鹏，袁智勇，于力，等．考虑居民舒适度的户用光伏集群优化定价模型 [J]. 太阳能学报，2021，42（11）：59-66.

[9] 李耀华，孔力．发展太阳能和风能发电技术加速推进中国能源转型 [J]. 中国科学院院刊，2019，34（4）：426-433.

[10] 刘雪飞，张奇，李彦，等．普惠金融支持光伏发电发展的空间效应研究 [J]. 中国管理科学，2021，29（8）：24-34.

第十六章　地热供暖技术政策分析

一、本章简介

地热能是中国能源供应体系的重要分支，也是碳中和技术的重要组成部分，对中国实现碳中和具有重要意义。地热利用主要分为两个方面：直接利用地热进行供暖和建设分布型地热电站发电（Anderson，2019）。从国家层面来看，地热能目前发展的主要方向是地热能供暖。由于地热属于资本密集型产业，在发展初期需要投入大量的资金，仅靠市场的调节机制无法得到有效的发展，因此地热产业的长期发展离不开政策的推动。与享受国家优惠政策补贴而高速发展的风电和光伏相比，中国对地热产业的关注时间较晚。为推进中国地热产业的发展，从中央到地方各级政府都相继颁布、修改了一系列与地热能产业相关的规划、法规和技术规范（见图 16-1），并制定了一系列激励政策，如予以一定比例的直接补贴，

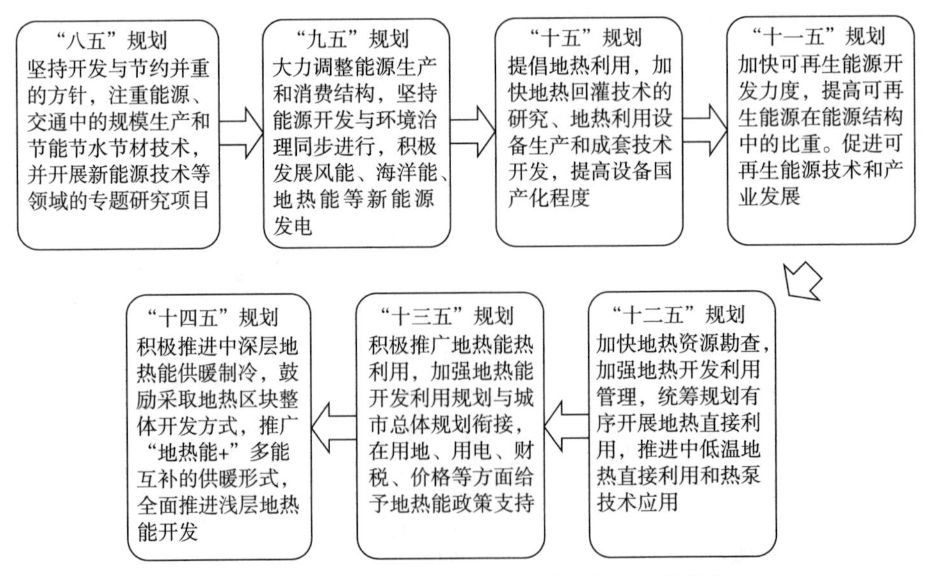

图 16-1　中国国民经济规划——地热产业政策演变

采取税收优惠等财税政策，提供大量研发资金，以此提高地热开发积极性。对中国地热产业扶持政策进行梳理与分析，提出能有效推动中国地热资源快速稳定发展的激励政策和可行建议，对中国地热产业政策法规体系的完善以及地热产业的良性快速发展有着重要意义。

二、地热的政策梳理

图 16-2 梳理了中国主要地热政策，根据产业规模和政策导向的不同，地热政策可以划分为起步、成长和加速发展三个发展阶段，下面将对这三个阶段分别进行介绍。

（一）起步阶段（2003 年以前）

改革开放以来，政府意识到地热资源的巨大潜力，开始鼓励地热的开发利用。《地热能开发利用“十三五”规划》提到，中国从 20 世纪 70 年代开始地热普查、勘探和利用。90 年代以来，北京、天津、保定、咸阳、沈阳等城市开展中低温地热资源供暖、旅游疗养、种植养殖等直接利用工作。在 2000 年之前，中国主要依据《矿产资源法》管理地热资源，中央地质矿产主管部门对全国地热资源及其勘查、开发利用、环境保护行使统一监督管理的职能。进入 21 世纪，热泵供暖（制冷）等浅层地热能开发利用逐步加快发展。2001 年，“十五”规划（2001—2005 年）从国家层面提倡地热利用，加快地热回灌技术的研究。2002 年发布的《关于进一步加强地热、矿泉水资源管理的通知》强调地热资源是宝贵的矿产资源，需要加大地热资源的勘察评价力度，加强地热资源的开发和保护，开展地热开发示范项目。这一时期，地热能的开发利用初步得到能源界的重视，出现分区勘探和管理，对各区域地热能的普查研究工作也相继展开。

（二）成长阶段（2004~2016 年）

2004 年起，中国开始实施更加积极的地热资源开发政策，地热能的开发利用出现规模化、专业化的特点，产能逐步释放，中国迅速成长为全球地热能直接利用量最大的国家。2005 年颁布的《中华人民共和国可再生能源法》将地热能的开发利用纳入可再生能源所鼓励发展的范围。2006 年，《国家中长期科学和技术发展规划纲要（2006—2020 年）》将地热能开发利用技术列为可再生能源领域的重点研究开发利用技术。同年发布的《国土资源“十一五”规划纲要》提出“十一五”期间要加大能源矿产勘查力度，开展地热、干热岩资源潜力评价，圈定远景开发区。“十二五”规划进一步将开发地热能放入重点任务，重点推进中低温地热直接利用和热泵技术应用。期间政府还发布了针对地热能的专项政策，如 2008 年发布的《关于大力推进浅层地热能开发利用的通知》以及 2013 年

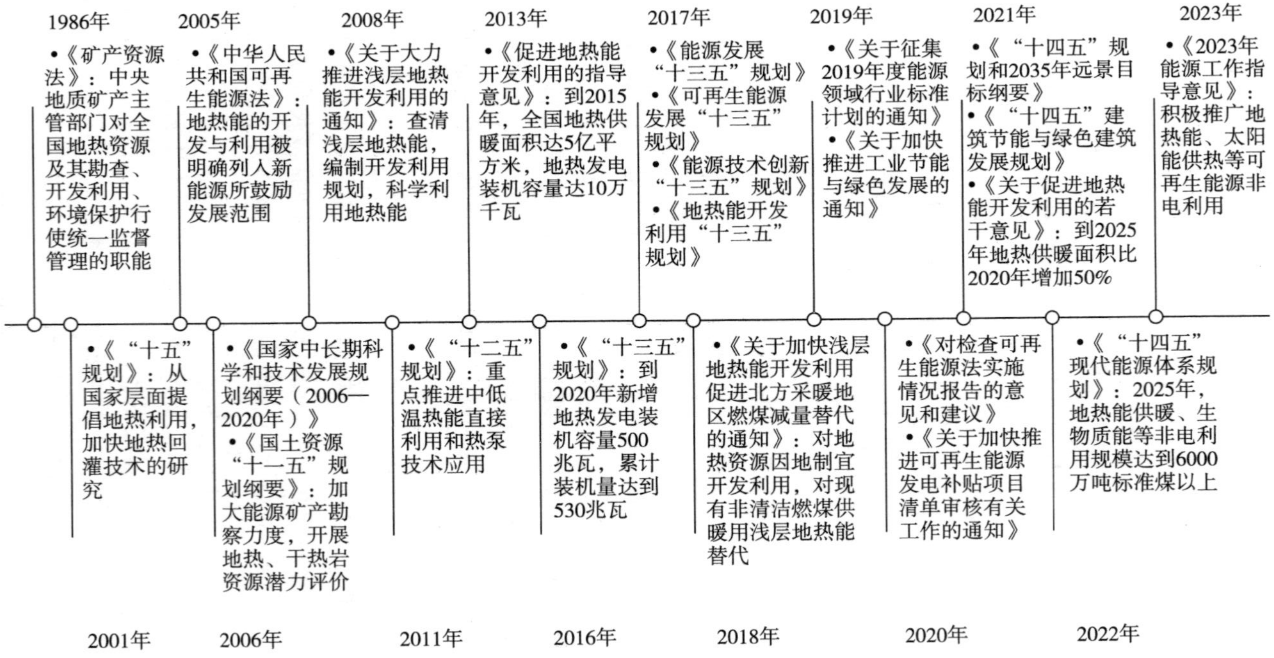

1986年
- 《矿产资源法》：中央地质矿产主管部门对全国地热资源及其勘查、开发利用、环境保护行使统一监督管理的职能

2001年
- 《“十五”规划》：从国家层面提倡地热利用，加快地热回灌技术的研究

2005年
- 《中华人民共和国可再生能源法》：地热能的开发与利用被明确列入新能源所鼓励发展范围

2006年
- 《国家中长期科学和技术发展规划纲要（2006—2020年）》
- 《国土资源“十一五”规划纲要》：加大能源矿产勘察力度，开展地热、干热岩资源潜力评价

2008年
- 《关于大力推进浅层地热能开发利用的通知》：查清浅层地热能，编制开发利用规划，科学利用地热能

2011年
- 《“十二五”规划》：重点推进中低温热能直接利用和热泵技术应用

2013年
- 《促进地热能开发利用的指导意见》：到2015年，全国地热供暖面积达5亿平方米，地热发电装机容量达10万千瓦

2016年
- 《“十三五”规划》：到2020年新增地热发电装机容量500兆瓦，累计装机量达到530兆瓦

2017年
- 《能源发展“十三五”规划》
- 《可再生能源发展“十三五”规划》
- 《能源技术创新“十三五”规划》
- 《地热能开发利用“十三五”规划》

2018年
- 《关于加快浅层地热能开发利用促进北方采暖地区燃煤减量替代的通知》：对地热资源因地制宜开发利用，对现有非清洁燃煤供暖用浅层地热能替代

2019年
- 《关于征集2019年度能源领域行业标准计划的通知》
- 《关于加快推进工业节能与绿色发展的通知》

2020年
- 《对检查可再生能源法实施情况报告的意见和建议》
- 《关于加快推进可再生能源发电补贴项目清单审核有关工作的通知》

2021年
- 《“十四五”规划和2035年远景目标纲要》
- 《“十四五”建筑节能与绿色建筑发展规划》
- 《关于促进地热能开发利用的若干意见》：到2025年地热供暖面积比2020年增加50%

2022年
- 《“十四五”现代能源体系规划》：2025年，地热能供暖、生物质能等非电利用规模达到6000万吨标准煤以上

2023年
- 《2023年能源工作指导意见》：积极推广地热能、太阳能供热等可再生能源非电利用

图 16-2　中国主要地热政策时间表

发布的《促进地热能开发利用的指导意见》，对地热能资源的开发利用进行了具体部署，并制定了到2020年的发展目标。2016年发布的“十三五”规划，提出积极推动包括地热能供暖在内的新能源综合利用，鼓励研发浅层地热能利用装置。在政策的推动下，地热能产业发展驶入快车道，出现了一系列质的变化：开发利用范围实现了不同层次的拓展，设备逐步完成由小型向大中型、由粗糙型向专业型的过渡，技术研发成果市场化、产业化的步伐不断加快。

（三）加速发展阶段（2017年至今）

在这一阶段，地热能行业发展进入了国家战略层面，行业规划、行政监管、技术研发、人才培养开始走向正轨，产业规模快速提升。2017年，“大气十条”收官之年的终期考核将全国“煤改气”工程推向高潮。为了尽快达到空气治理效果，部分地区采取“一刀切”的做法，在农村、城镇推行“煤改气”、“煤改电”工程。但是由于工期太赶的原因，冬季国内大力推进“煤改气”主导的清洁取暖工程，全国大面积出现了天然气供应不足现象，这为可再生能源供热提供发展的空间。为了从根本上解决天然气供应短缺的问题，国家能源局发布《能源发展“十三五”规划》、《可再生能源发展“十三五”规划》和《能源技术创新“十三五”规划》应对能源短缺问题，并发布了首个针对地热能开发利用的总体规划——《地热能开发利用“十三五”规划》，明确规定到2020年，地热供暖（制冷）面积累计达到16亿平方米。2018年，《关于加快浅层地热能开发利用促进北方采暖地区燃煤减量替代的通知》中提到，因地制宜加快推进浅层地热能开发利用，推进北方采暖地区居民供热等领域燃煤减量替代，提高区域供热能源利用效率和清洁化水平。“十四五”时期，根据《“十四五”规划和2035年远景目标纲要》、《“十四五”建筑节能与绿色建筑发展规划》以及《关于促进地热能开发利用的若干意见》，国务院提出因地制宜开发利用地热能，建设一批多能互补的清洁能源基地；到2025年，地热能建筑应用面积1亿平方米以上。中国国家能源局发布的《“十四五”现代能源体系规划》和《“十四五”能源领域科技创新规划》，也将地热开发与利用技术列为未来5~10年重点攻关方向与目标。2023年2月，国家能源局批准《水热型地热尾水回灌技术规程》和《地热供热系统运行与维护规范》等168项能源行业标准。同年4月，国家能源局发布《2023年能源工作指导意见》，指出要加快培育能源新模式新业态。稳步推进有条件的工业园区、城市小区、大型公共服务区，建设以可再生能源为主的综合能源站和终端储能。积极推广地热能、太阳能供热等可再生能源非电利用。

当前，中国能源结构转型加速，特别是在“双碳”目标背景下，地热相关政策法规及行业地方标准的陆续出台，推动地热产业高质量发展，为中国地热能行业的发展带来了历史性机遇。

三、规制类政策

为了从制度上推进地热资源的开发利用，政府一般会通过颁布专门的法律法规、设立相关部门等措施对地热产业进行规范和指导。中国颁布了《中华人民共和国矿产资源法》《中华人民共和国水法》《中华人民共和国可再生能源法》等政策法律，基本建立地热能资源管理制度，包括勘查许可、采矿许可、打井审批、钻井施工监理、矿业权公开出让、从业单位备案、矿产资源补偿费征收管理、矿业权价款管理、资源保护和科技项目管理等多项制度，较好地维护了地热能勘查开发利用秩序（《中国地热能发展报告 2018》，2018）。

由于地热受到三部法律的共同调控，很多地方的地热管理出现混乱。目前中国地热管理涉及的部门包括国土资源部、税务局、地质矿产部、水利部、安全生产监督管理局、环境保护部等（见图 16-3）。这种多头管理的方式容易产生越位、缺位的管理现象，加重地热企业的法务成本与经济压力。因此，中国亟须建立起一套统一的地热开发利用管理体系，避免因为地热勘查开发审批过程中存在不必要的程序而阻碍地热企业的创新和技术进步。《关于促进地热能开发利用的若干意见》中也提到：到 2025 年，各地基本建立起完善规范的地热能开发利用管理流程，全国地热能开发利用信息统计和监测体系基本完善。

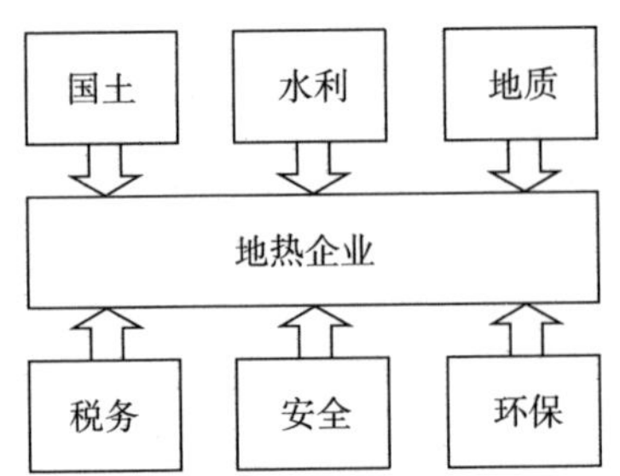

图 16-3 中国地热企业管理所涉及部门

四、财政类政策

（一）地热供暖补贴

地热供暖指利用地热资源，使用换热系统提取地热资源中的热量向用户供暖，可作为集中式或分散式供暖热源。按照埋存深度和温度等级，地热供暖可分为浅层地热资源、水热型地热资源和干热岩型地热资源（Luo 等，2023）。用户侧对地热资源采纳的补贴主要集中在地热清洁能源供暖补贴上。

自2017年以来，在中央财政支持北方地区冬季清洁取暖试点政策下，先后共四批、63个城市开展了清洁取暖试点示范工作。根据最新的《2022年北方地区冬季清洁取暖拟支持项目名单公示》，呼和浩特、沈阳、青岛等25个城市入选，试点项目城市增至88个。示范期内的试点城市都颁布了相关的清洁取暖补贴政策，例如：宁夏回族自治区按照技术等级分类确定补助标准，“太阳能光热+空气源热泵+水源热泵”技术为三星级技术，按照140~150元/平方米给予补助；山西朔州热电联产集中供暖，中央财政资金按照700元/户标准给予供暖设备及安装补贴；陕西渭南要求对实施“地热能”等可再生清洁能源的城中村和农村地区居民用户给予初装费补助2000元。这些政策对于中国北方农村地区清洁取暖率的提升以及地热供暖在农村的应用有着显著的推进作用。清洁供热产业委员会发布的《中国清洁供热产业发展报告2022》显示，截至2021年底，中国北方地区供热总面积225亿平方米，清洁供热面积158亿平方米，清洁供热率超70%。但同时也有业内人士指出，农村取暖推进难度加大、改造成本高导致接受程度低等问题频现。因此未来仍需要科学合理地选择取暖技术改造路线，充分结合乡村居住范围、建筑特点、地质条件、气象因素等开展相关研究，在不同地区因地制宜选择不同地热源供暖制冷，技术跟进到位，总结实践经验，从而降本增效，制定更加契合的经济补贴政策，促进地热产业高质量发展。

（二）地热项目建设补贴

地热是一个初期投入大、回报周期长的产业，因此前期的发展离不开政府财政上的补贴。很多地热资源国都制定了一系列经济激励方案，如美国先后通过了多项法案，对地热等可再生能源实施税收优惠计划，以多种方式推动退税货币化，为技术研发、资源评价、工农业应用等地热项目提供一定比例（最高90%）的贷款担保。印度尼西亚政府颁布的《地热法》规定，免征地热项目的净利润所得税（30%）和外资缴纳股息所得税（10%）。冰岛设立的能源基金为参与地热资源勘查和开采的企业提供贷款，如果开采未能产生预期结果，贷款可转换为拨款。日本实行债务担保制度，地热企业为钻井、配管、发电设备费用向金融机构融资时，由日本国家石油天然气和金属公司（Japan Oil，Gas and Metals National Corp.，JOGMEC）负责给予债务担保。设立了补助金制度，对企业在国内进行地热资源调查的调查费提供补助。对进行地热资源开发的公司，以最大出资50%的形式为其地热资源探查提供必要资金。此外，日本政府通过开发投资援助计划，对地热发电站的初期投资给予20%的费用补助，并计划将补助提高至33%。

然而，中国尚未建立完善的地热补贴政策体系。根据2021年开始实施的《资源税法》，地热仍被划定为能源矿产，其征税对象为原矿，税率规定为1%~20%或者1~30元/立方米。补贴政策的缺失使得不少有实力的企业对地热项目持观望态度，较高的征税金额更是让行业内的企业面临较大的成本压力，产业整体难以跟进发展。因此中国对地热行业的补贴政策仍需完善，同时对于地热征税的范围界定也需再做考虑，以促进地热相关企业对地热项目的投资。

五、市场类政策：产权拍卖机制

在没有市场的领域中，产权拍卖建立了一种市场机制，以推动资源的最大化利用和社会资源的最优配置。本质上，产权拍卖是一种基于市场原则的政策工具，旨在以最小的成本促进地热资源的开发（Mezher 等，2012），通过纠正市场和政策失灵，提高资源配置效率。

产权拍卖政策的核心目标是实现地热矿业权的有序转让，要求企业或个人支付一定的费用，以获取地热开采的采矿权和矿业权。这有助于政府更好地了解本地矿业情况，履行监督职能，避免国有资产的大规模流失和不法采矿活动，减少地热资源的浪费，降低不可逆转的环境损害。政府通过招标、拍卖和挂牌等方式委托地热资源的投资主体，以最小的成本来开发地热资源。2003 年，国土资源部发布了《探矿权采矿权招标拍卖挂牌管理办法（试行）》，规范了探矿权和采矿权的招标拍卖挂牌活动，充分发挥市场在地热资源开发中的关键作用。2023 年，自然资源部审议通过了《矿业权出让交易规则》，进一步规范了地热开采探矿权和采矿权的交易，为最新的产权拍卖规则。

目前，中国的地热产权拍卖政策在有效性方面存在一定的问题。其中一个重要原因是地热技术尚不成熟，企业投标价格过低，导致合同无法履行，从而影响了产权拍卖的效果（蔡美峰等，2021）。因此，为了进一步提升产权拍卖政策的有效性，需要政府完善产权拍卖机制，确保企业按其产能进行投标，监管机构监督合同履行流程，通过各市场主体协调配合，共同促进产权拍卖健康发展。

六、地热供暖政策分析案例

第十一章提出了一种基于实物期权理论的多因素期权模型以研究中国地热供暖投资决策。在此基础上，本章模拟分析了补贴、税收优惠和电价优惠这三类政策对水热型地热资源供暖项目投资决策的影响。

（一）补贴政策

图 16-4 和图 16-5 分别展示了补贴政策对最优投资时机和投资价值的影响，其中Ⅰ~Ⅸ表示不同地温梯度和渗透率的地形情景，具体参数见第十一章。由图 16-4 可知，当补贴为 65 元/平方米时，情景Ⅲ、Ⅴ、Ⅵ、Ⅷ和Ⅸ的最优投资时机都可提前至 2020 年甚至更早；而其他情景则要求更高的补贴才能吸引更早投资，尤其是情景Ⅰ中补贴增加至 85 元/平方米时，最优投资时机才有所提前。由

图 16-5 可知，补贴水平的上升会逐渐增加项目投资价值。

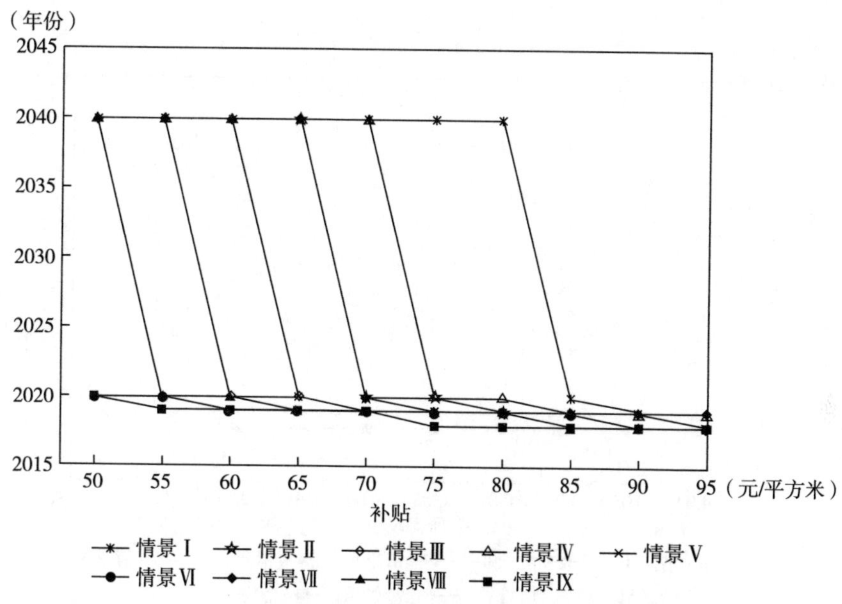

图 16-4　补贴对水热型地热资源投资时机的影响

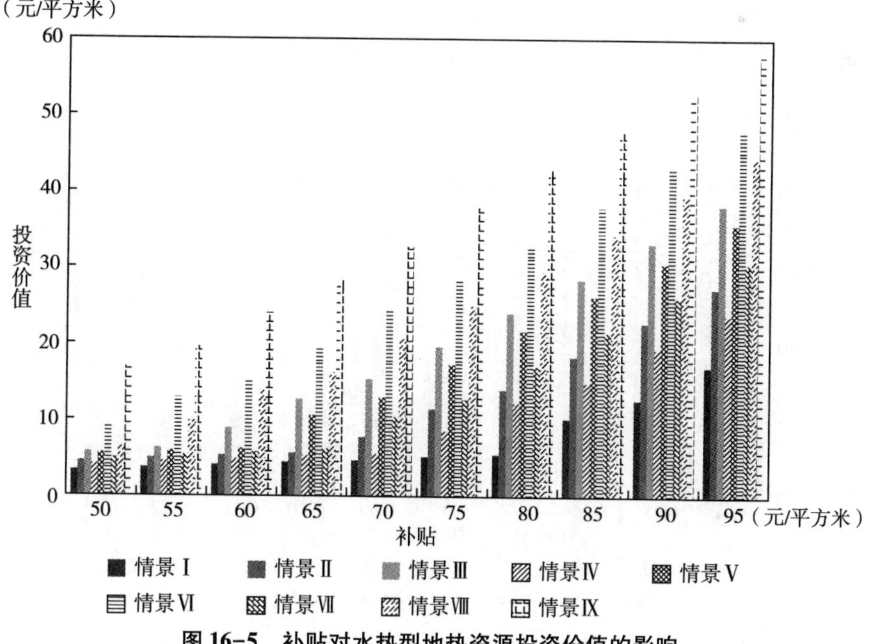

图 16-5　补贴对水热型地热资源投资价值的影响

（二）税收优惠政策

图 16-6 和图 16-7 分别为税收优惠政策对水热型地热资源供暖项目最优投资

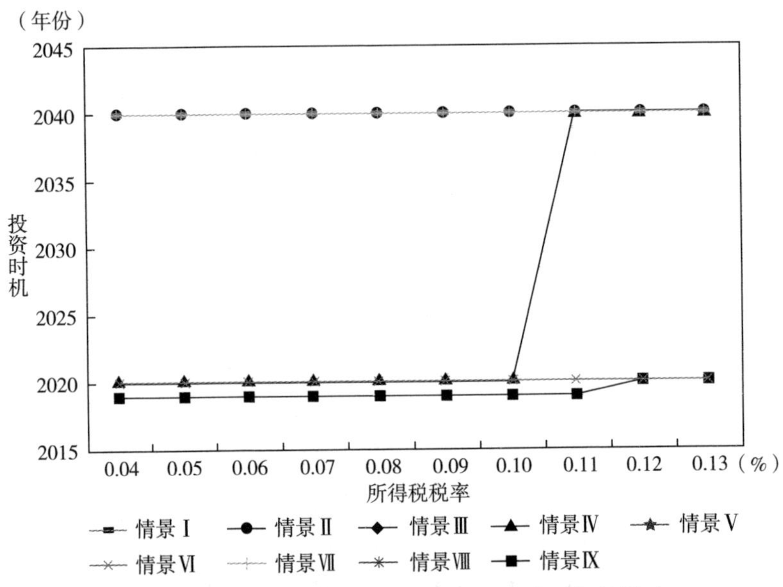

图 16-6　税收优惠对水热型地热资源投资时机的影响

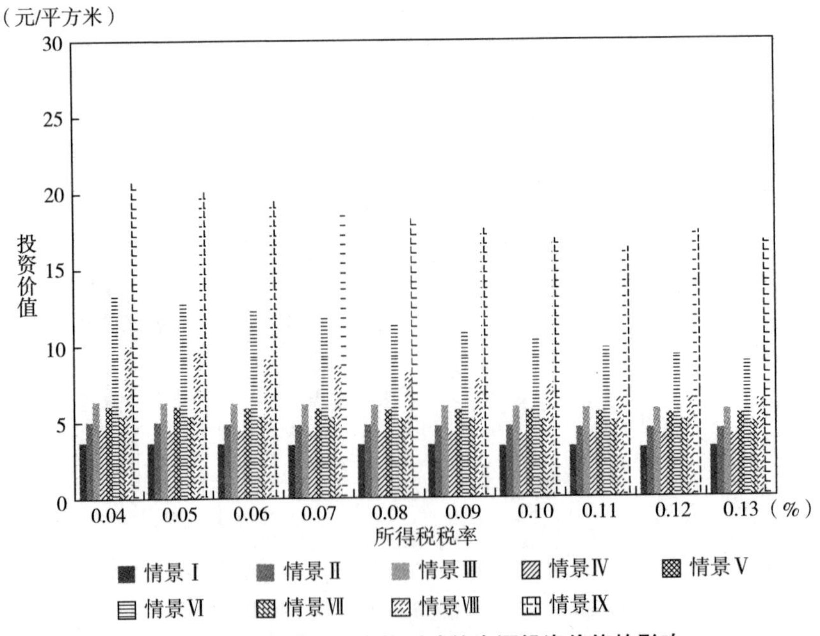

图 16-7　税收优惠对水热型地热资源投资价值的影响

时机和投资价值的影响。可以发现税收优惠政策对最优投资时机和投资价值的影响十分有限。除了情景Ⅷ，税收优惠政策对其他情景中水热型地热资源供暖项目的最优投资时机基本毫无影响。同时，税收优惠对项目投资价值的影响也十分微小。

（三）电价优惠

图 16-8 和图 16-9 模拟分析了电价优惠政策对水热型地热资源供暖项目最优投资时机和投资价值的影响。结果显示，当电价从 0.8 元/千瓦时下降至 0.65 元/千瓦时时，情景Ⅲ、Ⅴ、Ⅵ、Ⅷ和Ⅸ的最优投资时机都可提前至 2020 年甚至更早；而情景Ⅰ则需要电价下降至 0.5 元/千瓦时时，其投资时机才提前至 2020 年。

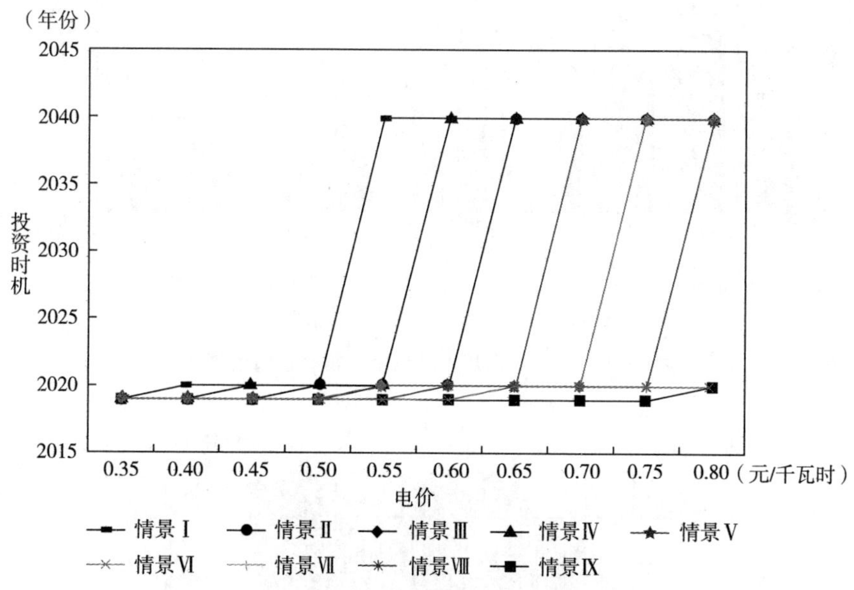

图 16-8　电价对水热型地热资源投资时机的影响

（四）补贴和电价优惠组合政策

根据以上模拟结果可知，补贴和电价优惠对水热型地热资源供暖项目的激励效果最佳。为此，本节接下来分析这两种政策的组合效果，以探求它们之间可能存在的协同效应。以情景Ⅴ为例（地温梯度 3℃/100 米；渗透率 0.84d；注入速率 70 千克/秒；生产速率 70 千克/秒；井深 1350 米），图 16-10 为这两种政策的组合对该情景中水热型地热资源供暖最优投资时机的影响。当补贴为 55 元/平方米，电价为 0.7 元/千瓦时，或当补贴为 60 元/平方米，电价为 0.75 元/千瓦时，情景Ⅴ的最优投资时机都可提前至2020年，相当于单个补贴政策下补贴水平为65元/平方米或单个电价优惠政策下电价水平为0.65元/千瓦时的激励效果。另外，补贴与电价优惠这两种政策之间存在明显的替代关系。

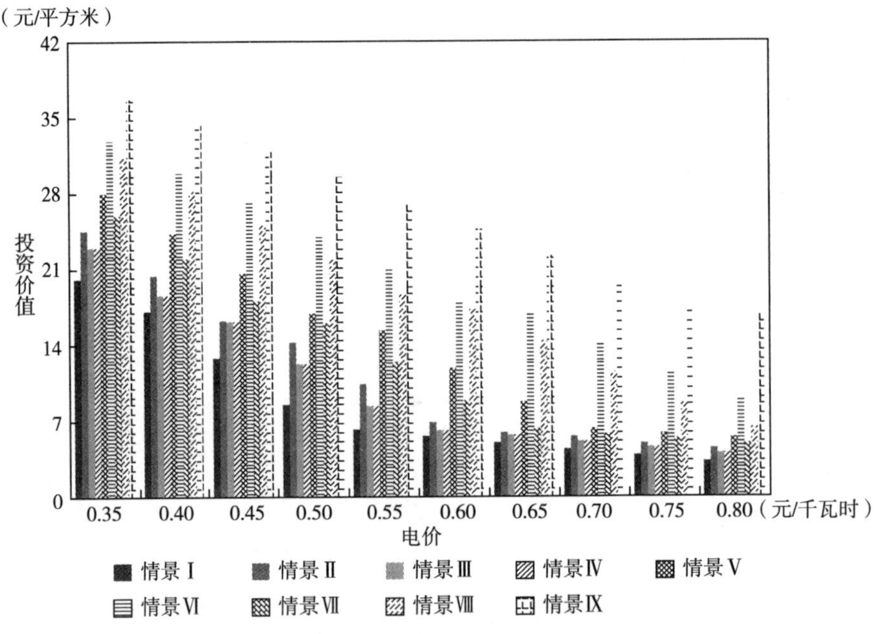

图16-9　电价对水热型地热资源投资价值的影响

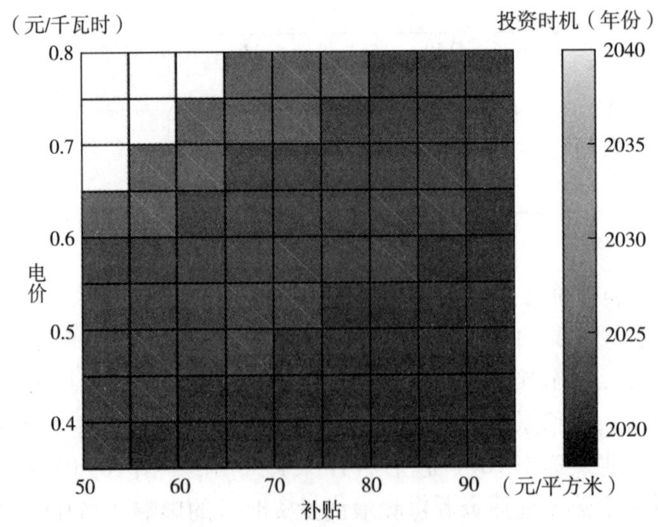

图16-10　补贴和电价对水热型地热资源投资时机的影响（情景Ⅴ）

此外，本节还模拟分析了补贴退出机制对水热型地热资源供暖项目投资决策的影响，结果如图 16-11 所示。补贴退出机制也影响水热型地热资源供暖项目的最优投资时机。具体表现为：情景Ⅰ中，补贴一次性退出机制对最优投资时机的影响优于补贴不退出机制，再优于逐步退出机制；情景Ⅳ中，补贴不退出对最优投资时机的影响优于一次退出机制，再优于逐步退出机制；情景Ⅸ中，补贴一次性退出机制对最优投资时机的影响等于补贴不退出机制，优于逐步退出机制；而在其他情景中，补贴逐步退出机制对投资时机的影响优于补贴一次性退出机制，再优于补贴不退出机制。

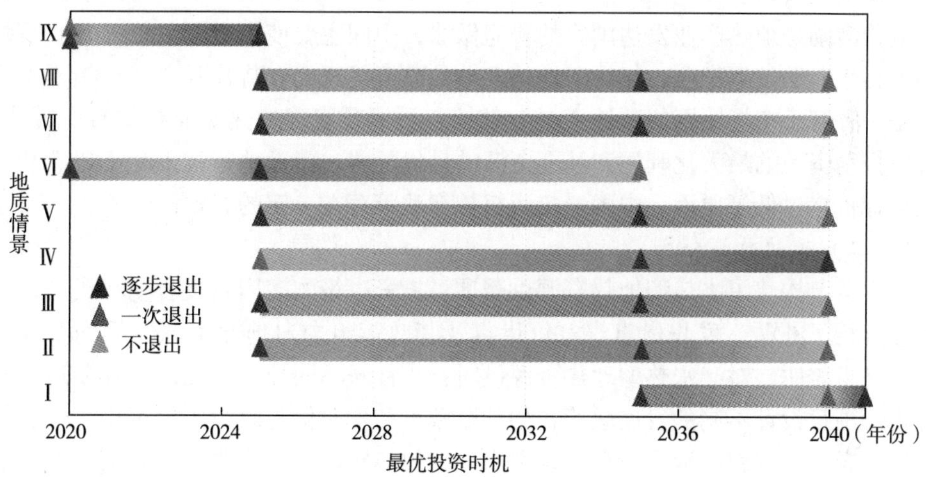

图 16-11 补贴退出机制对水热型地热资源投资时机的影响

七、本章小结

本章首先对中国地热产业政策进行全面汇总与系统梳理，随后将政策划分为财政类和市场类分别进行分析，并重点针对地热发电的财政类政策量化其政策效果，进而提出相应政策建议，以期为中国地热产业政策的完善提供借鉴。总结如下：

（一）地热政策梳理

地热政策的发展可以划分为起步阶段、成长阶段和加速发展阶段，政策体系正逐步得到完善。目前地热能行业发展已进入了国家战略层面，中国地热能开发在浅层地热利用方面也取得显著成绩，未来还需要更多政策引导地热在利用方式和商业模式等方面创新，提高企业经济效益。

地热财政类政策主要包括行业管制、供暖补贴和项目建设补贴。中国已基本建立地热能资源管理制度，包括勘查许可、采矿许可、打井审批、钻井施工监理、矿业权公开出让、从业单位备案、矿产资源补偿费征收管理、矿业权价款管理、资源保护和科技项目管理等，但因涉及部门较多，管制流程复杂，仍存在管理混乱的现象。地热供暖补贴主要用于提高地热资源在用户侧的采纳规模，示范期内的试点城市都已颁布了相关的清洁取暖补贴政策。项目建设补贴对中国地热产业产生了良好的促进作用，但相比于其他发达国家，中国政府在地热项目税收优惠等方面的补贴力度远远不足。

市场类政策主要包括地热发电电价激励政策和产权拍卖政策。对地热发电予以电价激励是地热产业发达国家的普遍做法，中国主要使用上网电价补贴政策补贴可再生能源发电产业，但对于地热发电的政策优惠仍有待加强。产权拍卖本质上是一种基于市场原则的政策工具，其核心目标是实现地热矿业权的有序转让，可以推动资源的最大化利用和社会资源的最优配置。由于地热技术尚不成熟和企业投标价格过低等原因，中国地热产权拍卖政策存在一定的有效性问题。

（二）地热政策分析

本章节构建了水热型地热资源供暖项目投资决策的多因素复合期权模型，并模拟分析了补贴、税收优惠、电价优惠及其政策组合对地热资源发展的激励效果。结果表明，对于水热型地热资源供暖：①针对不同地质特征的水热型地热资源供暖项目设计不同的发展政策，如补贴政策和税收优惠政策主要可用于促进符合情景Ⅲ、Ⅴ或Ⅷ中地质特征的这类水热型地热资源，而税收优惠政策仅可用于符合情景Ⅷ的这类水热型地热资源。②当前政府制定的补贴水平尚不能充分吸引企业和投资者对水热型地热资源供暖的开发。为了提高补贴的激励效果，需将补贴增加至 65 元/平方米。③电价优惠政策对水热型地热资源供暖项目投资决策的影响十分显著，因此，政府可适当给予地热供暖企业用电优惠。④就对最优投资时机的激励效果而言，电价优惠政策与补贴政策之间存在明显的替代关系，政府可根据自身财务状况在二者之间选择其一即可。⑤补贴退出机制也会影响水热型地热资源供暖的投资决策，鼓励政府实施逐步退出机制，并及时更新补贴信息，以提高企业和投资者的积极性，从而促进水热型地热供暖的发展。

本章参考文献：

［1］ Anderson A, Rezaie B. Geothermal technology: Trends and potential role in a sustainable future ［J］. Applied Energy, 2019, 248: 18-34.

［2］ BP Statistical Review of World Energy ［R］. 2022. https: //www. bp. com/en/global/ corporate /energy-economics/ statistical-review-of-world-energy. html.

［3］ Chen S, Zhang Q, Wang G, et al. Investment strategy for underground gas storage facilities based on real option model considering gas market reform in China ［J］. Energy Economics, 2018, 70: 132-142.

［4］ Daniilidis A, Alpsoy B, Herber R. Impact of technical and economic uncertainties on the economic performance of a deep geothermal heat system ［J］. Renewable Energy, 2017, 114: 805-816.

［5］ Hou J, Cao M, Liu P. Development and utilization of geothermal energy in China: Current practices and future strategies ［J］. Renewable Energy, 2018, 125: 401-412.

［6］ Luo W, Kottsova A, Vardon P J, et al. Mechanisms causing injectivity decline and enhancement in geothermal projects ［J］. Renewable and Sustainable Energy Reviews, 2023, 185: 113623.

［7］ Mezher T, Dawelbait G, Abbas Z. Renewable energy policy options for Abu Dhabi: Drivers and barriers ［J］. Energy Policy, 2012, 42: 315-328.

［8］ Rohit R V, Kiplangat D C, Veena R, et al. Tracing the evolution and charting the future of geothermal energy research and development ［J］. Renewable and Sustainable Energy Reviews, 2023, 184: 113531.

［9］ Soltani M, Kashkooli F M, Souri M, et al. Environmental, economic, and social impacts of geothermal energy systems ［J］. Renewable and Sustainable Energy Reviews, 2021, 140: 110750.

［10］ Zeng Y, Tang L, Wu N, et al. Numerical simulation of electricity generation potential from fractured granite reservoir using the MINC method at the Yangbajing geothermal field ［J］. Geothermics, 2018, 75: 122-136.

［11］ Zhang L X, Pang M Y, Han J, et al. Geothermal power in China: Development and performance evaluation ［J］. Renewable and Sustainable Energy Reviews, 2019, 116: 109431.

［12］ 蔡美峰，多吉，陈湘生，等．深部矿产和地热资源共采战略研究［J］．中国工程科学，2021，23（6）：43-51.

［13］ 自然资源部中国地质调查局，国家能源局和可再生能源司，中国科学院科技战略咨询研究院，等．中国地热能发展报告 2018［R/OL］．北京：中国石化出版社，2018.［2022-09-11］. https：//www. cgs. gov. cn/xwl/cgkx/.

［14］ 自然资源部中国地质调查局，等．中国地热能发展报告 2018［R］．北京：中国石化出版社，2018.

第十七章　CCUS 技术政策分析

一、本章简介

碳捕集、利用和封存技术（Carbon Capture Utilization and Storage，CCUS）是指通过碳捕集技术将聚集性排放源中的二氧化碳分离、收集、压缩，通过管道或船舶进行输送，用于投入新的生产利用，或注入深层地层中进行永久封存的一系列技术（Zhang 等，2023）。CCUS 技术的优势在于可以广泛地应用于水泥、钢铁、化工等难以脱碳的行业，还能为发电厂提供可调度的低碳电力及稳定的管网服务。同时通过 CCUS 技术捕集到的二氧化碳可以投入利用并获得经济收益。在碳中和背景下，CCUS 技术成为中国长期低碳发展的必然选择。

中国政府通过国家自然科学基金、国家重点基础研究发展计划（“973”计划）、国家高技术研究发展计划（“863”计划）、国家科技支撑计划和国家重点研发计划、国家科技专项等支持了 CCUS 领域的基础研究、技术研发和工程示范等。虽然 CCUS 技术受到了业界的广泛关注，在国民经济规划中的重要程度不断增强，但是中国对 CCUS 技术的研究与应用起步较晚，目前面临着技术成本高且不成熟、经济性不确定等发展难题（Li 等，2017；郭健等，2018）（见图 17-1）。因而，中国 CCUS 项目的大规模部署依然较少，唯一的百万吨级 CCUS 项目于 2022 年 1 月建成，其余项目仍以试点为主。而每一种新兴产业的发展都离不开政府政策的支持，其中财政类政策能够保障技术的规范化发展，市场类政策能够促进技术的规模化应用（刘江枫等，2023；Jiang 等，2020）。但是，中国尚未建立完善的 CCUS 技术政策支持体系。因此，本章梳理了 CCUS 规制类和市场类政策的实施现状，并针对典型的市场类政策设计多种政策实施情景，进而分析不同政策情景对 CCUS 项目投资决策的影响，希冀为中国 CCUS 技术政策支持体系的建立提供决策支持。

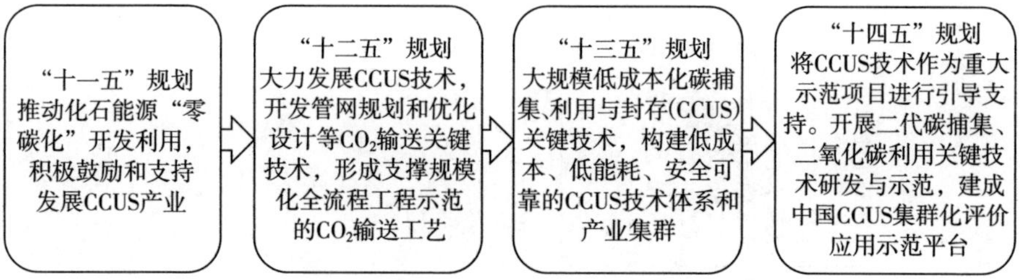

图 17-1　中国国民经济规划——CCUS 产业政策演变

二、CCUS 的政策梳理

图 17-2 梳理了中国主要 CCUS 政策，根据产业规模和政策导向的不同，可再生能源发电政策可以划分为起步、研发与示范、大规模示范与应用三个发展阶段，下面将对这三个阶段分别进行介绍。

（一）起步阶段（2010 年以前）

中国的 CCUS 产业发展起步较晚，1965 年大庆油田碳酸水注入试验拉开了中国探索二氧化碳驱油的序幕。2004 年，中国海油中联煤层气公司在山西沁水建成二氧化碳驱替煤层气试验项目，总计注入二氧化碳 1000 吨。该项目被认为是中国第一个 CCUS 相关的示范项目。2006 年，国务院发布《国家中长期科学和技术发展规划纲要（2006—2020 年）》，明确指出要推动化石能源“零碳化”开发利用，从国家层面正式提出要大力开发与应用 CCUS 这项前沿的低碳化技术。在政策的引导下，同年起，中国通过国家高技术研究发展计划（“863”计划）、国家重点基础研究发展计划（“973”计划）等支持的 CCUS 相关项目逐渐增加，“十一五”时期末已达到 40 余项。2007 年，中国先后发布了《中国应对气候变化国家方案》和《中国应对气候变化科技专项计划》，均将发展 CCUS 列入温室气体减排的重点领域。同时，技术研发与试点应用工作在“十一五”期间也开始启动，在“863”计划、“973”计划、国家科技支撑计划及国际科技合作项目的支持下，国内有关高校、科研院所、企业开展了 CCUS 基础理论研究及技术研发，实施了吉林油田 CO_2-EOR 研究与示范、华能石洞口电厂项目等试点项目，为中国 CCUS 的发展奠定了一定基础。

（二）研发与示范阶段（2011~2020 年）

在这一阶段，中国越发重视 CCUS 相关技术的研究工作，首次从战略高度指出要大力发展 CCUS 技术，并明确其发展规划。2011 年，科技部发布了《中国碳捕集、利用与封存（CCUS）技术发展路线图研究》专项报告，首次初步明确了中国 CCUS 技术的定位、目标和研究重点，提出了各阶段的研发与技术示范建议。

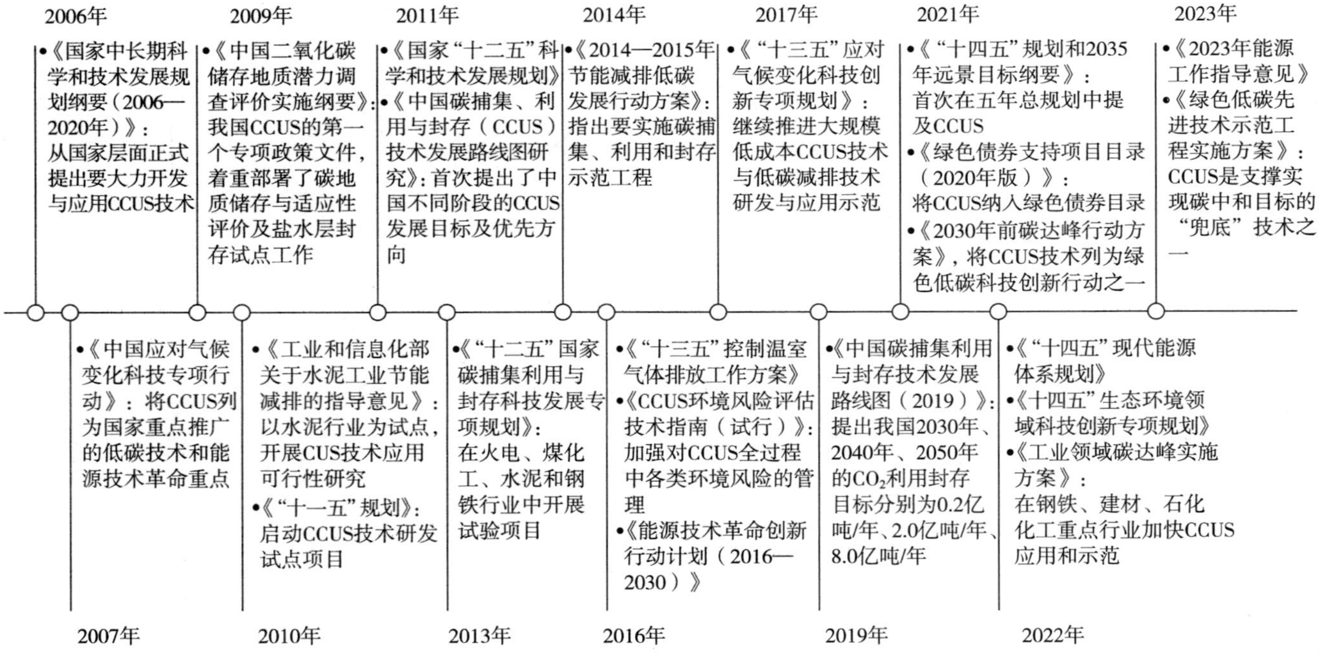

2006年
- 《国家中长期科学和技术发展规划纲要（2006—2020年）》：从国家层面正式提出要大力开发与应用CCUS技术

2007年
- 《中国应对气候变化科技专项行动》：将CCUS列为国家重点推广的低碳技术和能源技术革命重点

2009年
- 《中国二氧化碳储存地质潜力调查评价实施纲要》：我国CCUS的第一个专项政策文件，着重部署了碳地质储存与适应性评价及盐水层封存试点工作

2010年
- 《工业和信息化部关于水泥工业节能减排的指导意见》：以水泥行业为试点，开展CUS技术应用可行性研究
- 《“十一五”规划》：启动CCUS技术研发试点项目

2011年
- 《国家“十二五”科学和技术发展规划》
- 《中国碳捕集、利用与封存（CCUS）技术发展路线图研究》：首次提出了中国不同阶段的CCUS发展目标及优先方向

2013年
- 《“十二五”国家碳捕集利用与封存科技发展专项规划》：在火电、煤化工、水泥和钢铁行业中开展试验项目

2014年
- 《2014—2015年节能减排低碳发展行动方案》：指出要实施碳捕集、利用和封存示范工程

2016年
- 《“十三五”控制温室气体排放工作方案》
- 《CCUS环境风险评估技术指南（试行）》：加强对CCUS全过程中各类环境风险的管理
- 《能源技术革命创新行动计划（2016—2030）》

2017年
- 《“十三五”应对气候变化科技创新专项规划》：继续推进大规模低成本CCUS技术与低碳减排技术研发与应用示范

2019年
- 《中国碳捕集利用与封存技术发展路线图（2019）》：提出我国2030年、2040年、2050年的CO_2利用封存目标分别为0.2亿吨/年、2.0亿吨/年、8.0亿吨/年

2021年
- 《“十四五”规划和2035年远景目标纲要》：首次在五年总规划中提及CCUS
- 《绿色债券支持项目目录（2020年版）》：将CCUS纳入绿色债券目录
- 《2030年前碳达峰行动方案》，将CCUS技术列为绿色低碳科技创新行动之一

2022年
- 《“十四五”现代能源体系规划》
- 《“十四五”生态环境领域科技创新专项规划》
- 《工业领域碳达峰实施方案》：在钢铁、建材、石化化工重点行业加快CCUS应用和示范

2023年
- 《2023年能源工作指导意见》
- 《绿色低碳先进技术示范工程实施方案》：CCUS是支撑实现碳中和目标的“兜底”技术之一

图 17-2　中国主要 CCUS 政策时间表

中国开始系统性地集中支持 CCUS 相关关键技术的突破研究，获得了 32 项国家科技计划的支持。CCUS 技术发展也步入了研发与示范阶段。2013 年，国务院发布《“十二五”国家碳捕集利用与封存科技发展专项规划》，指出在火电、煤化工、水泥、钢铁等行业中开展碳捕集试验项目，建设一体化示范工程。2014 年，国务院办公厅印发《2014—2015 年节能减排低碳发展行动方案》，指出要实施碳捕集、利用和封存示范工程。2015 年发布的《强化应对气候变化行动——中国国家自主贡献》提出加强 CCUS 等低碳技术的研发和产业化示范，推广利用二氧化碳驱油、驱替煤层气技术。2016 年，国务院印发《“十三五”控制温室气体排放工作方案》，提出开展 CCUS 试点示范。环境保护部发布《CCUS 环境风险评估技术指南（试行）》，提出环境风险防范和应急措施要求，加强对 CCUS 全过程中各类环境风险的管理。国家重点研发计划开始实施，同年，《能源技术革命创新行动计划（2016—2030）》提出了 CCUS 技术创新的战略方向、创新目标和创新行动。2017 年发布的《“十三五”应对气候变化科技创新专项规划》指出，要继续推进大规模低成本 CCUS 技术与低碳减排技术研发与应用示范。2019 年，《中国碳捕集利用与封存技术发展路线图（2019）》全面评估中国 CCUS 技术发展现状和潜力以及面临的问题与挑战，提出技术研发示范和产业集群的发展目标，强调 CCUS 技术是中国减少温室气体排放的重要战略储备技术，提出中国 2030 年、2040 年、2050 年的二氧化碳利用封存目标分别为 0.2 亿吨/年、2.0 亿吨/年、8.0 亿吨/年。同年新疆油田准噶尔盆地 CCUS 项目成为油气行业气候倡议组织（Oil and Gas Climate Initiative，OGCI）全球首批 5 个 CCUS 产业促进中心之一，说明中国 CCUS 技术出现产业化发展趋势。

（三）大规模示范与应用阶段（2020 年至今）

这一阶段，中国关于 CCUS 的定位，已经从碳减排储备技术，变成了碳中和关键技术。政府开始将 CCUS 纳入更高规格的顶层设计文件，企业开始积极规划百万吨级 CCUS 项目。2021 年，在《中华人民共和国经济和社会发展第十四个五年规划和 2035 年远景目标纲要》中提出实施 CCUS 重大项目示范，首次在五年总规划中提及 CCUS。明确将 CCUS 技术作为重大示范项目进行引导支持。对各类 CCUS 已建成及在建项目进行系统性的盘查，并建立项目信息管理制度。同年发布了《关于完整准确全面贯彻新发展理念做好碳达峰碳中和工作的意见》中明确“推进规模化 CCUS 技术研发、示范和产业化应用，加大投资政策支持力度”。在项目资本支持上，2021 年 4 月出台的《绿色债券支持项目目录（2021 年版）》首次将 CCUS 纳入其中，有效拓展了投融资渠道。2021 年 10 月 24 日，国务院印发《2030 年前碳达峰行动方案》，将 CCUS 技术列为绿色低碳科技创新行动之一，提出开展低成本 CCUS 技术创新，建设全流程、集成化、规模化 CCUS

示范项目。这标志着 CCUS 产业由此步入大规模示范与应用的新阶段。

近年来，CCUS 规模化和集群化发展逐渐成为趋势（陈文会和鲁玺，2022）。2022 年，《“十四五”现代能源体系规划》提出培育发展 CCUS 新模式，并完善火电领域 CCUS 技术研发和试验示范项目支持政策。加强 CCUS 技术推广示范，扩大二氧化碳驱油技术应用，探索利用油气开采形成地下空间封存二氧化碳。2022 年 11 月，《“十四五”生态环境领域科技创新专项规划》在 CCUS 技术方面提出，要开展二氧化碳捕集、二氧化碳利用关键技术研发与示范，基于 CCUS 的负排放技术研发与示范、碳封存潜力评估及源汇匹配研究，海洋咸水层、陆地含油地层等封存技术示范，百万吨级大规模碳捕集与封存区域示范，以及工业行业 CCUS 全产业链集成示范，建成中国 CCUS 集群化评价应用示范平台。《工业领域碳达峰实施方案》提到要布局 CCUS 技术，在钢铁、建材、石化化工重点行业加快 CCUS 应用和示范。2023 年，国家能源局印发《2023 年能源工作指导意见》，提到要在 CCUS 促进原油绿色低碳开发方面取得新突破，加强新型电力系统、储能、氢能、抽水蓄能、CCUS 等标准体系研究。同年发布的《绿色低碳先进技术示范工程实施方案》将绿色低碳先进技术按照源头减碳、过程降碳、末端固碳分为三大类。在末端固碳类，二氧化碳捕集利用与封存技术（CCUS）是支撑实现碳中和目标的“兜底”技术之一。并将全流程规模化 CCUS 示范列为重点方向之一。当前中国 CCUS 示范项目的数量和规模呈快速增长态势，其中也不乏集群化项目，例如，中国石油与油气行业气候倡议组织（OGCI）共同策划的新疆 CCUS 产业集群正在积极筹备，预计到 2030 年可实现每年 300 万吨的二氧化碳捕集和封存。

三、规制类政策

中国的 CCUS 技术仍缺乏实质性的财政激励政策，如税收减免、优惠贷款、关税补贴政策和配额政策（Eide 等，2014；Yang 等，2021）。规制类政策主要包括发展规划、行动计划、指导意见等，主要的 CCUS 规制类政策如表 17-1 所示。规制类政策主要用于为 CCUS 规划技术路径、引导社会投资、鼓励技术研发、编制行业标准，甚至制定法律法规等。自 2006 年发布的《国家中长期科学和技术发展规划纲要（2006—2020 年）》中提出开发近“零”碳排放的化石能源开发利用技术以来，中国相继推出了诸多财政类政策。这些政策有效推动了中国 CCUS 技术的发展与应用。但是，目前法律法规与标准体系建设相对迟缓，规范化发展难以保障（张贤等，2021）。中国尚未颁布 CCUS 专项法律法规，技术标准也只有在 2018 年发布的《烟气二氧化碳捕集纯化工程设计标准》，有关工作尚处于启动阶段。因此，中国 CCUS 技术尚需要明确的法律法规与标准体系进行监管或规范。

表 17-1 CCUS 技术项目的主要规制类政策

实施时间	政策名称	实施力度
2006	《国家中长期科学和技术发展规划纲要（2006—2020 年）》	开发近“零”碳排放的化石能源开发利用技术
2007	《中国应对气候变化科技转向行动》	制定 CCUS 相关技术路线图并开展工程示范
2008	《中国应对气候变化国家方案》	大力开发和应用 CCUS 技术
2008	《中国应对气候变化的政策与行动（2008）白皮书》	重点研究减缓温室气体排放技术，包括 CCS 技术
2009	《中国二氧化碳储存地质潜力调查评价实施纲要》	建立二氧化碳地质储存与适宜性评价方法
2009	《地质矿产保障工程实施方案（2010—2020 年）》	在全球变化调查监测与评价和地下空间资源调查之中纳入二氧化碳地质储存调查评价
2010	《关于水泥工业节能减排的指导意见》	针对水泥生产行业，开展二氧化碳分离、应用及 CCS 技术的可行性研究
2011	《国家“十二五”科学和技术发展规划》	加强应对气候变化重大战略与政策研究，发展 CCUS 技术
2012	《“十二五”国家应对气候变化科技发展专项规划》	开展 CCUS 关键技术、路线图及相关法律法规研究，围绕发电等重点行业开展综合集成与示范
2013	《关于加强碳捕集、利用与封存试验示范项目环境保护工作的通知》	有效降低和控制 CCUS 全过程可能出现的各类环境影响与风险
2013	《能源发展“十二五”规划》	开展 400~500 兆瓦级 IGCC 多联产及 CCUS 示范工程
2014	《2014—2015 年节能减排低碳发展行动方案》	实施 CCUS 示范工程
2015	《中国制造 2025》	开展低碳技术产业化示范
2016	《能源技术革命创新行动计划（2016—2030 年）》	推动 CCUS 技术创新，建设百万吨级示范工程，推动全流量的 CCUS 系统在电力、煤炭、化工等系统获得覆盖性、常规性应用
2017	《“十三五”应对气候变化科技创新专项规划》	推广大规模低成本 CCUS 技术研发与应用示范
2018	国家标准《烟气二氧化碳捕集纯化工程设计标准》	发布《烟气二氧化碳捕集纯化工程设计标准 GBT 51316—2018》
2019	《中国碳捕集利用与封存技术发展路线图（2019 版）》	进一步明晰中国 CCUS 技术战略定位，全面评估发展现状和潜力
2020	《绿色债券支持项目目录（2020 年版）》	拓展项目融资渠道

续表

实施时间	政策名称	实施力度
2021	《国民经济和社会发展第十四个五年规划和 2035 年远景目标纲要》	积极应对气候变化，建设性参与和引领应对气候变化国际合作，落实 2030 年国家自主贡献目标

四、财政类政策

（一）财政补贴

中国虽然早在 2006 年发布的《国家中长期科学和技术发展规划纲要（2006—2020 年）》将 CCUS 列为中长期技术发展规划的前沿技术。但是之后国家层面的政策除了针对二氧化碳利用技术等某一具体环节技术的资金资助外，尚缺乏对于 CCUS 技术项目的直接经济支持。因此本章节梳理了世界主要国家的相关政策，可为中国的政策制定提供参考。如表 17-2 所示，主要发达国家已经出台一系列直接经济支持政策以推动 CCUS 技术项目的发展。其中，截至 2021 年底，英国的总资助额超过 20 亿英镑，挪威的资助额超过了 260 亿克朗，加拿大已经提供及计划提供的总资助额超过 30 亿加元，澳大利亚近几年加大对 CCUS 的投资，资助额超过 26 亿澳元，而美国的总资助额甚至接近 400 亿美元。美国制定了目前最完善的 CCUS 激励政策——45Q 条款，该条款于 2008 年首次颁布，经历了 2018 年和 2021 年的两次修整，采用递进式补贴价格，规定将二氧化碳进行地质封存的补贴价格由 34.81 美元/吨二氧化碳（2021 年）递增至 50.00 美元/吨二氧化碳（2026 年），将二氧化碳用于提高石油采收率或其他利用方式的补贴价格由 22.68 美元/吨二氧化碳（2021 年）递增至 35.00 美元/吨二氧化碳（2026 年）（IRS，2021）。大量的直接经济支持极大提升了 CCUS 技术项目的经济性，是世界主要国家大规模 CCUS 技术项目成功开展的关键因素之一。

表 17-2　国外 CCUS 技术项目的主要财政类政策

国家	实施时间	政策名称	实施力度
英国	2011	Energy Act 2011	支持四种商业规模的示范项目建设
英国	2012	CCS Commercialization Program	总计 11.35 亿英镑资助
英国	2012	CCS competition	2000 万英镑资助
英国	2012	Climate Finance	6000 万英镑资助
英国	2013	Energy Act 2013	CCUS 项目运营商 3 年免税

续表

国家	实施时间	政策名称	实施力度
英国	2017	BEIS Energy Innovation Program	1 亿英镑资助
英国	2017	CCUD innovation program	2000 万英镑资助
英国	2017	Accelerating CCS Technologies (ACT)	3660 万欧元
英国	2018	Call for CCUS Innovation	1500 万英镑
英国	2019	Call for CCUS Innovation	900 万英镑
英国	2020	The Ten Point Plan for a Green Industrial Revolution	10 亿英镑
英国	2021	CCUS Innovation 2. 0 competition	1950 万英镑
美国	2009	American Clean Energy and Security Act	每年投资 10 亿美元
美国	2009	American Recovery and Reinvestment Act	24 亿美元
美国	2013	Leucadia Energy	2. 614 亿美元
美国	2016	FOSSIL ENERGY FY 2016 BUDGET	2. 254 亿美元
美国	2016	Cost-shared research and development (R&D) projects	6840 万美元
美国	2019	The FLExible Carbon Capture and Storage (FLECCS) program	4300 万美元
美国	2020	The US Energy Act of 2020	65. 1 亿美元
美国	2020	Clean economy employment and innovation act	150 亿美元
美国	2020	U. S. DOE technology R&D funding	1700 万美元
美国	2021	45Q tax credit (final version)	递进式补贴
美国	2021	Infrastructure investment and Employment Act	60 亿美元
加拿大	2020	Technology Innovation and Emissions Reduction (TIER) program	8000 万加元
加拿大	2020	Strategic Innovation Fund-Net Zero Accelerator	5 年内提供 30 亿加元
加拿大	2021	Budget 2021	7 年内投资 3. 19 亿美元
挪威	2005	CLIMIT program	至今共投资 15 亿克朗
挪威	2021	Meld. St. 33 (2019-2020) Longship-capture, transport and storage of CO_2	251 亿克朗
挪威	2022	Supplementary white paper on energy policy	国家规划
澳大利亚	2011	Carbon pollution reduction plan	24 亿澳元
澳大利亚	2020	Technology investment roadmap: the first low emission technology statement	2. 637 亿澳元
澳大利亚	2021	Emission Reduction Fund (ERF)	CCUS 正式纳入减排基金

（二）碳减排支持工具

2021 年 11 月 8 日，央行创新推出了碳减排支持工具，以引导更多社会资金投向绿色低碳行业，也为 CCUS 项目发展带来新的资金支持。金融机构可以通过碳减排支持工具，以低成本从央行获取资金，并在自主决策、自担风险的前提下，向碳减排重点领域内的各类企业提供碳减排贷款。央行以“先贷后借”的直达机制，按贷款本金的 60%向商业银行提供资金支持，利率为 1.75%。商业银行向碳减排重点领域内企业发放的符合条件的碳减排贷款，贷款利率与同期限档次贷款市场报价利率（Loan Prime Rate，LPR）大致持平。

图 17-3 展示了碳减排支持工具重点支持的低碳领域以及资金的发放方式。为确保碳减排支持工具能切实解决低碳转型企业融资难、融资贵的问题，金融机构需要公开披露贷款信息，并由第三方专业机构核实碳减排数量等信息。

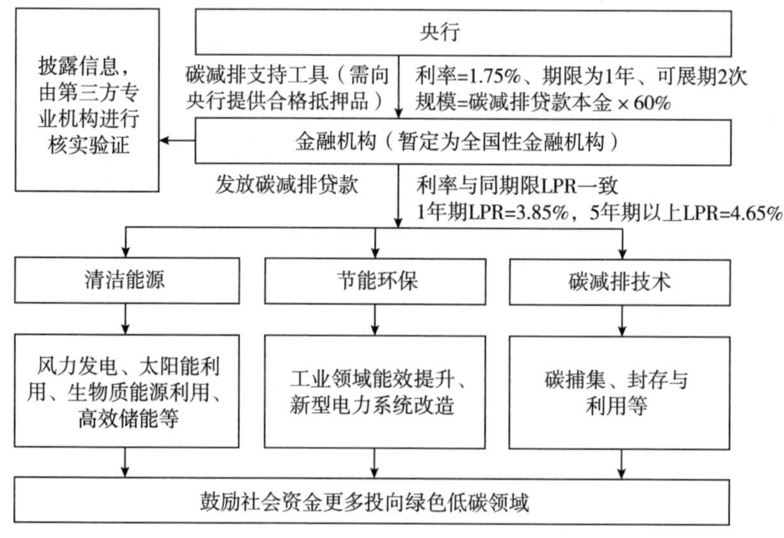

图 17-3 碳减排支持工具

作为结构性货币政策工具，碳减排支持工具将引导金融机构更多关注 CCUS 企业，鼓励社会资金更多投向 CCUS 技术研发和商业化发展，助力实现“碳达峰、碳中和”目标。但碳减排支持工具仍处于试点状态，其未来面向低碳企业的具体规模和利率尚不明确。15 家全国性银行已发放的碳减排支持工具加权平均利率为 3.98%，与 LPR 利率基本一致。相较于央行公布的 2021 年中国新发放普惠小微企业贷款平均利率 4.93%，碳减排支持工具利率确实是更加低成本的资金来源。但是 CCUS 行业除了中小企业参与外，更多的是要依靠大型国有能源企业发力。且由于 CCUS 技术与可再生能源发电、储能等相比经济性较差，CCUS 一体化技术的融资优势并不明显。未来需要针对 CCUS 项目运营成本和综合风险，制定更加合适的碳减排支持方案。

五、市场类政策：碳交易

碳交易是实现碳排放成本内部化的重要市场化机制，在中国的碳中和进程中扮演重要角色，对 CCUS 行业的发展也起到了显著的促进作用（Zhu 和 Fan，2011；Wang 等，2016）。碳市场全称为碳排放权交易市场，是指按照相关协议或规定交易温室气体排放权指标，并包括与节能减排、清洁发展机制（Clean Development Mechanism，CDM）项目相关的融资市场，这些市场与碳市场发展密切相关。碳排放交易体系分为配额交易与项目交易，中国现行全国碳市场及碳交易试点均为配额交易。

中国的碳交易市场划分为强制减排市场和自愿减排市场（见图 17-4）。强制市场交易标的为碳排放配额（Chinese Emission Allowance，CEA），初期免费分配给碳排放企业。自愿减排市场作为强制减排市场的补充机制，允许各类碳减排项目签发中国核证自愿减排量（Chinese Certified Emission Reduction，CCER），向强制减排市场出售减排量获得减排激励。其中，一级市场主要完成总量的设定、CEA 的分配以及 CCER 的备案，二级市场主要进行 CEA 和 CCER 交易。CCER 是碳交易重要配套，也是最早开始发展的。2012 年，国家发展改革委印发《温室气体自愿减排交易管理暂行办法》和《温室气体自愿减排项目审定与核证指南》两大关键文件，为 CCER 交易市场搭建起了整体框架。2015 年自愿减排交易信息平台上线，CCER 进入交易阶段。2017 年，CCER 项目备案暂停，存量 CCER 仍在各大试点交易。2021 年 1 月，生态环境部正式公布的《全国碳排放权交易管理办法（试行）》中，提到 CCER 并规定了 CCER 的抵消比例。同年 9 月出台的《关于深化生态保护补偿制度改革的意见》划出了未来政策支持的三大 CCER 核心项目类型——林业、可再生能源和甲烷利用。2023 年发布《温室气体自愿减排交易管理办法（试行）》，CCER 有望被重新启用。

中国碳交易市场试点于 2011 年启动。国家发展改革委办公厅发布《关于开展碳排放权交易试点工作的通知》，同意在北京、上海、天津、重庆、湖北、广东、深圳七省市开展碳排放权交易试点。试点碳市场以配额市场为主，自愿减排市场为补充。2014 年 12 月国家发展改革委发布《碳排放权交易管理暂行办法》，确立全国碳市场总体框架。随后，2017 年 12 月国家发展改革委发布《全国碳排放权交易市场建设方案（发电行业）》，这标志着全国碳市场完成总体设计。2021 年 7 月 16 日，全国碳市场在北京、上海、武汉三地同时开市，第一批交易正式开启。交易产品为碳排放配额（Chinese Emission Allowance，CEA）现货，可以采取协议转让等交易方式，具体形式包括挂牌协议交易和大宗协议交易。截至2022年底，CEA累计成交量达到2.3亿吨，成交额104.84亿元。目前全国碳交易市场运行平稳，但活跃度不高，交易换手率在3%左右，远小于欧盟碳市场的417%。随着电力行业碳市场运作逐渐成熟，碳市场参与主体扩容势在必行。生态环境部正在组织有关研究机构联合开展“扩大全国碳市场行业覆盖范围专项研究”，拟将钢铁、石化、建材等其他高排放行业纳入碳市场。

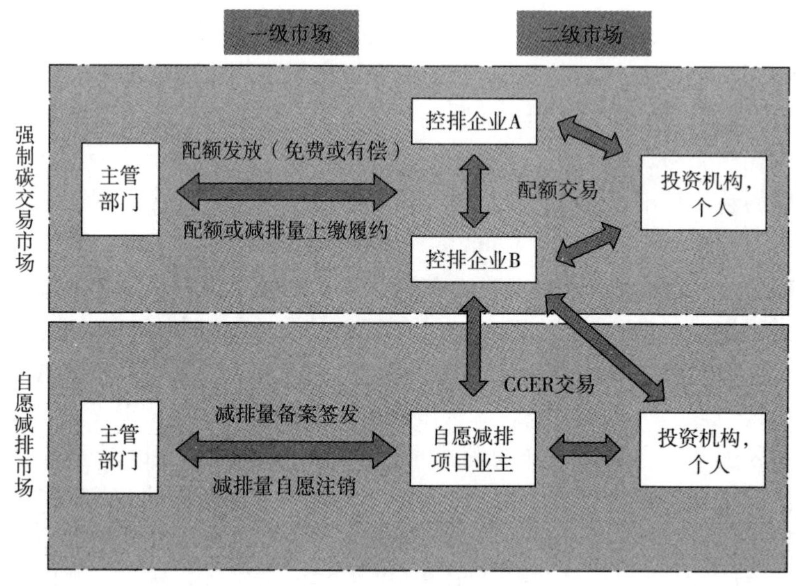

图 17-4　中国碳交易市场的运行机制

资料来源：广州碳排放权交易所。

全国碳市场扩容和CCER重启为CCUS技术的发展带来机遇。根据《全球碳捕集与封存现状2021》，CCUS技术的净零排放贡献巨大，分别能为钢铁、水泥、化工、发电等部门减排量贡献16%~90%。将CCUS技术纳入碳交易后，高排放企业可以利用CCUS技术增加自身减排优势，开发出大量CCER用于交易，提高碳市场活跃度；从碳市场获取的收益也可以减轻CCUS技术的成本压力，助力化石能源企业低碳转型。CCUS纳入碳市场有两种形式：一种是允许重点排放单位直接用其CCUS抵消碳排放配额；另一种是将CCUS项目纳入自愿减排交易，允许其作为抵消机制组成部分用于抵消排放配额（Eto等，2013）。碳交易将促进CCUS投融资渠道增加、成本持续降低，形成技术进步和碳减排的良性循环。

六、CCUS 政策分析案例

由于 CCUS 技术项目面临高能耗、高成本以及技术不成熟等挑战，在没有政府支持的情况下不能成为经济的减排方案。因此，缺乏完善的市场类政策支持是未来 CCUS 技术项目大规模商业化推广的关键障碍。基于第十二章构建的 CCUS 实物期权投资决策模型，本节进一步分析了 CCUS 项目补贴、碳交易定价、融资与补贴组合三类政策对于项目投资时机和价值的影响，结果如下所示。

（一）财政补贴

根据中国 CCUS 试点项目的补贴经验，可以将财政补贴分为初始投资补贴和二氧化碳利用补贴（朱磊和范英，2014）。本书对两种补贴进行了敏感性分析，以研究 CCUS 项目达到投资临界点和立即投资所需要的补贴力度。结果表明政府至少需要无偿提供 32%的初始补贴，或为每利用 1 吨的二氧化碳提供 174. 9 元的补贴，才能够触发 CCUS 项目投资。如果想要将投资时间提前以至于触发即时投资，需要将初始补贴增加至 74%，或将二氧化碳利用补贴增加至 948. 4 元/吨。

（二）碳交易定价

CCUS 项目能够通过出售碳排放份额获得收益，因此碳价的波动会使 CCUS 项目的价值发生巨大的变化。图 17-5 展示了不同碳价水平下 CCUS 项目的即时投

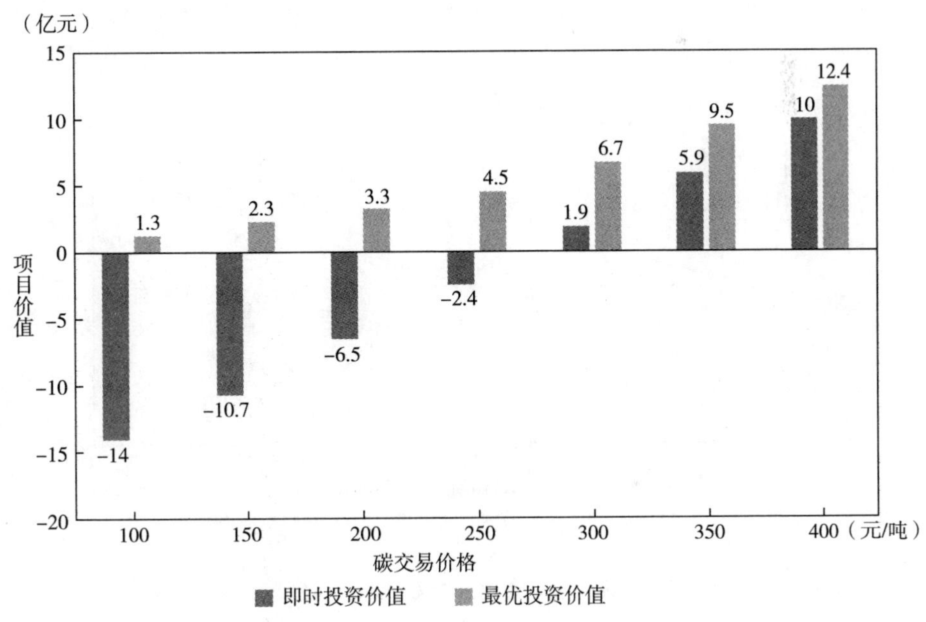

图 17-5 不同碳价下 CCUS 项目的投资价值

资价值和最优投资价值。整体来看，即时投资和最优投资策略下 CCUS 项目的价值均随着碳价提高而提高。但在碳价较低时，即时投资 CCUS 项目将导致亏损，具体来看，在基准碳价（100 元/吨）下，如果投资方立即开始投资，CCUS 项目将面临 14 亿元的亏损。当碳价水平达到 300 元/吨时，立即投资 CCUS 项目才能获得 1.9 亿元的收益。而最优投资策略下 CCUS 项目价值始终为正且大于即时投资收益，说明延期期权发挥了规避风险的作用，而较高的碳价能够提高 CCUS 项目投资价值，促进 CCUS 技术发展。

（三）碳减排支持工具

本章节以碳减排支持工具为融资途径，设置 30%、40%、50% 三个梯度的初始补贴比例，考察债务融资与初始投资补贴在提升项目价值方面的协同作用。如图 17-6 所示，为三种不同初始补贴力度的项目在不同资产负债率下的最优投资价值。对于政府提供 30% 比例初始投资补贴的项目，在不进行债务融资时，项目依然无法到达投资临界点。而当项目资产负债率上升至 20% 时，项目的最优投资价值为 1.32 亿元；当项目资产负债率上升至 40% 时，项目的最优投资价值达到 2.67 亿元。随着资产负债率的上升，项目的加权平均资本成本下降，项目的最优投资价值会持续增加。

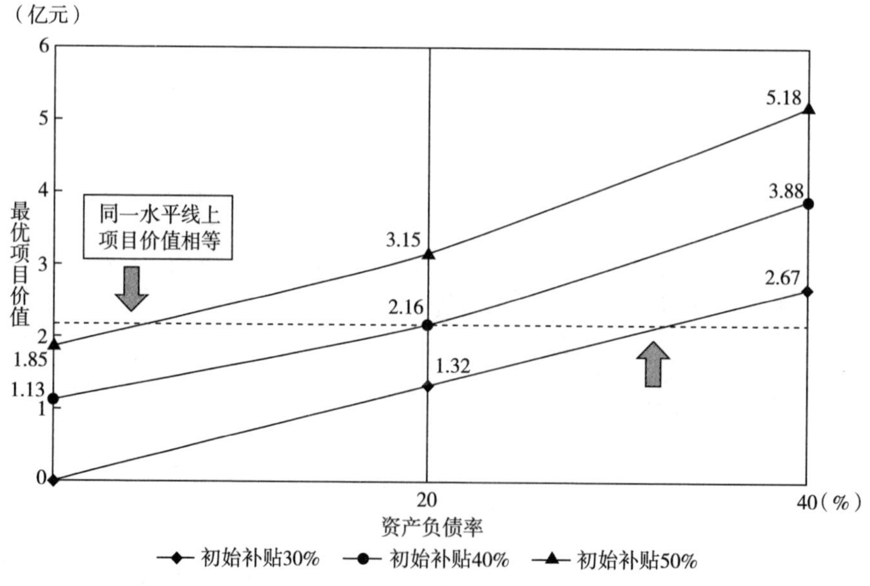

图 17-6　不同补贴力度下负债率对 CCUS 项目投资价值的影响

图中处于同一水平线上的项目具有相同的最优投资价值。投资者可以通过改

变资产负债率使有不同比例初始补贴的项目具有同等价值。这意味着提高债务融资的比例，政府可以减小直接补贴的出资力度，就能实现触发投资或使项目达到期望的价值。

进一步，以碳减排支持工具为融资途径，设置 0、20%、40%、60%四个梯度的资产负债率，考察债务融资与二氧化碳利用补贴对于改变项目投资时间的协同作用。对于时间点的选取，除了决策期第一年和最后一年之外，还选择了 2025 年、2030 年、2035 年三个时点。其中 2030 年为中国实现碳达峰的时点，而 2025 年和 2035 年为碳封存领导人论坛提出的全世界建设 CCUS 项目的重要时点。如图 17-7 所示，为四种不同资产负债率的项目在不同时间点触发投资所需要的二氧化碳利用补贴力度。资产负债率为 0、20%、40%、60%的项目在到达投资临界点时分别需要 174. 9 元、100. 9 元、67. 3 元和 6. 7 元的二氧化碳利用补贴。可见同一债务融资成本下，资产负债率高的项目可以依靠更少的补贴力度到达投资临界点。

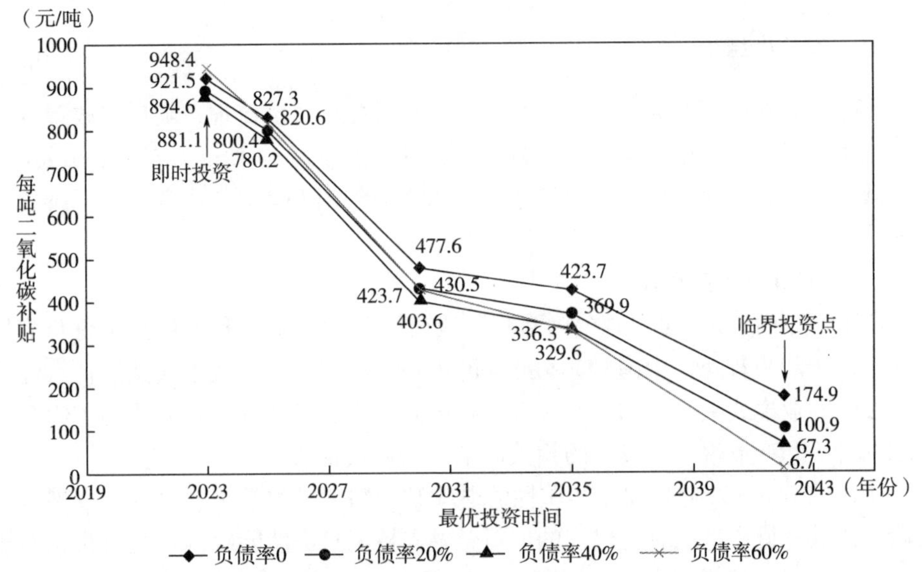

图 17-7　不同负债率下补贴政策对 CCUS 项目投资时间的影响

而随着投资时间的提前，政府需要加大补贴的力度。当最优投资时间为 2035 年时，资产负债率为 60%的项目所需的补贴为 329. 6 元。尽管低于其他项目，但是其需要增加的补贴力度要远远高于另外三个项目。也就是说，资产负债率高的项目虽然以最低的补贴就可以到达临界投资点，但使得投资时间提前的边际补贴力度更高。当加大补贴力度到触发即时投资时，资产负债率为60%的项目需要高达948.4元的二氧化碳利用补贴，超过了其他三种情况。这意味着加权平均资本成本低的项目可能会要求更高的补贴力度才能实现提前投资，但要根据具体的加权平均资本成本和提前时间来计算。

根据整个决策期内项目所需补贴的大致走势，可以将CCUS项目的建设分为三个阶段。2030年之前，需要过高的补贴才能触发投资。这段时间CCUS技术的成本过高，不适合大幅推行商业化项目建设，更适合建立试点项目积累经验。这一时期政府与企业应该注重研发，实现降本增效。2030~2035年，这段时间成本已经大幅下降，是CCUS项目商业化投资的窗口期。这一阶段触发项目投资所需的补贴力度与美国45Q政策提供的税收优惠力度接近。同时政府要注重引导商业银行等金融机构参与，通过债务融资来降低CCUS项目的资金成本。这一阶段以碳减排支持工具融资且资产负债率40%的项目可以通过更低的补贴额度触发投资。2035年之后，CCUS的成本进一步下降，触发项目投资所需的补贴力度也大幅下降。这段时间债务融资对减少补贴的作用最为明显。

七、本章小结

本章首先对中国CCUS产业政策进行全面汇总与系统梳理，随后将政策划分为规制类、财政类和市场类分别进行分析，并重点针对CCUS的市场激励政策量化其政策效果，进而提出相应政策建议，以期为中国CCUS产业政策的完善提供借鉴。

（一）CCUS政策梳理

CCUS政策的发展可以划分为起步阶段研发与示范阶段和大规模示范与应用阶段。由于起步较晚，中国CCUS技术仍然处于示范阶段，技术成熟度低、经济性不高、商业模式缺失制约着CCUS产业化的进程。需要加快出台促进CCUS技术创新升级和产业规模化发展的相关政策，加强政企联合。

中国的CCUS产业仍缺乏实质性的财政激励和市场类政策，仍处于发展规划阶段。以碳减排支持工具为代表的创新金融支持工具虽然能够调动金融机构对于清洁能源、碳减排等技术的投资积极性，但由于CCUS技术与可再生能源发电、储能等相比经济性较差，因此对于促进CCUS技术发展并不明显。未来需要根据CCUS行业高投入、高风险的特性制定更加合适的碳减排支持方案。

（二）CCUS政策分析

本章节量化了不同政策对于CCUS项目投资时机和价值的影响。研究结果表明，政府至少需要无偿提供32%的初始补贴，或为每利用1吨的二氧化碳提供174.9元的补贴，才能够触发CCUS项目投资。提高碳价可以增加CCUS项目的投资价值，结合延期期权规避风险的能力，在所设置的碳价情景下能够保证 CCUS 项目始终获得收益。若以碳减排支持工具为融资途径，资产负债率高的项目可以依靠更小的补贴力度到达投资临界点。

本章参考文献：

[1] Eide J, de Sisternes F J, Herzog H J, et al. CO_2 emission standards and investment in carbon capture [J]. Energy Economics, 2014, 45: 53-65.

[2] Eto R, Murata A, Uchiyama Y, et al. Co-benefits of including CCS projects in the CDM in India's power sector [J]. Energy Policy, 2013, 58: 260-268.

[3] Internal Revenue Service (IRS), Treasury. Treasury Department and Internal Revenue Service Release Final Rule on Section 45Q Credit Regulations [R]. Washington DC: U. S. Department of the Treasury, 2021.

[4] Jiang K, Ashworth P, Zhang S, et al. China's carbon capture, utilization and storage (CCUS) policy: A critical review [J]. Renewable and Sustainable Energy Reviews, 2020, 119: 109601.

[5] Li Q, Liu G, Cai B, et al. Public awareness of the environmental impact and management of carbon dioxide capture, utilization and storage technology: The views of educated people in China [J]. Clean Technologies and Environmental Policy, 2017, 19: 2041-2056.

[6] Wang X, Du L. Study on carbon capture and storage (CCS) investment decision-making based on real options for China's coal-fired power plants [J]. Journal of Cleaner Production, 2016, 112: 4123-4131.

[7] Yang L, Xu M, Fan J, et al. Financing coal-fired power plant to demonstrate CCS (carbon capture and storage) through an innovative policy incentive in China [J]. Energy Policy, 2021, 158: 112562.

[8] Zhang Q, Liu J F, Gao Z H, et al. Review on the challenges and strategies in oil and gas industry's transition towards carbon neutrality in China [J]. Petroleum Science, 2023.

[9] Zhu L, Fan Y. A real options-based CCS investment evaluation model: Case study of China's power generation sector [J]. Applied Energy, 2011, 88 (12): 4320-4333.

[10] 陈文会，鲁玺．碳中和目标下中国燃煤电厂 CCUS 集群部署优化研究 [J]. 气候变化研究进展，2022，18 (3)：261-271.

[11] 郭健，谢萌萌，欧阳伊玲，等．低碳经济下碳捕集与封存项目投资激

励机制研究［J］. 软科学，2018，32（2）：55-59.

［12］刘江枫，张奇，吕伟峰，等 . 碳捕集利用与封存一体化技术研究进展与产业发展策略［J］. 北京理工大学学报（社会科学版），2023，25（5）：40-53.

［13］全球碳捕集与封存研究院 . 全球碳捕集与封存现状 2021［R］. 2022.

［14］张贤，李阳，马乔，等 . 我国碳捕集利用与封存技术发展研究［J］. 中国工程科学，2021，23：70-80.

［15］朱磊，范英 . 中国燃煤电厂 CCS 改造投资建模和补贴政策评价［J］. 中国人口·资源与环境，2014，24（7）：99-105.

后　记

为应对全球变暖导致的气候变化问题，全球已经有超过 150 个国家和地区通过立法、承诺等方式提出碳中和目标。2020 年 9 月，中国政府在第七十五届联合国大会上提出 2030 年前碳达峰 2060 年前碳中和的目标。科学技术是第一生产力，碳中和技术创新与落地应用是实现碳中和目标的根本保障。然而碳中和技术的发展涉及自然条件、社会经济、技术进步和行为模式等多系统交织耦合和多重反馈的复杂系统，面临着技术创新规律刻画难、投资影响因素复杂多变、投资行为演变非线性、经济政策不确定、长期短期以及局部总体的协调难等亟待解决的关键挑战。本书针对上述关键挑战，以碳中和技术的创新管理、投资决策与政策分析为主线，首先对碳中和技术发展进行概述，进而开展碳中和技术的预见与分析，随后进行碳中和技术投资决策优化建模与应用，最终开展碳中和技术政策模拟与分析。

本书得到如下关键成果：①基于技术特性及应用场景总结提炼出碳中和技术及其分类，并从技术投资现状、发展现状以及未来趋势三个方面对各类碳中和技术进行了细致梳理；②精准识别出关键碳中和技术，并对代表性技术的创新规律进行了详细预见与量化分析；③构建了一套科学的碳中和技术投资决策优化方法体系，求解得到了代表性碳中和技术的最优投资时机、规模、价值，以及多维不确定因素对其投资决策的影响；④基于多维政策的系统模拟与分析，厘清了多政策及其组合的作用机制与路径，提炼出了碳中和技术政策的实施、改进和创新方案。

本书的成果能够为学术研究提供关于碳中和技术创新规律、系统性决策优化、政策作用机制等方面的深刻理解，为行业企业提供科学系统的碳中和技术投资决策优化方法与工具，并为政府提供环境政策制定和实施的科学依据，最终助力实现碳达峰碳中和的国家战略目标。

本书是中国石油大学（北京）中国能源战略研究院集体智慧的结晶。张奇教授负责统领全部撰写工作，王歌博士和刘江枫博士负责部分章节的编写，陈思源博士、李彦博士、刘伯瑜博士、滕飞博士、杨珂欣、焦婕和倪睿延负责了图表绘制和文字校验工作。还有很多未出现在上述名单里却为本专著做出贡献的专家学者、老师和学生，在此一并表示感谢。感谢中国石油大学（北京）良好的学术氛围、丰富的图书资料，为本书的顺利完成提供了重要的保障。感谢经济管理出版社张巧梅编辑为本书出版所做的大量工作。

在本书完成之际，特别感谢国家社科基金重大项目（21ZDA030）、新疆自然科学基金杰出青年科学基金项目（2022D01E56）、天山研究院开放基金重点项目（TSKF20220010）的支持。

本书在对方法体系的应用中，以光伏、风电、CCUS、地热和户用光伏等碳中和技术为代表进行了技术预见分析、投资决策优化与政策作用模拟。为了全面支持各类碳中和技术的发展，希冀与相关领域专家学者、老师和学生展开数据、方法等方面的合作，共同为碳中和技术的发展、国家碳中和目标的实现做出贡献。

本书在撰写过程中或存在着疏漏，恳请各位读者不吝赐教并能批评指正。

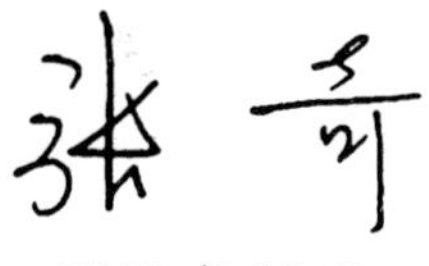

2023 年 12 月